"十四五"职业教育国家规划教材

现代生物制药工艺学

第二版

辛秀兰　主编

化学工业出版社

·北　京·

《现代生物制药工艺学》是"十四五"职业教育国家规划教材，内容包括天然生物材料的提取制药、发酵工程制药、细胞工程制药、酶工程制药和基因工程制药5个项目。天然生物材料的提取制药项目设计了L-胱氨酸的制备、胰凝乳蛋白酶的制备、核苷酸的制备、溶菌酶的制备、甘露醇的制备、卵磷脂的制备6个工作任务，发酵工程制药项目设计了青霉素的发酵生产、红霉素的发酵生产、金霉素的发酵生产、链霉素的发酵生产、维生素C的发酵生产、谷氨酸的发酵生产6个工作任务，细胞工程制药项目设计了骨髓瘤细胞SP2/0的传代培养、SP2/0细胞传代培养的常规检测、抗人血蛋白杂交瘤细胞系的建立、杂交瘤阳性克隆子的保藏、杂交瘤阳性克隆子的微载体培养、西洋参植物细胞的培养6个工作任务，酶工程制药项目设计了胃蛋白酶的制备及酶活力测定、门冬酰胺酶的制备及酶活力测定、糖化酶的制备及酶活力测定、糖化酶的固定化、中性蛋白酶的固定化、胰蛋白酶亲和色谱6个工作任务，基因工程制药项目设计了葡激酶的制备、γ干扰素的制备、重组人血管内皮生长因子165的制备、胰岛素的制备、人血白蛋白的制备、卡介苗重组疫苗的制备6个工作任务。教材的知识与目标设计和微生物发酵工、生物分离提取工、药物制剂工等国家职业大典规定的职业标准对应，注重内容的科学性、实用性。全面贯彻党的教育方针，落实立德树人根本任务，在教材中有机融入党的二十大精神，并配有丰富的数字资源，可扫描二维码学习参考。

本教材适合高职高专院校生物技术、生物制药等专业使用，也可作为行业培训用书和生物制药技术人员的参考用书。

图书在版编目（CIP）数据

现代生物制药工艺学/辛秀兰主编．—2版．—北京：化学工业出版社，2016.9（2025.2重印）

"十二五"职业教育国家规划教材

ISBN 978-7-122-07869-8

Ⅰ.①现… Ⅱ.①辛… Ⅲ.①生物制品-生产工艺-职业教育-教材 Ⅳ.①TQ464

中国版本图书馆CIP数据核字（2016）第180413号

责任编辑：李植峰 章梦婕 迟 蕾　　　　装帧设计：张 辉
责任校对：宋 夏

出版发行：化学工业出版社（北京市东城区青年湖南街13号 邮政编码100011）
印　　装：三河市双峰印刷装订有限公司
787mm×1092mm　1/16　印张11¼　字数278千字　2025年2月北京第2版第10次印刷

购书咨询：010-64518888　　　　　　　　　　售后服务：010-64518899
网　　址：http://www.cip.com.cn
凡购买本书，如有缺损质量问题，本社销售中心负责调换。

定　价：39.80元　　　　　　　　　　　　　　　版权所有　违者必究

《现代生物制药工艺学》（第二版）编写人员名单

主　　编　辛秀兰

副 主 编　陈　亮　吴小兵

编　　者　（按照姓名汉语拼音排列）

陈　亮（北京电子科技职业学院）

董小岩（北京五加和分子医学研究所有限公司）

韩明娣（北京四环生物制药有限公司）

胡仙妹（郑州轻工业学院）

金丽华（北京电子科技职业学院）

吕健龙（北京四环生物制药有限公司）

宋　丹（天津生物工程职业技术学院）

王　迪（黑龙江职业学院、黑龙江省经济管理干部学院）

王莉瑛（北京电子科技职业学院）

吴小兵（北京亦庄国际生物医药投资管理有限公司）

辛秀兰（北京电子科技职业学院）

杨　晶（黑龙江农业职业技术学院）

赵晓萌（北京农学院）

郑　鸣（河南牧业经济学院）

现代生物制药工艺学是生物技术、生物制药类专业的必修课程之一。本书第一版出版于2006年8月,已重印数次,被国内大部分开设生物制药相关课程的高职高专院校采用,发行量达3万多册。编者利用所掌握的大量来源于生产实际的一线资料,以企业的实际生产任务为主线对教材内容进行修订,从而使教材更加满足高职高专院校的人才培养需求。本教材的编写团队由企业专家和专任教师共同组成。在企业专家的参与下,更多来源于企业生产一线的知识和技能要求被提炼和总结,并编写到教学项目、任务中,使教材的内容更贴近生产实际。

为适应职业教育教学方法改革的需要,教材的此次修订改为项目化教学的体例,共设计了天然生物材料的提取制药、发酵工程制药、细胞工程制药、酶工程制药、基因工程制药共5个教学项目、30个教学任务。教师可根据教学大纲和实验室的具体设备情况,灵活选择具体的教学任务,充分体现任务驱动、项目导向的现代教学模式,从而提升学生的生产实践能力。

教材的知识与能力目标设计与微生物发酵工、生物分离提取工、药物制剂工等国家职业大典规定的职业标准对应。编者通过与各类企业广泛沟通,了解企业生物药物生产的标准操作规程(SOP),并将执行法规和规范、环保和安全意识等生物制药岗位所必需的职业素质融于教学目标中,以实现教学与岗位能力要求的对接。教材对每个项目的专门根据项目的专业内容提出了"思政与职业素养目标",有针对性地引导与强化学生的职业素养培养,践行党的二十大强调的"落实立德树人根本任务,培养德智体美劳全面发展的社会主义建设者和接班人",坚持为党育人、为国育才,引导学生爱党报国、敬业奉献、服务人民。教材整体按项目任务式设计,强调工程理念,培养学生的职业意识,落实二十大报告的"深入实施人才强国战略",培养造就德才兼备的高素质人才。本书配有丰富的数字资源,可扫描二维码学习参考。

为了使本书适应行业发展以及高职高专教育的需要,我们参考了大量国内外有关书籍和文献,并结合自己的教学实践进行编撰。其间得到了各位编写人员及所在单位的大力支持与配合,在此表示衷心的感谢。同时也对本教材第一版的各位编写人员所付出的辛勤努力表示感谢。由于作者水平有限,难免会有疏漏与不妥之处,敬请广大读者与同仁批评指正。

编者

生物制药工艺学是高职生物技术应用、制药工程等工科专业和医药类专业的必修课程之一。目前,全国开设生物技术类的高等职业院校共有 200 多所,绝大多数学校均开设生物制药工艺学课程,但目前适合于高等职业教育的生物制药类教材却凤毛麟角,这种状况既不适应于社会对人才培养的要求,也不利于师生的教学。有鉴于此,本书的编者——这些在高等职业院校长期从事生物制药工艺学教学的教师希望通过自己的努力,为高职高专学生和教师提供一本简明、适用的生物制药工艺学教材。

本教材坚持理论知识"适度、够用"的原则,强化学生的实际操作技能的训练,充分体现职业教育特色,教材以技能训练为核心,注重理论知识的系统性和实验操作的可行性。教材共分两篇,第一篇为基础理论,第二篇为实验技术。

基础理论部分内容覆盖面广,包括概述、天然生物材料的提取制药、发酵工程制药、细胞工程制药、酶工程制药和基因工程制药六章内容,便于不同专业的学生和教师有效利用,尤其突出各类制药技术的工程实例,以适应高职教育的要求。天然生物材料的提取制药介绍从动植物组织、微生物细胞等生物体中提取生化药物的原则、操作原理和提取分离方法;发酵工程制药以抗生素为主线,介绍了 β-内酰胺类、大环内酯类、四环素类和氨基糖苷类等抗生素的发酵工艺控制和提取精制方法;细胞工程制药主要介绍植物细胞和动物细胞的培养方法,以及利用动植物细胞进行生物制药的实例;酶工程制药主要介绍酶的固定化技术及酶工程制药实用技术;基因工程制药以实际应用为主,先简单介绍基因工程制药的实用技术,然后从基因工程上游技术和下游技术两个角度讲解基因工程的实际应用。

生物制药是一门实验技术,重点培养学生的实际动手能力。但传统的高职生物制药类教材均以理论为主导,通过大生产的实际操作实例来阐明实验操作要点,学生只能以"听实验"为主,而无法动手实施,大大限制了学生技术应用能力的培养。本书的第二篇实验技术共分五章,分别为天然生物材料的提取制药实验、发酵工程制药实验、细胞工程制药实验、酶工程制药实验和基因工程制药实验,共设置了 50 个实验。实验内容的选择以工业化大生产为依据,但同时也兼顾了国内大部分高职院校的实验和实训条件,对复杂的生物制药工艺实验进行了改良,增加实验室小规模生物制药实验,增强了实验室操作的可行性,利于培养学生的动手能力,各院校可根据实际情况灵活选用。

北京电子科技职业学院(原北京轻工职业技术学院)的辛秀兰、兰蓉、徐晶、吴志明,中国食品工业（集团）公司的江波，湖北荆门职业技术学院的陈可夫，浙江金华职业技术学院的邵玲莉，安徽第一轻工业学校的刘纯根，北京医药器械学校的劳文燕、张虎成，四川工商职业技术学院的江建军、宁允叶，安徽合肥万博科技职业学院的姚振华等老师共同完成了本书的编写和审稿工作。为了使本教材适应行业发展及高职教育的需要，我们参考了大量的国内外有关文献，并结合自己的教学经验和实验经验进行了编撰，但由于作者水平有限，难免会有错误与不妥之处，敬请广大读者与同仁批评指正。

辛秀兰

2006 年 4 月

项目一 天然生物材料的提取制药 …… 1	一、任务目标 …… 15
【项目介绍】 …… 1	二、必备基础 …… 16
【相关知识】 …… 2	1. 酶类药物的分类 …… 16
一、生化药物的分类 …… 2	2. 药用酶的制备方法 …… 17
二、生化药物的一般工艺 …… 2	3. 药用酶的常用提取纯化方法 …… 18
三、生化药物在医药工业中的地位 …… 3	三、任务实施 …… 18
【项目思考】 …… 4	任务五 甘露醇的制备 …… 21
【项目实施】 …… 4	一、任务目标 …… 21
任务一 L-胱氨酸的制备 …… 4	二、必备基础 …… 21
一、任务目标 …… 4	1. 多糖的来源 …… 21
二、必备基础 …… 4	2. 糖类药物的生理活性 …… 22
1. 氨基酸类药物的常用生产方法 …… 4	3. 多糖的提取纯化方法 …… 24
2. 氨基酸类药物的常用分离纯化技术 …… 5	三、任务实施 …… 25
三、任务实施 …… 6	任务六 卵磷脂的制备 …… 26
任务二 胰凝乳蛋白酶的制备 …… 8	一、任务目标 …… 26
一、任务目标 …… 8	二、必备基础 …… 26
二、必备基础 …… 8	1. 脂类药物的分类 …… 26
1. 材料的预处理 …… 8	2. 脂类药物的常用生产方法 …… 28
2. 多肽和蛋白质类药物的提取 …… 9	三、任务实施 …… 28
3. 多肽和蛋白质类药物的纯化 …… 10	参考文献 …… 29
三、任务实施 …… 10	项目二 发酵工程制药 …… 30
任务三 核苷酸的制备 …… 12	【项目介绍】 …… 30
一、任务目标 …… 12	【相关知识】 …… 30
二、必备基础 …… 12	一、发酵工程制药的研究范畴 …… 30
1. DNA的提取与纯化技术 …… 12	二、发酵工程制药的工艺特点与要求 …… 31
2. DNA的含量测定 …… 13	三、发酵工程制药与化学制药的比较 …… 32
3. RNA的生产技术 …… 13	四、发酵工程药物研究开发的一般程序 …… 33
三、任务实施 …… 14	
任务四 溶菌酶的制备 …… 15	

【项目思考】…… 34
【项目实施】…… 34
  任务一　青霉素的发酵生产 …… 34
    一、任务目标 …… 34
    二、必备基础 …… 34
      1. β-内酰胺类抗生素的发展背景 … 34
      2. β-内酰胺类抗生素的分类和命名 …… 34
      3. β-内酰胺类抗生素的性质 …… 35
      4. 萃取与结晶实验技术 …… 35
    三、任务实施 …… 38
  任务二　红霉素的发酵生产 …… 42
    一、任务目标 …… 42
    二、必备基础 …… 42
      1. 大环内酯类抗生素的结构、分类及药理作用 …… 42
      2. 离子交换法和大孔树脂吸附法 …… 43
    三、任务实施 …… 45
  任务三　金霉素的发酵生产 …… 49
    一、任务目标 …… 49
    二、必备基础 …… 49
      1. 四环素类抗生素的活性 …… 49
      2. 四环素类抗生素的结构特点 …… 49
      3. 发酵液的预处理 …… 50
      4. 沉淀提取法 …… 50
      5. 溶剂萃取法 …… 51
      6. 减少差向异构物的方法 …… 51
    三、任务实施 …… 51
  任务四　链霉素的发酵生产 …… 53
    一、任务目标 …… 53
    二、必备基础 …… 53
      1. 氨基糖苷类抗生素的发展背景 …… 53
      2. 氨基糖苷类抗生素的药理活性及性质 …… 54
      3. 氨基糖苷类抗生素的分类 …… 54
      4. 活性炭吸附技术 …… 55
      5. 沉淀技术 …… 55
      6. 干燥技术 …… 56
    三、任务实施 …… 57

  任务五　维生素C的发酵生产 …… 59
    一、任务目标 …… 59
    二、必备基础 …… 59
      1. 维生素C的基本知识 …… 59
      2. 维生素C的功效 …… 60
      3. 超滤技术 …… 60
    三、任务实施 …… 62
  任务六　谷氨酸的发酵生产 …… 65
    一、任务目标 …… 65
    二、必备基础 …… 65
      1. 氨基酸的结构、性质及应用 …… 65
      2. 氨基酸在食物营养等方面的作用 …… 66
      3. 等电点沉淀法 …… 66
    三、任务实施 …… 67
参考文献 …… 68

项目三　细胞工程制药 …… 69
【项目介绍】…… 69
【相关知识】…… 70
  一、动物细胞工程 …… 70
  二、植物细胞工程 …… 73
【项目思考】…… 74
【项目实施】…… 75
  任务一　骨髓瘤细胞SP2/0的传代培养 …… 75
    一、任务目标 …… 75
    二、必备基础 …… 75
      1. 动物细胞培养技术的重要性 …… 75
      2. 动物细胞的培养条件及营养需求 …… 75
      3. 动物细胞传代培养前的准备 …… 76
      4. 动物细胞传代培养的方法 …… 77
    三、任务实施 …… 77
  任务二　SP2/0细胞传代培养的常规检测 …… 79
    一、任务目标 …… 79
    二、必备基础 …… 79
      1. 细胞培养检测的常规项目 …… 79
      2. 微生物污染的检测方法 …… 80
      3. 预防污染 …… 81
    三、任务实施 …… 82

任务三　抗人血蛋白杂交瘤细胞系的
　　　　建立 …………………… 83
　一、任务目标 ………………………… 83
　二、必备基础 ………………………… 83
　　1. 动物细胞融合的概念 …………… 83
　　2. 细胞融合技术的发展历史 ……… 83
　　3. 杂交瘤技术制备单克隆抗体的
　　　原理 …………………………… 83
　　4. 杂交瘤技术制备单克隆抗体的
　　　主要过程 ……………………… 84
　三、任务实施 ………………………… 85
任务四　杂交瘤阳性克隆子的保藏 …… 87
　一、任务目标 ………………………… 87
　二、必备基础 ………………………… 87
　　1. 动物细胞的冻存 ………………… 87
　　2. 细胞的复苏 ……………………… 87
　　3. 细胞活性检查 …………………… 88
　　4. 细胞计数 ………………………… 88
　三、任务实施 ………………………… 88
任务五　杂交瘤阳性克隆子的微载体
　　　　培养 …………………………… 89
　一、任务目标 ………………………… 89
　二、必备基础 ………………………… 89
　　1. 动物细胞大规模培养技术 ……… 89
　　2. 动物细胞大规模培养的方法 …… 90
　　3. 动物细胞生物反应器 …………… 91
　　4. 动物细胞培养的操作方式 ……… 91
　　5. 动物细胞大规模培养的应用 …… 91
　三、任务实施 ………………………… 91
任务六　西洋参植物细胞的培养 ……… 93
　一、任务目标 ………………………… 93
　二、必备基础 ………………………… 93
　　1. 植物细胞培养技术的重要性 …… 93
　　2. 植物细胞培养条件及营养需求 … 93
　　3. 植物细胞培养前准备 …………… 94
　　4. 植物细胞培养技术 ……………… 94
　三、任务实施 ………………………… 95
参考文献 ………………………………… 97

项目四　酶工程制药 ………………… 98
【项目介绍】 …………………………… 98
【相关知识】 …………………………… 99
　一、酶的基本知识 …………………… 99
　二、酶工程的基本知识 ……………… 101
　三、药用酶的生产方法 ……………… 101
【项目思考】 …………………………… 103
【项目实施】 …………………………… 103
任务一　胃蛋白酶的制备及酶活力
　　　　测定 …………………………… 103
　一、任务目标 ………………………… 103
　二、必备基础 ………………………… 103
　　1. 胃蛋白酶的组成、性质与
　　　保存 …………………………… 103
　　2. 酶活力测定方法 ………………… 104
　三、任务实施 ………………………… 104
任务二　门冬酰胺酶的制备及酶活力
　　　　测定 …………………………… 106
　一、任务目标 ………………………… 106
　二、必备基础 ………………………… 106
　　1. 门冬酰胺酶的性质与用途 ……… 106
　　2. 酶的微生物发酵生产 …………… 106
　三、任务实施 ………………………… 108
任务三　糖化酶的制备及酶活力
　　　　测定 …………………………… 109
　一、任务目标 ………………………… 109
　二、必备基础 ………………………… 109
　　1. 糖化酶的特性 …………………… 109
　　2. 糖化酶的产品规格 ……………… 109
　　3. 糖化酶的使用方法和参考用量 … 110
　　4. 使用糖化酶的优点 ……………… 110
　　5. 糖化酶使用注意事项 …………… 110
　　6. 糖化酶的运输与储存 …………… 110
　三、任务实施 ………………………… 110
任务四　糖化酶的固定化 ……………… 113
　一、任务目标 ………………………… 113
　二、必备基础 ………………………… 113
　　1. 固定化酶的概念 ………………… 113
　　2. 固定化酶的实验技术 …………… 113
　　3. 固定化酶的应用 ………………… 117
　　4. 固定化酶的研究前景 …………… 118
　三、任务实施 ………………………… 118
任务五　中性蛋白酶的固定化 ………… 120
　一、任务目标 ………………………… 120

二、必备基础 …………………… 120
　　　　1. 蛋白酶的基础知识 …………… 120
　　　　2. 中性蛋白酶的基础知识 ……… 121
　　　　3. 蛋白酶固定化常用的材
　　　　　　料——海藻酸钠 …………… 121
　　三、任务实施 …………………… 123
　任务六　胰蛋白酶亲和色谱 ………… 125
　　一、任务目标 …………………… 125
　　二、必备基础 …………………… 125
　　　　1. 亲和色谱技术 ………………… 125
　　　　2. 其他分离技术 ………………… 127
　　三、任务实施 …………………… 130
　参考文献 …………………………… 132

项目五　基因工程制药 ……………… 133
　【项目介绍】 ………………………… 133
　【相关知识】 ………………………… 134
　　一、基因工程技术的优势 …………… 134
　　二、基因工程制药的发展史 ………… 134
　　三、基因工程制药的特点 …………… 136
　　四、基因工程药物的种类 …………… 136
　　五、基因工程技术中的基本概念 …… 137
　　六、基因工程药物生产的基本
　　　　过程 ………………………… 139
　　七、基因工程制药实用技术 ………… 140
　【项目思考】 ………………………… 143
　【项目实施】 ………………………… 143
　任务一　葡激酶的制备 ……………… 143
　　一、任务目标 …………………… 143
　　二、必备基础 …………………… 143
　　　　1. 葡激酶的基本知识 …………… 143
　　　　2. 目的基因的获得 ……………… 143
　　　　3. 重组体的构成、导入和筛选 … 144
　　　　4. DNA 重组体转入宿主菌 …… 145
　　　　5. 重组子的筛选与鉴定 ………… 145
　　　　6. 重组体在宿主细胞中的表达、

　　　　　　调控及检测 ………………… 145
　　三、任务实施 …………………… 146
　任务二　γ 干扰素的制备 …………… 153
　　一、任务目标 …………………… 153
　　二、必备基础 …………………… 153
　　　　1. 干扰素的基本知识 …………… 153
　　　　2. 真核细胞中目标基因的提取 … 154
　　　　3. RT-PCR 技术 ………………… 154
　　　　4. T 质粒载体 …………………… 155
　　三、任务实施 …………………… 155
　任务三　重组人血管内皮生长因子165
　　　　　的制备 …………………… 160
　　一、任务目标 …………………… 160
　　二、必备基础 …………………… 161
　　　　1. 生长因子的基本知识 ………… 161
　　　　2. 毕赤酵母表达系统 …………… 161
　　三、任务实施 …………………… 161
　任务四　胰岛素的制备 ……………… 164
　　一、任务目标 …………………… 164
　　二、必备基础 …………………… 164
　　　　胰岛素的基本知识 ……………… 164
　　三、任务实施 …………………… 164
　任务五　人血白蛋白的制备 ………… 165
　　一、任务目标 …………………… 165
　　二、必备基础 …………………… 166
　　三、任务实施 …………………… 166
　任务六　卡介苗重组疫苗的制备 …… 167
　　一、任务目标 …………………… 167
　　二、必备基础 …………………… 167
　　　　1. 病毒载体的基本知识 ………… 167
　　　　2. 疫苗的基本知识 ……………… 167
　　　　3. 重组卡介苗的基本知识 ……… 167
　　三、任务实施 …………………… 169
　参考文献 …………………………… 169

项目一　天然生物材料的提取制药

【项目介绍】

1. 项目背景

天然生物材料的提取制药是指直接从生物材料中使用分离纯化技术制备药物。现代生物药物最初来源于植物、动物、微生物，而且以提取分离为先导。由于合成工艺、技术等限制，仍然有些氨基酸、维生素、核苷酸、酶、多糖等药物不能合成生产，必须直接从天然材料中提取，还有一些手性药物和半合成药物的中间原料也必须从天然材料中直接提取。

以氨基酸类药物为例，目前，国内市场上有丙氨酸、酪氨酸、色氨酸、组氨酸、门冬氨酸钙等产品，生产厂家有宜昌三峡制药有限公司、天津天安药业股份有限公司等。

本项目以企业的生产实例为线索，设计了六个教学任务，学生主要学习从天然生物材料中提取氨基酸、蛋白质、核酸、多糖、酶类、脂类等六类生化药物的关键技术和相关知识。

2. 项目目标

① 熟悉生化药物的分类原则和种类。
② 熟悉常用生化药物的提取分离工序。
③ 掌握常用氨基酸类药物的生产方法。
④ 掌握常用蛋白质类药物的生产方法。
⑤ 掌握常用核酸类药物的生产方法。
⑥ 掌握常用糖类药物的生产方法。
⑦ 掌握常用维生素类药物的生产方法。
⑧ 掌握常用脂类药物的生产方法。

屠呦呦发现青蒿素

3. 思政与职业素养目标

① 了解生物制药的发展史和天然产物提取制药过程，学习严谨的探究精神。
② 了解中医药学的发展史，提升民族自豪感。
③ 学习本土科学家屠呦呦成长和青蒿素的励志故事，激发文化自信、道路自信和制度自信。
④ 了解生物制药对社会的贡献，提升专业自豪感。
⑤ 了解生物活体作为材料制药的过程，提升对生命体的敬畏感。

4. 项目主要内容

本项目主要完成从天然生物材料中提取氨基酸、蛋白质、核酸等活性成分，项目的主要学习内容见图 1-1。

图 1-1　项目一主要学习内容

【相关知识】

生化药物（biochemical drug）是从生物体分离纯化，用化学合成、微生物合成或现代生物技术制得的用于预防、治疗和诊断疾病的一类生化物质，主要是氨基酸、多肽、蛋白质、酶及辅酶、多糖、脂类、维生素、激素、核酸及其降解产物等。这类物质是维持正常生理活动、治疗疾病、保持健康必需的生化成分。

生化药物最大的特点，一是来自生物体，即来自动物、植物和微生物；二是其属于生物体中的基本生化成分。因此，在医疗应用中显示出高效、低毒、量小的临床效果。随着人们对纯天然物质的青睐，生化药物将受到极大的重视。

人们把用传统方法从生物体制备的内源性生理活性物质习惯称为"生化药品"，而把利用生物技术制备的一些内源性物质，包括疫苗、单克隆抗体等，统称为生物技术药物。生物技术药物是在生化制药基础上利用现代生物技术发展起来的。传统生化制药的内容是现代生物制药的基础，了解传统生化制药工艺对学习掌握现代生物制药技术十分必要。

生化药物的生产，传统上主要是从动植物器官、组织、细胞、血浆中分离纯化制得，但不包括从植物中提取、纯化所得的一些物质（如生物碱、有机酸等）。从中药中提取的生物活性物质，习惯上仍属于中药的范围。

一、生化药物的分类

生化药物主要按其化学本质和化学特性进行分类。该分类方法有利于比较同一类药物的结构与功能的关系、分离制备方法的特点和检验方法的统一，因此一般按此法分类。

① 氨基酸及其衍生物类药物。这类药物包括天然的氨基酸和氨基酸混合物以及氨基酸的衍生物，如 N-乙酰半胱氨酸、L-二羟基苯丙氨基酸等。

② 多肽和蛋白质类药物。多肽和蛋白质是化学本质相同、性质相似，只是分子量相对不同，而导致其生物学性质上有较大差异的一类生化物质，如分子量大小不同的物质其免疫学性质就大不一样。蛋白质类药物如血清白蛋白、丙种球蛋白、胰岛素等；多肽类药物如催产素、降解素、胰高血糖素等。

③ 酶类药物。酶类药物可按功能分为消化酶类、消炎酶类、心脑血管疾病治疗酶类、抗肿瘤酶类、氧化还原酶类等。

④ 核酸及其降解产物和衍生物。这类药物有核酸（DNA、RNA）、多聚核苷酸、单核苷酸、核苷、碱基及其衍生物，如 5-氟尿嘧啶、6-巯基嘌呤等。

⑤ 糖类药物。糖类药物以黏多糖为主。多糖类药物是由糖苷键将单糖连接而成，但由于糖苷键的位置不同，因而多糖种类繁多、药理活性各异。

⑥ 脂类药物。此类药物具有相似的性质，能溶于有机溶剂而不溶于水，其化学结构差异较大、功能各异。这类药物主要有脂肪、脂肪酸类、磷脂类、胆酸类、固醇类、卟啉类等。

二、生化药物的一般工艺

生物药物的提取和纯化可分为五个主要步骤：预处理、固液分离、浓缩、纯化和产品定型（干燥、制丸、挤压、造粒、制片等），每一步骤都可采用各种单元操作。在提取纯化过程中，要尽可能减少操作步骤，因为每一操作步骤都不可避免地带来损失，操作步骤多，总收率会下降。生物药物提取工艺流程的基本模式如图 1-2 所示。

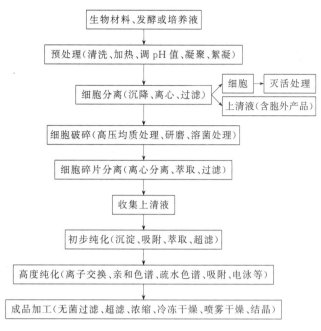

图 1-2　生物药物提取工艺流程的基本模式

三、生化药物在医药工业中的地位

① 生产迅速增长。生化制药经历了从粗加工到精加工，从加工原料到制剂生产的过程。在生产管理、质量监督、科学技术、人才培养等方面形成相对独立的体系，已成为我国的一大制药行业。

② 生产技术不断提高。我国的生化制药企业大都起步较晚、基础较差。近年来，生化制药企业在技术改造方面加强了力度、改造了车间、更新了设备。生化药物生产技术迈上了新台阶，为进一步发展打下了较好的基础。

③ 产品结构逐步优化，质量不断提高。近十年来，我国加强了科研工作，成功地开发出了一批新的生化药物，使生化药物结构发生了质的变化。同时，对于一批疗效确切但质量标准低的产品，通过整顿，提高了质量标准和临床疗效，增强了竞争能力。例如尿激酶，由于提高了质量，不仅不由国外大量进口，已向国外出口；降纤酶的质量标准也达到国际先进水平；人工牛黄制定了新的标准，更为接近天然牛黄的成分，疗效有了提高。总之，生化药物的结构与质量标准已开始向国际化发展，不断提高竞争能力，创造更大的经济效益和社会效益。

④ 产业结构改变，规模经济占主导地位。随着经济改革的深化、市场经济的建立、生化制药产业结构的不断变化，原来的附属厂已有相当一部分独立出来，得到较快的发展，同时出现了一批合资生化制药企业。20 世纪 80 年代只有少数几家产值较高的企业，而现在 30% 以上的企业产值较高。这 30% 的企业产值占全行业总产值的 50% 以上，充分发挥了规模经济的优势，占了主导地位。规模效益是生化制药今后发展的方向。

生化制药是医药产业的重要组成部分，与其他医药产业同样担负着保护人类健康、保护生产力的责任，需要更好、更快地发展。面向 21 世纪，对生化制药产业来说，面临着很好的发展机遇。生化药物在儿童发育和老年人的保健中将发挥重要的作用，在国内、国际市场上都有广阔的前景，一定会有更大的发展。

【项目思考】

① 生化药物的分类原则是什么？有哪些种类？
② 常用生化药物的提取分离工序有哪些？

【项目实施】

任务一　L-胱氨酸的制备

一、任务目标

① 熟悉氨基酸类药物的常用生产方法。
② 学会按照标准操作规程从人发中提取L-胱氨酸。
③ 了解氨基酸类药物的药理作用及鉴定方法。

L-胱氨酸的制备

二、必备基础

1. 氨基酸类药物的常用生产方法

氨基酸是蛋白质的基本组成单位。作为生物大分子的各种蛋白质，在生命活动中表现出各种各样的生理功能，主要取决于蛋白质分子中氨基酸的组成、排列顺序以及形成的特定三维空间结构。蛋白质和氨基酸之间不断地分解与合成，在机体内形成一个动态平衡体系。任何一种氨基酸的缺乏或代谢失调，都会破坏这种平衡，导致机体代谢紊乱乃至疾病。因此，氨基酸类药物越来越受到重视。

生产氨基酸的常用方法有蛋白质水解提取法、微生物发酵法、酶合成法和化学合成法，通常将直接发酵法和微生物转化法统称为发酵法。现在除少数几种氨基酸用蛋白质水解提取法生产外，多数氨基酸都采用发酵法生产，也有几种氨基酸采用酶法和化学合成法生产。

① 蛋白质水解提取法。以毛发、血粉、废蚕丝等为原料，通过酸、碱或蛋白质水解酶水解成氨基酸混合物，经分离纯化获得各种氨基酸。水解法生产氨基酸主要分为分离、精制、结晶三个步骤。

本法的优点是原料来源丰富、投产比较容易；缺点是产量低、成本较高。目前仍有一定数量的品种（如胱氨酸、亮氨酸、酪氨酸等）用水解提取法生产。

② 酸水解法。一般是在蛋白质原料中加入约4倍重量的6mol/L盐酸或8mol/L硫酸，于110℃加热回流16～24h，或加压下于120℃水解12h，使氨基酸充分析出，除酸即得氨基酸混合物。本法的优点是水解完全、水解过程不引起氨基酸发生旋光异构作用，所得氨基酸均为L型氨基酸。缺点是营养价值较高的色氨酸几乎全部被破坏；含羟基的丝氨酸和酪氨酸部分被破坏，水解产物可与醛基化合物作用生成一类黑色物质而使水解液呈黑色，需进行脱色处理。

③ 碱水解法。通常是在蛋白质原料中加入6mol/L氢氧化钠或4mol/L氢氧化钡，于100℃水解6h，得氨基酸混合物。

④ 酶水解法。通常是利用胰酶、胰浆或微生物蛋白酶等，在常温下水解蛋白质制备氨基酸。本法的优点是反应条件温和、氨基酸不被破坏也不发生消旋作用、所需设备简单、无环境污染；缺点是蛋白质水解不彻底、中间产物较多、水解时间长，故主要用于生产水解蛋白和蛋白胨，在氨基酸生产上比较少用。

⑤ 微生物发酵法。发酵法是指以糖为碳源、以氨或尿素等为氮源,通过微生物的发酵繁殖,直接生产氨基酸,或是利用菌体的酶系,加入前体物质合成特定氨基酸的方法。其基本过程包括菌种的培养、接种发酵、产品提取及分离纯化等。所用菌种主要为细菌、酵母菌。随着生物工程技术的不断发展,采用细胞融合技术及基因重组技术改造微生物细胞,已获得多种高产氨基酸杂种菌株及基因工程菌,其中苏氨酸和色氨酸基因工程菌已投入工业生产。有目的地培养产率高的新菌种是发酵法生产氨基酸的关键。目前大部分氨基酸可通过发酵法生产,如谷氨酸、谷氨酰胺、丝氨酸、酪氨酸等,产量和品种逐年增加。

本法的优点是直接生产 L 型氨基酸、原料丰富、以廉价碳源如甜菜或化工原料(乙酸、甲醇、石蜡)代替葡萄糖,成本大为降低;缺点是产物浓度低、生产周期长、设备投资大、有副反应、单晶体氨基酸的分离比较复杂。

⑥ 化学合成法。化学合成法是利用有机合成和化学工程相结合的技术生产氨基酸的方法。通常是以 α-卤代羧酸、醛类、甘氨酸衍生物、异氰酸盐、乙酰氨基丙二酸二乙酯、卤代烃、α-酮酸及某些氨基酸为原料,经氨解、水解、缩合、取代、加氢等化学反应合成 α-氨基酸。化学合成法是制备氨基酸的重要途径之一,但氨基酸种类较多、结构各异,故不同氨基酸的合成方法也不同。

本法的优点是可采用多种原料和多种工艺路线,特别是以石油化工产品为原料时,成本较低,生产规模大,适合工业化生产,产品易分离纯化;缺点是生产工艺复杂,生产的氨基酸皆为 DL 型消旋体,需经拆分才能得到 L 型氨基酸。目前多用固定化酶拆分 DL 型氨基酸,具有收率高、成本低、周期短的优点,促进了化学合成法的发展。蛋氨酸、甘氨酸、色氨酸、苏氨酸、苯丙氨酸、丙氨酸、脯氨酸等采用化学合成法生产。

⑦ 酶合成法。酶合成法也称酶工程技术、酶转化法,是指在特定酶的作用下使某些化合物转化成相应氨基酸的技术。它是在化学合成法和发酵法的基础上发展建立的一种新的生产工艺。其基本过程是以化学合成的、生物合成的或天然存在的氨基酸前体为原料,将含特定酶的微生物、植物或动物细胞进行固定化处理,通过酶促反应制备氨基酸。固定化酶和固定化细胞等技术的迅速发展,促进了酶合成法在实际生产中的应用。

本法的优点是产物浓度高、副产物少、成本低、周期短、收率高、固定化酶或细胞可连续反复使用、节省能源。生产的品种有天冬氨酸、丙氨酸、苏氨酸、赖氨酸、色氨酸、异亮氨酸等。

2. 氨基酸类药物的常用分离纯化技术

氨基酸的分离是指从氨基酸混合液中获得某种单一氨基酸产品的工艺过程,是氨基酸生产技术中重要的环节。氨基酸的分离技术较多,下面介绍几种常用的方法。

① 溶解度法或等电点法。溶解度法是根据不同氨基酸在水和乙醇等溶剂中的溶解度不同,而将氨基酸彼此分离的方法。如胱氨酸和酪氨酸均难溶于水,但在热水中酪氨酸溶解度较大,而胱氨酸则无多大差别,故可将混合物中的胱氨酸、酪氨酸与其他氨基酸彼此分开。

氨基酸在不同溶剂中溶解度不同这一特性,不仅用于氨基酸的一般分离纯化,还可用于氨基酸的结晶。在水中溶解度大的氨基酸,如精氨酸、赖氨酸,其结晶不能用水洗涤,但可用乙醇洗涤去杂质;而在水中溶解度较小的氨基酸,其结晶可水洗去杂质。

各种氨基酸在等电点时溶解度最小、易沉淀析出,故利用溶解度法分离制备氨基酸时,常与氨基酸等电点沉淀法结合并用。

② 特殊沉淀剂法。氨基酸可以和一些有机化合物或无机化合物生成具有特殊性质的结晶性衍生物,利用这一性质可分离纯化某些氨基酸。如精氨酸与苯甲醛生成不溶于水的苯亚甲基精氨酸沉淀,经盐酸水解除去苯甲醛,即可得纯净的精氨酸盐酸盐;亮氨酸与邻二甲

苯-4-磺酸反应,生成亮氨酸磺酸盐沉淀,后者与氨水反应,得游离亮氨酸;组氨酸与氯化汞作用生成组氨酸汞盐沉淀,经处理得组氨酸。

本法操作简便、针对性强,至今仍是分离制备某些氨基酸的方法;缺点是沉淀剂比较难以去除。

③ 离子交换法。离子交换法是利用离子交换剂根据不同氨基酸吸附能力不同而分离纯化氨基酸的方法。氨基酸为两性电解质,在一定条件下,不同氨基酸的带电性质及解离状态不同,对同一种离子交换剂的吸附力也不同,故可对氨基酸混合物进行分组或单一成分的分离。例如,在 pH 5~6 的溶液中,碱性氨基酸带正电,酸性氨基酸带负电,中性氨基酸呈电中性,选择适宜的离子交换树脂可选择性吸附不同解离状态的氨基酸,然后用不同 pH 缓冲液洗脱,可把各种氨基酸分别洗脱下来。

④ 氨基酸的结晶与干燥。结晶是溶质以晶体状态从溶液中析出的过程。通过上述方法分离纯化后的氨基酸仍混有少量其他氨基酸和杂质,需通过洁净结晶或重结晶提高其纯度,即利用氨基酸在不同溶剂、不同 pH 介质中溶解度的不同,达到进一步纯化。氨基酸结晶通常要求样品达到一定的纯度、较高的浓度,pH 选择在 pI 附近,在低温条件下使其结晶析出。氨基酸结晶通过干燥进一步除去水分或溶剂获得干燥制品,便于使用和保存。常用的干燥方法有常压干燥、减压干燥、喷雾干燥、冷冻干燥等。

三、任务实施

(一) 实施原理

蛋白质是由各种氨基酸组成的,在一定条件下水解蛋白质可得到各种氨基酸的混合液。水解蛋白质的方法有酸解、碱解和酶解。根据不同的目的从蛋白质水解液中分离个别氨基酸通常可以采用柱色谱、等电点沉淀法、薄层色谱及电泳等方法,而分离胱氨酸多用等电点沉淀法。用酸水解的方法得到人发的水解液,然后用碱调 pH 到胱氨酸的等电点 pI 为 5.05 左右,胱氨酸便从蛋白质水解液中沉淀出来,粗品经过精制可得到胱氨酸结晶。

为了制备某种氨基酸,最好选择含此种氨基酸较丰富的蛋白质为原料。例如胱氨酸在角蛋白中含量较高,人发中约含 12%,羊毛中含量为 14.3%,因此常以毛发为原料制备胱氨酸。

胱氨酸是一种含硫氨基酸,为白色、六角形板状结晶或结晶粉末,无味,易溶于稀酸和碱性溶液,几乎不溶于水和醇。

胱氨酸是一种生化试剂,也可作为一种药物。主要用于各种脱发症,也用于痢疾、伤寒、流感、气喘、神经痛、湿疹以及各种中毒病患者等,因此有一定的使用价值。

(二) 实施条件

1. 实验器材

500mL 短颈圆底烧瓶、沸石、冷凝管、石棉网、电炉、玻璃漏斗、胶头滴管、玻璃棒、抽滤瓶及布氏漏斗、恒温水浴锅、水泵(或真空泵)、表面皿、烧杯、毛细管、层析缸、滤纸、烘箱。

2. 材料和试剂

无染发人发、碱面或中性洗衣粉。

10mol/L HCl 溶液、4% HCl 溶液、6% HCl 溶液、10% NaOH 溶液、25% NaOH 溶液、10% 氨水、2% $CuSO_4$ 溶液、活性炭粉末、0.1% EDTA、75% 乙醇、苯酚、5% 茚三酮-丙酮溶液、胱氨酸标准品。

(三) 方法与步骤

L-胱氨酸的制备工艺流程如下。

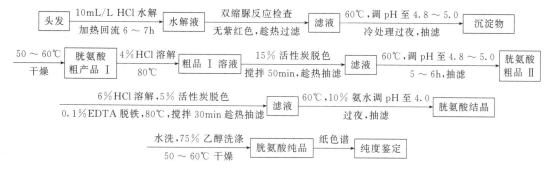

1. 人发的处理

从理发店购买未染发的头发,用碱面或中性洗衣粉充分洗涤,用清水洗至水呈中性,晾干或晒干,并剪短备用。

2. 水解

安装一回流装置,在冷凝管上端接一弯玻璃管,下连一小漏斗,用水封住,避免氯化氢气体自仪器中逸出到空气里,注意小漏斗要刚好接触水面,不要伸到水中,以免倒吸。称取50g 人发于500mL 短颈圆底烧瓶中,加入100mL 10mol/L HCl 溶液,并加几小块沸石以避免水解过程中暴沸。在石棉网上加热回流6～7h,期间要保持混合物缓缓沸腾。水解6～7h后,用双缩脲反应检查蛋白质是否水解完全,若不呈现双缩脲反应时,则停止加热。否则仍需继续加热水解至不呈现双缩脲反应为止。

3. 双缩脲反应检查

吸取3mL 水解液,加入少量活性炭粉末,在80℃热水浴中脱色数分钟,过滤。向滤液中加入3mL 10% 的 NaOH 溶液使呈碱性。然后沿管壁加4～5滴2% $CuSO_4$ 溶液,观察有无紫红色出现,若出现,表示水解未完全,需延长水解时间。

4. 粗产品的制备

将水解液趁热过滤,除去残渣,滤液呈深棕色。当滤液温度降至60℃左右时,在不断搅拌下,逐滴加入25% NaOH 溶液,调 pH 至4.8～5.0,可看到胱氨酸沉淀生成。然后置冷处过夜,使沉淀完全,次日将沉淀抽滤,50～60℃干燥,便得到胱氨酸粗产品Ⅰ。

5. 结晶

将称量好的胱氨酸粗品Ⅰ放入烧杯中,称量4倍于粗品Ⅰ质量的4% HCl 溶液于烧杯中,用恒温水浴加热并恒温到80℃左右,在不断搅拌下加入约粗品Ⅰ质量15% 的活性炭,搅拌50min 左右,趁热抽滤。将以上滤液于60℃恒温水浴中,在不断搅拌下慢慢加入25% NaOH 溶液调 pH 至4.8～5.0,可看到胱氨酸的白色结晶迅速析出,放置5～6h 后(在更长时间的情况下酪氨酸也可能与胱氨酸一同结晶出来)抽滤,得胱氨酸粗品Ⅱ。

6. 再次脱色并脱铁

将胱氨酸粗品Ⅱ放入小烧杯中,称量8倍粗品Ⅱ质量的6% HCl 溶液于小烧杯中,加入5%左右粗品质量的活性炭,加入0.1% EDTA 2mL,在80℃恒温水浴中搅拌30min,趁热减压抽滤。

7. 重结晶制得纯品

将滤液放在约60℃恒温水浴中,逐滴加入10% 氨水调溶液 pH,要一滴一滴地加入,不停地搅拌。pH 为 4.0 时（等电点漂移），白色的胱氨酸结晶逐渐析出，放置过夜，抽滤，用少量蒸馏水洗涤结晶，再用 75% 乙醇洗涤，抽干。将产品置表面皿上，于 50~60℃ 烘箱中干燥，称重，计算产率。

8. 纯度鉴定

将样品和标准胱氨酸同时走单向纸色谱或聚酰胺薄膜色谱。若为纯品，在层析图谱上应为单一斑点，R_f 值应和标准品一样。色谱条件，展开剂为苯酚：水＝7：3（体积比）；显色剂为 0.5% 茚三酮-丙酮溶液；滤纸为新华一号（20cm×20cm）。

（四）结果与讨论

① 计算胱氨酸得率。
② 影响得率的因素是什么？
③ 根据纸色谱结果，分析所制备的胱氨酸纯度。

任务二　胰凝乳蛋白酶的制备

一、任务目标

通过学习、了解多肽和蛋白质类药物的材料选择原则和预处理方法，掌握常用的提取、分离以及药物的检测方法，以及胰凝乳蛋白酶的制备原理和方法。

二、必备基础

活性多肽和蛋白质是生化药物中非常活跃的一个领域，其生产方法主要有生化提取法、微生物发酵法和基因工程。20 世纪 70 年代以后，随着基因工程技术的兴起和发展，人们首先利用基因工程技术生产重要多肽和蛋白质。已实现工业化生产的产品有胰岛素、干扰素、白细胞介素、生长素等，现正逐步从微生物和动物细胞中提取，采用转基因动、植物细胞发酵法生产。

不同的蛋白质类药物可以分别或同时来源于动物、植物及微生物。在选择提取、分离蛋白质药物的原料时，应优先考虑来源丰富、目的物含量高、成本低的材料。但有时材料来源丰富而含量不同，或材料来源丰富、含量高，但材料中杂质太多，分离纯化流程烦琐，以致影响质量和收率，反而不如采用低含量易于操作的原料。在选择原料时还应考虑其种属、发育阶段、生物状态、解剖部位等因素的影响。

种属影响到原料中待提取蛋白质的含量、结构、生物学活性及其抗原性。例如牛胰中胰岛素含量虽比猪胰高，但与人胰岛素相比，猪胰岛素有 1 个氨基酸差异，而牛胰岛素有 3 个氨基酸不同，因而牛胰岛素的抗原性高于猪胰岛素。又如，来源于猪垂体的生长素对人体无效，不能用于人体。

此外，被提取蛋白质在原料中的含量还受原料解剖学部位的影响。如猪胰尾部含激素较多，猪胰头部含消化酶较多。单独收集胰头提取消化酶，收集胰尾提取激素，有利于提高产品的收率。

1. 材料的预处理

对于某种待提取的多肽或蛋白质，如果是体液中的成分或细胞外成分，则可以直接进行提取分离。如果是细胞内成分，就需要首先将细胞破碎，使其胞内成分充分释放到溶液中，才能有效地将其提纯。不同生物体的不同组织，其细胞破碎的难易程度不一，应采用不同的破碎方法。此外，还应考虑目的多肽或蛋白质的稳定性，尽量采用温和方法，防止蛋白质变性失活。例如破碎肝细胞可以采用反复冻融法，但对于反复冻融易失活的蛋白质，则应改用其他细胞破碎方法。

目前较常用的细胞破碎方法如下。

① 机械法。是主要通过机械力的作用使细胞组织破碎的方法。通常采用的器械有机械捣碎机、匀浆器及研钵等。机械捣碎机适用于动物组织、植物肉质种子、柔嫩的叶、芽等材料的破碎，但不适用于制备大分子的提取产物。匀浆器破碎细胞的程度比机械捣碎机高，主要用于少量样品的制备。研钵研磨多用于细菌或其他坚硬植物材料，研磨时加入少量石英砂、玻璃粉等研磨剂，有利于提高研磨效果。

② 物理法。是主要通过各种物理因素使组织破碎的方法。常用的方法有反复冻融法、急热骤冷法、超声波处理、加压破碎法等。

反复冻融法是先将样品深冷至 $-15 \sim -20$ ℃ 使之冻固，再缓慢地融化，反复多次可使大部分细胞及细胞内颗粒破坏。常用于处理动物性材料，但脂蛋白用冻融法会变性失活。

急热骤冷法是将样品投入沸水中，于 90℃ 左右加热数分钟，立即置冰水浴中使其迅速冷却，则绝大多数细胞被破坏。

超声波处理是利用超声波产生的机械振动使细胞破碎，适用于微生物材料。其缺点是可导致对超声波敏感蛋白质失活，另外超声波产生的热量亦可能使热敏感蛋白质失活。

加压破碎法是利用气压或水压破碎细胞，每小时可以处理数十升乃至数千升的样品，适用于微生物发酵工业的生产。

③ 化学法和酶法。主要是有机溶剂法、自溶法、酶解法、表面活性剂处理法等。

有机溶剂法是于 0℃ 以下、在粉碎后的新鲜材料中加入 $5 \sim 10$ 倍量的丙酮，迅速搅拌，可破碎细胞，亦使蛋白质与脂质分开，有利于进一步纯化。

自溶法是利用细胞自身的蛋白酶将细胞破坏，使细胞内含物释放出来。自溶法所需时间长，不易控制，难以在工业生产上使用。

酶解法适用于细菌、植物等含细胞壁的材料，如利用溶菌酶、纤维素酶、半纤维素酶、蜗牛酶、脂酶等专一性地水解细胞壁，得到细胞的内含物。

表面活性剂处理是利用细胞膜对表面活性剂不稳定的原理来破碎细胞。常用的表面活性剂有十二烷基磺酸钠、氯化十二烷吡啶、去氧胆酸钠等。

组织细胞破碎过程中，大量胞内蛋白释放出来，须立即选择适当条件进行下一步的提取分离，避免长久放置造成待提取的蛋白质分解失活。

2. 多肽和蛋白质类药物的提取

多肽和蛋白质在不同溶剂中的溶解度主要取决于蛋白质和多肽分子中非极性疏水基团和极性亲水性基团的比例，以及这些基团在多肽、蛋白质中相对的空间位置。此外，溶液的温度、pH、离子强度等外界因素会影响多肽、蛋白质在不同溶液中的溶解度。

① 水溶液提取。水溶液是蛋白质提取中最常用的溶剂。大多数蛋白质的极性亲水基团位于分子表面，非极性疏水基团位于分子内部，因此，蛋白质在水溶液中一般具有比较好的溶解性。用水为溶剂提取蛋白质时，还应考虑盐的浓度、pH、温度等因素的影响。

适当的稀盐溶液和缓冲液可以提高蛋白质在溶液中的稳定性及增大蛋白质在水溶液中的溶解度。一般使用等渗盐溶液，如 $0.002 \sim 0.005$ mol/L 磷酸盐缓冲液或 0.15 mol/L 氯化钠溶液。但有些蛋白质在低盐溶液中溶解度低，可以适当提高盐溶液的浓度，如脱氧核糖蛋白需用 1 mol/L 以上的氯化钠溶液进行提取。

溶液 pH 不但影响蛋白质的溶解度，还可能对蛋白质的稳定性产生很大的影响。因此，蛋白质提取溶液的pH选择在保证蛋白质稳定的范围内,偏离等电点两侧的某一点,如含碱性氨基酸残基较多的蛋白质选在偏酸的一侧,含酸性氨基酸残基较多的蛋白质则选择偏碱一侧,以增大蛋白质的溶解度,提高提取率。

为了防止蛋白质降解变性失活,提取时一般在低温(5℃)下操作。但对少数温度耐受力较高的蛋白质,可适当提高提取温度,导致杂蛋白变性沉淀,有利于提取和简化以后的纯化工作。

② 有机溶剂提取。一些和脂质结合比较牢固或非极性基团较多的蛋白质不溶或难溶于水、稀盐、稀酸或稀碱中,常用不同比例的有机溶剂提取。存在于细胞膜或线粒体膜中的蛋白质,由于与脂质结合牢固而常用正丁醇为提取溶剂。正丁醇可取代膜脂与蛋白质结合,并阻止脂质重新与蛋白质分子结合,使蛋白质在水中的溶解能力大大增加。乙醇亦是较常见的有机提取溶剂。

表面活性剂如胆酸盐、十二烷基磺酸钠和一些非离子表面活性剂,如吐温60、吐温80等,不易使蛋白质变性失活而被广泛采用。

3. 多肽和蛋白质类药物的纯化

多肽和蛋白质的纯化包括两部分内容,一是将蛋白质与非蛋白质分开,二是将不同的蛋白质分开。对非蛋白部分可以根据其性质采用适当的方法去除,如脂类可用有机溶剂提取除去,核酸类可用核酸沉淀剂除去或核酸水解酶水解除去,小分子杂质用透析或超滤除去等,而对于不同蛋白质的分离则可以利用它们之间性质上的差异。常用的方法有以下几种。

① 利用溶解度不同的纯化方法。如盐析法、有机溶剂法、等电点沉淀法、加热变性法等。

② 利用分子结构和大小不同的纯化方法。蛋白质分子各异,有细长如纤维状,有密实如球状,分子量则从6000左右至几百万不等。利用这些差异,可以采用凝胶色谱法和超滤法来分离蛋白质。

③ 利用电离性质不同的纯化方法。蛋白质分子侧链基团有的可解离,如蛋白质分子中的谷氨酸和天冬氨酸含有羧基、赖氨酸含有氨基、组氨酸含有咪唑基、精氨酸含有胍基、酪氨酸含有酚基、色氨酸含有吲哚基等,这些基团的数量和分布各异,使不同蛋白质表面带电情况不尽相同,所以可以利用电荷性质分离纯化蛋白质。电泳法亦较常用。

④ 利用生物功能专一性不同的纯化方法。大部分蛋白质具有特异性,通过与其底物相互结合而发挥其功能,这种结合方式经常是专一、可逆的,如抗原与抗体、激素与受体的结合等。蛋白质与其对应的分子间的这种结合能力称为"亲和力"。利用蛋白质这一特性可采用亲和色谱来纯化蛋白质。首先将具有高度特异性、不溶性配基装入色谱柱(或称为亲和柱),在一定的流动相中将含有待分离蛋白质的样品通过该柱。由于专一亲和力的作用,待分离蛋白质与柱上的配基结合而留在柱内,其他杂蛋白则直接流出柱外,之后用能降低待分离蛋白质与其配基亲和力的洗脱液分离出目的蛋白质。

三、任务实施

(一) 实施原理

蛋白质分子表面含有带电荷的基团,这些基团与水分子有较大的亲和力,故蛋白质在水溶液中能形成水化膜,增加蛋白质水溶液的稳定性。如果在蛋白质溶液中加入大量中性盐,蛋白质表面的电荷被大量中和、水化膜被破坏,则蛋白质分子相互聚集而沉淀析出,此现象为"盐析"。不同的蛋白质由于分子表面电荷多少不同,分布情况也不一样,因此不同的蛋白质盐析出来所需的盐浓度也各异。盐析法就是通过控制盐的浓度,使蛋白质混合液中的各个成分分步析出,达到粗分离蛋白质的目的。到目前为止,已知的酶都是蛋白质,因此一般提纯蛋白质的方法也适用于酶的提纯。

(二) 实施条件

1. 实验器材

高速组织捣碎机、解剖刀、镊子、剪刀、烧杯(50mL和100mL)、离心管、漏斗、纱布、棉线、吸管(0.5mL、1mL、2mL、5mL、10mL)、玻璃棒及滴管、透析袋、分析天平、离心机。

2. 材料和试剂

新鲜猪胰脏。

0.125mol/L H_2SO_4 溶液、固体 $(NH_4)_2SO_4$、磷酸盐缓冲液(0.1mol/L,pH7.4)、乙酸缓冲液(0.1mol/L,pH 5.0)、1% $BaCl_2$ 溶液、10% 三氯乙酸溶液、0.1mol/L NaOH溶液。

1%酪蛋白溶液:称酪蛋白1.0g加pH 8.0的0.1mol/L磷酸盐缓冲液100mL,在沸水中煮5min使之溶解,冰箱中保存。

(三) 方法与步骤

胰凝乳蛋白酶的制备工艺如下。

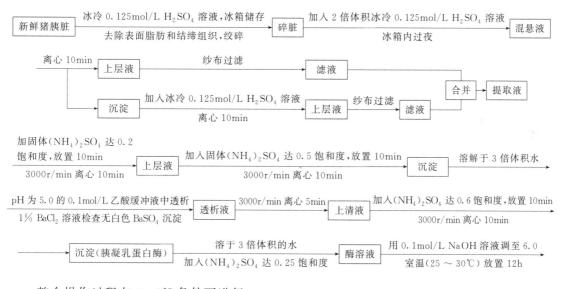

整个操作过程在0~5℃条件下进行。

1. 提取

取新鲜猪胰脏,放在盛有冰冷0.125mol/L H_2SO_4 溶液的容器中,保存在冰箱中待用。去除胰脏表面的脂肪和结缔组织后称重,用组织捣碎机绞碎,然后混悬于2倍体积的冰冷0.125mol/L H_2SO_4 溶液中,放冰箱内过夜。将上述混悬液离心10min,上层液经2层纱布过滤至烧杯中,将沉淀再混悬于等体积的冰冷0.125mol/L H_2SO_4 溶液中,再离心,将两次上层液合并,即为提取液。

2. 分离

取提取液10mL,加固体 $(NH_4)_2SO_4$ 1.14g达0.2饱和度,放置10min,3000r/min离心10min,弃去沉淀,保留上层液。在上层液中加入固体1.323g $(NH_4)_2SO_4$ 达0.5饱和度,放置10min,3000r/min离心10min,弃去上层液,保留沉淀。将沉淀溶解于3倍体积的水中，装入透膜析袋中，在 pH 为 5.0 的 0.1mol/L 乙酸缓冲液中透析，直至 1% $BaCl_2$ 溶液检查无白色 $BaSO_4$ 沉淀产生，然后 3000r/min 离心 5min。弃去变性的酶蛋白沉淀，保留上清液。在上清液中加 $(NH_4)_2SO_4$（3.9g/10mL）达 0.6 饱和度，放置 10min，3000r/min 离心 10min，弃去清液，保留沉淀（即为胰凝乳蛋白酶）。

3. 结晶

取分离所得的胰凝乳蛋白酶溶于 3 倍体积的水中。然后加 $(NH_4)_2SO_4$（1.44g/10mL）至胰凝乳蛋白酶溶液达 0.25 饱和度。用 0.1mol/L NaOH 溶液调节 pH 至 6.0，在室温（25~30℃）放置 12h 即可出现结晶。

（四）结果与讨论

① 在显微镜下观察胰凝乳蛋白酶的结晶形状。
② 计算胰凝乳蛋白酶得率。
③ 讨论影响胰凝乳蛋白酶得率的因素。

任务三　核苷酸的制备

一、任务目标

通过学习、了解核酸类药物的分类和药理功能，掌握离子交换色谱的基本操作、常用的药物生产方法以及检测方法。

二、必备基础

核酸类药物可分为两类。第一类为具有天然结构的核酸类物质，属于这一类的核酸类药物有肌苷、ATP、辅酶 A、脱氧核苷酸、肌苷酸、GTP、CTP、腺嘌呤等，这些物质多数生物体能够自身合成。作为核酸类药物，基本上均是经微生物发酵或从生物材料中提取生产的。这类药物有助于改善机体的物质代谢和能量代谢平衡，加速受损组织的修复，促使机体恢复正常生理功能。临床已广泛使用于血小板减少症、白细胞减少症、急慢性肝炎、心血管疾病、肌肉萎缩等代谢障碍性疾病。第二类为自然结构碱基、核苷、核苷酸类似物或聚合物。这类核苷酸类药物是当今治疗病毒、肿瘤、艾滋病的重要药物，也是产生干扰素、免疫抑制剂的临床药物。这类药物大部分由自然结构的核酸类物质通过半合成生产。临床上用于抗病毒的这类药物有三氟代胸苷、氮杂鸟嘌呤、氟胞嘧啶肌苷二醛、阿糖胞苷等，且都已应用于临床。

随着近代分子生物学的发展，人们对与核酸类物质在调控机体生理平衡作用的认识加深、对微生物发酵生产核苷和核苷酸代谢调控机制的研究深入，核酸类药物的发酵生产将会得到迅速发展。

核酸包括 DNA、RNA 两种。DNA 主要存在于细胞核中，占总 DNA 的 98%，另 2% 存在于线粒体和叶绿体中；RNA 主要存在于细胞质中，约占总 RNA 的 90%，另 10% 存在于细胞核里的核仁、核质和染色体中。核酸的含量与细胞的大小无关，所以制备核酸时常采用生长较旺盛的组织，如胰、脾、胸腺等。这类组织比同样体积的其他组织，如肌肉、脑等组织，含有更多的细胞，因而就有更高的核酸含量。

1. DNA 的提取与纯化技术

动物内脏（肝、脾等）加 4 倍量生理盐水经组织捣碎机捣碎 1min，匀浆，2500r/min 离心

30min,沉淀用同样体积的生理盐水洗涤3次,每次洗涤后离心,将沉淀物悬浮于20倍量的冷生理盐水中,再捣碎3min;加入2倍量5%的十二烷基磺酸钠,用45%乙醇作溶剂,搅拌2~3h,在0℃下2500r/min离心,收集上清液并加入等体积的冷95%乙醇。离心即可得到纤维状DNA,再用冷乙醇和丙酮洗涤,减压低温干燥得粗品DNA。粗品DNA溶于适量蒸馏水,加入5%的十二烷基磺酸钠,用45%乙醇作溶剂,按1/10体积,搅拌1h,经5000r/min离心1h,上清液中加入1mol/L NaCl,再缓慢加入冷95%乙醇,DNA析出,经乙醇、丙酮洗涤,真空干燥得具有生物活性的DNA。活性DNA制备需在0~3℃下操作完成。

用上述方法获得的是多种DNA的混合物,这种DNA的混合物可以直接作为药物使用,但有时需要均一性的DNA,这就必须进一步地分离和纯化。常用的方法有密度梯度离心法、柱色谱法和凝胶电泳法等。

① 密度梯度离心法。采用蔗糖溶液作为分离DNA的介质,建立从管底向上逐渐降低的浓度梯度,管底浓度为30%,最上面为5%。然后将混合的RNA溶液小心地放于蔗糖面上,经高速离心数小时后,大小不同的DNA分子即分散在相应密度的蔗糖部位中。然后从管底依次收集一系列样品,分别在260nm处测其光吸收并绘成曲线。合并同一峰内的收集液,即得到相应的较纯DNA。

草莓核酸的提取与鉴定

② 柱色谱法。用于分离DNA的柱色谱法有多种系统,较常用的载体有二乙胺四乙酸(DEAE)纤维素、葡萄糖凝胶、DEAE-葡聚糖凝胶等。混合DNA从色谱柱上洗脱下来时,一般按分子量从小到大的顺序分步收集,即可得到相应的DNA。

③ 凝胶电泳法。各种DNA分子所带电荷与质量之比都非常接近,所以一般电泳法无法使之分离。但若用具有分子筛作用的凝胶作载体,则不同大小的DNA分子在电泳中将具有不同的泳动速度,从而分离纯化DNA。琼脂糖凝胶和聚丙烯酰胺凝胶即有这种作用,所以被用作分离DNA的载体。

2. DNA的含量测定

DNA是磷酸和戊糖通过磷酸二酯键形成的长链,所以磷酸或戊糖的量正比于DNA的量,可通过测定磷酸或戊糖的量来测定DNA的量。前者称为定磷法,后者称为定糖法。

① 定磷法。此法首先必须将DNA中的磷水解成无机磷。常用浓硫酸或过氯酸将DNA消化,使其中的磷变成正磷酸。正磷酸在酸性条件下与钼酸还原成磷钼酸,钼蓝的最大光吸收在660nm处。在一定浓度范围内,溶液在该处的光密度和磷的含量呈正比,从而可通过测定吸光度,用标准曲线计算出样品的含磷量。

② 定糖法。又称二苯胺法。此法先用盐酸水解DNA,使核糖游离出来转变成糠醛,与地衣酚反应呈鲜绿色,在670nm处有最大吸收峰。当DNA溶液在20~200μg/mL时,吸光度与DNA的浓度呈正比,从而可测出DNA的含量。

3. RNA的生产技术

制备RNA的丰富资源是微生物,含量为5%~25%,在酵母中占2.7%~15%。自然界许多种微生物都能产生RNA,不同菌种的代谢机制不同,其RNA含量不尽相同。工业生产主要是培养酵母菌体、提取RNA,收率较高。如取100g压榨啤酒酵母(含水70%),加入0.3%NaOH溶液230mL,20℃缓慢搅拌30min。用6mol/L HCl溶液调pH至7,搅拌15min,离心,得上清液255mL。冷至10℃以下,用6mol/L HCl溶液调pH至2.5,冷置过夜,离心得1.8g RNA。

RNA含量测定也有定磷和定糖两种方法。定磷法与DNA测定的相同,RNA的含磷量为 9.9%，从而可根据磷的结果推算出 RNA 的含量。定糖法在酸性溶液中，将 RNA 与二苯胺共热，生成蓝色化合物，该化合物在 595nm 处有最大吸光度。吸光度与 RNA 浓度呈正比关系，从而可测出 RNA 的含量。若在反应液中加入少量乙醛，则可在室温下将反应时间延长至 18h 以上，其他物质造成的干扰降低，灵敏度更高。

三、任务实施

（一）实施原理

RNA 水解可生成各种核苷酸，核苷酸含有一些可离解基团，如磷酸基、碱基、羟基等，在一定条件下，可用阳离子交换树脂或阴离子交换树脂进行分离。本实验采用强碱性阴离子交换树脂将各种核苷酸分离，通过测定收集液在不同波长的光密度比值（OD_{250}/OD_{260}，OD_{280}/OD_{260}，OD_{290}/OD_{260}）与标准值对照，或确定为何种核苷酸。根据收集的体积和光密度值（D_{260}）以及各种核苷酸的摩尔消光系数，可计算各核苷酸的含量。

（二）实施条件

1. 实验器材

玻璃柱、尼龙网或玻璃纤维、滤纸、部分收集器、紫外分光光度计、恒温水浴槽、离心机。

2. 材料与试剂

酵母 RNA、强碱性阴离子交换树脂（100～200 目，型号 201）。

1mol/L 甲酸溶液、1mol/L 甲酸钠溶液、0.02mol/L 甲酸溶液、0.15mol/L 甲酸溶液、0.3mol/L KOH 溶液、0.5mol/L NaOH 溶液、2mol/L NaOH 溶液、1mol/L HCl 溶液、1% $AgNO_3$ 溶液。

0.01mol/L 甲酸-0.05mol/L 甲酸钠溶液（pH 4.44）：取 5mL 1mol/L 甲酸溶液和 25mL 1mol/L 甲酸钠溶液混合，用水定容至 500mL。

0.1mol/L 甲酸-0.1mol/L 甲酸钠溶液（pH 3.47）：取 5mL 1mol/L 甲酸溶液和 50mL 1mol/L 甲酸钠溶液混合，用水定容至 500mL。

2mol/L 过氯酸溶液：取 17mL 70%～72% 过氯酸，加水定容至 100mL。

（三）方法与步骤

核苷酸的制备工艺如下。

1. RNA 水解

取 20mg 酵母 RNA，溶于 2mL 0.3mol/L KOH 溶液中，于 37℃ 水解 20h，生成水解核苷酸。水解完成后，用 2mol/L 过氯酸溶液调 pH 至 2 以下，用 4000r/min 离心 10min，取上清液，用 2mol/L NaOH 溶液调 pH 至 8。

2. 树脂的预处理

取强碱型阴离子交换树脂 201，用水浸泡，倾去水，树脂颗粒滤干。用 0.5mol/L NaOH 溶液浸泡 1h，用去离子水洗至中性。再用 1mol/L HCl 溶液浸泡 0.5h，用去离子水洗至中性。用 1mol/L 甲酸溶液浸泡，使树脂转为甲酸型。

3. 装柱

取内径 1~1.2cm、高 20cm 的玻璃柱,下端接好出口,柱底部盖上尼龙网或玻璃纤维,防止树脂流出。将上述处理好的树脂悬浮液一次倒入柱内,用 1mol/L 甲酸钠洗至无氯离子(用 1% $AgNO_3$ 溶液检查)。再用去离子水洗至中性。然后在树脂表面盖一片滤纸,慢慢放出液体,使液面与树脂表面刚好相平,树脂床高度为 8~10cm。

4. 加样

将 RNA 水解液小心地加到交换树脂上,待样品全部进入树脂后,用 50mL 去离子水洗柱,以除去核苷、碱基等杂质。

5. 洗脱

用蒸馏水洗至不含紫外光吸收物质(OD_{260} 低于 0.02)时,依次用下列洗脱剂分段洗脱:500mL 0.02mol/L 甲酸溶液,500mL 0.15mol/L 甲酸溶液,500mL 0.01mol/L 甲酸-0.05mol/L 甲酸钠溶液,500mL 0.1mol/L 甲酸-0.1mol/L 甲酸钠溶液。控制流速 0.8~1.0mL/min,用部分收集器洗脱,分管各收 10mL。

6. 分析检测

以相应的洗脱剂为对照,用紫外分光光度计测定各管洗脱液的 OD_{260} 值,以洗脱液体积为横坐标、OD_{260} 为纵坐标作图,分析各部分的峰波位置。四种常见的单核苷酸的洗脱顺序为 CMP、AMP、UMP 和 GMP,其物理常数见表 1-1。

表 1-1 四种常见单核苷酸的物理常数

核苷酸	相对分子质量	异构体	紫外光吸收性质							
			摩尔分子消光系数		光密度值					
			$OD_{260} \times 10^{-3}$		OD_{250}/OD_{260}		OD_{280}/OD_{260}		OD_{290}/OD_{260}	
			pH2	pH7	pH2	pH7	pH2	pH7	pH2	pH7
腺苷酸	347.2	2	14.5	15.3	0.85	0.8	0.23	0.15	0.08	0.009
		3	14.5	15.3	0.85	0.8	0.23	0.15	0.08	0.009
		5	14.5	15.3	0.85	0.8	0.22	0.15	0.08	0.009
鸟苷酸	363.2	2	12.3	12.0	0.90	1.15	0.68	0.68	0.48	0.285
		3	12.3	12.0	0.90	1.15	0.68	0.68	0.48	0.285
		5	11.6	11.7	1.22	1.15	0.68	0.68	0.40	0.28
胞苷酸	323.2	2	6.9	7.75	0.48	0.86	1.83	0.86	1.22	0.26
		3	6.6	7.6	0.46	0.84	2.00	0.93	1.45	0.30
		5	6.3	7.4	0.46	0.84	2.10	0.99	1.55	0.30
尿苷酸	324.2	2	9.9	9.9	0.79	0.85	0.03	0.25	0.03	0.02
		3	9.9	9.9	0.74	0.83		0.25	0.03	0.02
		5	9.9	9.9	0.74	0.73		0.40	0.03	0.03

(四)结果与讨论

① 如何计算酵母中各种核苷酸的含量?

② 影响核苷酸分离效果的因素是什么?

任务四 溶菌酶的制备

一、任务目标

了解并掌握药用酶的分类和用途以及药用酶的常用提取纯化方法,了解溶菌酶的物理化学性质,掌握从蛋清中分离提取溶菌酶的工艺和方法。

二、必备基础

酶是由生物活细胞产生的具有特殊催化功能的一类生物活性物质,其化学本质是蛋白质,故也称为酶蛋白。生物体内的各种生化反应几乎都是在酶的催化作用下进行的,所以酶在生物体的新陈代谢中起着至关重要的作用。Francis 于 1893 年用木瓜蛋白酶治疗白喉和结核性溃疡病取得了良好效果,自此,酶开始在医药应用中引起医学界的重视。用于预防、治疗和诊断疾病的一类酶制剂称为"药用酶"。药用酶制剂在早期主要用于治疗消化道疾病、烧伤及感染引起的炎症等,现已广泛应用于多种疾病的治疗,其制剂品种已超过 700 余种。

1. 酶类药物的分类

根据药用酶的临床用途,可将其分为以下几大类。

① 消化酶类。酶作为消化剂能补充内源消化酶的不足,用于治疗消化紊乱或促进消化。这类酶的作用是水解和消化食物中的成分,如蛋白质、糖类和脂类等。多酶片、胃蛋白酶、胰脂肪酶、高峰淀粉酶、纤维素等用于治疗消化不良、食欲不振。胰酶用于各种原因所致的胰液分泌不足症;消食素用于治疗胃功能低下和胃切除引起的消化障碍。

② 消炎酶类。蛋白酶的消炎作用已被实验所证实,在临床上用于外伤、手术后、关节炎、副鼻窦炎等伴有水肿的炎症,能促进渗出液再吸收,达到消炎目的。常用的消炎酶制剂有:蛋白水解酶,如菠萝蛋白酶、胰凝乳蛋白酶、木瓜蛋白酶、胶原酶、胰蛋白酶等;多糖水解酶,如溶菌酶、葡聚糖酶等;核酸水解酶,如核糖核酸酶;此外还有青霉素酶、组胺酶、尿酸氧化酶、超氧化物歧化酶、过氧化氢酶等。在消炎、抗过敏方面都起着重要作用。

③ 与治疗心脑血管疾病有关的酶类。血液中存在着相互拮抗的凝血系统和抗凝血系统(纤维蛋白溶解系统)。在生理状态下,血液中的凝血酶会形成微量纤维蛋白,沉着于血管内壁,但这些量的纤维蛋白又不断地被激活了的纤维蛋白溶解系统所溶解,两者保持动态平衡,保证了血流畅通。一旦这种平衡被打破,血管腔内血液就会发生凝固或血液中的某些有形成分互相黏集形成固体质块——血栓。血栓的形成会引起心、脑、肺等重要器官缺血坏死,需要及时采取措施消除栓塞。现已有多种药用酶用于促进血栓的溶解或者预防血栓的形成,如链激酶、尿激酶、蚓激酶等。

④ 抗肿瘤的酶类。早在 1961 年 Broome 就已证实 L-天冬酰胺酶具有抗肿瘤作用,如今该酶已成为一种引人注目的抗恶性肿瘤酶制剂。它能分解患者血液中的 L-天冬酰胺,抑制需要 L-天冬酰胺的肿瘤细胞的增殖。正常细胞由于自身能合成天冬酰胺而不受影响,从而选择性地抑制肿瘤,达到抗肿瘤的目的。现已发现多种酶能用于治疗肿瘤,如丝氨酸蛋白酶、酪氨酸氧化酶、谷氨酰胺酶等。神经氨酸苷酶是一种良好的肿瘤免疫治疗剂;尿激酶可用于加强抗癌药物(如丝裂霉素)的药效。

⑤ 其他药用酶。酶在解毒方面的应用研究已引起人们的注意。如有机磷解毒酶用以治疗有机磷农药中毒,缓解中毒症状;青霉素酶能分解青霉素,用于治疗青霉素引起的过敏反应;透明质酸酶可分解黏多糖,使组织间质的黏稠性降低,有助于组织通透性增加,是一种药物扩散剂;弹性蛋白酶有降血压和降血脂作用;激肽释放酶能治疗同血管收缩有关的各种循环障碍;葡聚糖酶能预防龋齿;超氧化物歧化酶在抗衰老、抗辐射、消炎等方面有显著疗效。在一些由于特异性酶缺乏所引起的先天性代谢异常疾病的治疗中,药物酶的替代治疗是改善代谢紊乱的有效措施。

常见药用酶类概况见表 1-2。

表 1-2 常见药用酶类一览表

品　　种	来　　源	临　床　应　用
胰酶	猪、牛、羊等动物胰脏	助消化
胰脂酶	猪胰、牛胰	助消化
胃蛋白酶	胃黏膜	助消化
高峰淀粉酶	米曲霉	助消化
纤维素酶	黑曲霉	助消化
β-半乳糖苷酶	米曲霉	助乳糖消化
麦芽淀粉酶	麦芽	助消化
胰蛋白酶	牛胰、羊胰	局部清洁、抗炎
胰凝乳蛋白酶	牛胰	局部清洁、抗炎
超氧化物歧化酶	猪、牛等的红细胞、肝、植物	消炎、抗肿瘤、抗衰老
菠萝蛋白酶	菠萝汁、茎、叶	抗炎、消化
木瓜蛋白酶	番木瓜汁	抗炎、消化
酸性蛋白酶	黑曲霉	抗炎、化痰
沙雷菌蛋白酶	沙雷杆菌	抗炎
蜂蜜曲霉蛋白酶	蜂蜜曲霉	抗炎
溶菌酶	鸡蛋清、脏器、微生物	抗炎、抗出血
透明质酸酶	哺乳动物睾丸	局部麻醉增强剂
葡聚糖酶	曲霉、细菌	预防龋齿
脱氧核糖核酸酶	牛胰	祛痰
核糖核酸酶	红霉素生产菌	局部清洁、抗炎
链激酶	溶血性链球菌	溶解血栓
蚓激酶	蚯蚓	溶解血栓
纤溶酶	人血浆	溶解血栓
尿激酶	男性尿液	溶解血栓
米曲纤溶酶	米曲霉	抗凝血
蛇毒纤溶酶	蛇毒	止血
凝血酶	牛血浆	止血
人凝血酶	人血浆	凝血
蛇毒凝血酶	蛇毒	凝血
激肽释放酶	猪胰、颌下腺	降血压
弹性蛋白酶	胰脏	降血压
门冬酰胺酶	大肠埃希菌	抗白血病、肿瘤
谷氨酰胺酶	大肠埃希菌	抗肿瘤
青霉素酶	大肠埃希菌、枯草杆菌、蜡状芽孢杆菌	青霉素过敏症
尿酸氧化酶	尿、黑曲霉	治疗高血尿酸和痛风
脲酶	刀豆	治疗慢性肾衰竭
细胞色素 C	牛、猪、马心脏	改善组织缺氧性
组胺酶	肾、肠黏膜	抗过敏
无花果蛋白酶	无花果汁液	驱虫剂
凝血酶原激酶	血液、脑等	凝血

2. 药用酶的制备方法

酶作为生物催化剂普遍存在于动、植物和微生物之中，目前药用酶的生产主要是直接从动、植物及微生物中提取纯化和利用微生物发酵生产，也可以采用动、植物细胞培养法。

① 直接提取法。直接提取法制备药用酶首先选取符合要求的各种生物材料，对生物材料进行预处理后再行提取、分离、纯化。

选取材料时应该考虑选用含酶量丰富的新鲜生物原料，如选用牛血提取凝血酶、从羊睾丸提取透明质酸酶、用鸡蛋清提取溶菌酶、用动物的血和肝脏制备超氧化物歧化酶等。对材料的预处理及酶的提取往往因使用的原料及酶的种类不同会有不同的工艺，目前研究的重点在于寻找一种工艺简便、稳定、成本低、无污染、收率和酶比活力高、适合于规模化生产的提取纯化方法。

② 微生物发酵法。药用酶的发酵生产有固体发酵和液体发酵。利用发酵法生产药用酶的工艺过程，同其他发酵产品相似，其技术关键在于高产菌株的选育。菌种是工业发酵生产酶制剂的重要条件，优良菌种能够提高酶制剂产量和发酵原料的利用率、缩短生产周期、改进发酵和提炼工艺。目前，优良菌种的获得有三条途径：一是从自然界分离筛选，二是用物理或化学方法处理、诱变，三是利用基因工程技术构建性能优良的工程菌。此外需要不断优化发酵工艺并提高酶的分离纯化效率。

③ 动植物细胞培养法。近十多年来，动、植物细胞培养技术取得了很大的进步，在药用酶生产方面的研究日益增多，如对大蒜细胞进行培养来生产 SOD，利用木瓜细胞生产木瓜凝乳蛋白酶。但目前工业上利用细胞培养大规模生产药用酶还有一定的困难。

3. 药用酶的常用提取纯化方法

酶的化学本质是蛋白质，其提取与纯化方法与蛋白质有许多相似之处。目前药用酶的常用提取方法有水溶液法、有机溶剂法和表面活性剂法。酶的纯化方法有盐析法、选择性变性沉淀法、柱色谱法、电泳法、超滤法等。

① 水溶液法。常用稀盐溶液或缓冲液提取。以过预处理的原料，包括组织糜、匀浆、细胞颗粒以及丙酮粉等，都可用水溶液提取。为了防止在提取过程中酶活力降低，一般在低温下操作，但对温度耐受性较高的酶（如 SOD）却应提高温度，以使杂蛋白变性，利于药用酶的提取和纯化。

许多酶有盐溶特性，即在低浓度下易溶解，所以在提取时加入少量的盐有利于酶的提取。一般来说，相当于 $0.15mol/L$ NaCl 的离子强度的盐最适于酶的提取。

此外，水溶液的 pH 对提取也很重要。选择时，主要应考虑酶的稳定性、酶的溶解度、酶与其他物质结合的性质。总的原则是，在酶稳定的 pH 范围内，选择偏离等电点的适当 pH。

② 有机溶剂法。有机溶剂法适合于某些结合酶（如微粒体酶），由于其与脂质牢固结合，用水溶液很难提取，为此必须除去结合的脂质，且不能使酶变性。最常用的有机溶剂是丁醇。

用丁醇提取主要有两种方法：一种是均相法，即用丁醇提取组织的匀浆后离心，取下相层，但许多酶在与脂质分离后极不稳定，需加注意；另一种是二相法，即在每克组织或干粉中加 5mL 丁醇，搅拌 20min，离心，取沉淀，接着用丙酮洗去沉淀上的丁醇，再在真空中除去溶剂，所得干粉可进一步用水提取。

③ 表面活性剂法。表面活性剂分子具有亲水或憎水的基团。表面活性剂能与酶结合使之分散在溶液中，故可用于提取结合酶，但此法应用较少。

三、任务实施

（一）实施原理

溶菌酶又称胞壁质酶或 N-乙酰胞壁质聚糖水解酶，是英国细菌学家 Fleming 于 1922 年在鼻黏液中发现的强力杀菌物质，命名为溶菌酶。

鸡蛋清溶菌酶分子的化学组成，是由 129 个氨基酸残基排列构成的单一肽链，有四对二硫键，分子量为 14833，呈一扁长椭球体，结晶形状随结晶条件而异，有菱形、八面体、正方形六面体及棒状结晶等。人溶菌酶由 130 个氨基酸残基组成，与鸡溶菌酶由 35 个氨基酸组成不同，其溶菌活性比鸡溶菌酶高 3 倍。

溶菌酶是一种碱性球蛋白，分子中碱性氨基酸、酰胺残基及芳香族氨基酸（如色氨酸）的比例很高。pH 在 1.2～11.3 范围内剧烈变化时，其结构几乎不变，遇热也很稳定。pH 4～7，100℃处理 1min 仍保持原酶活性；pH5.5，50℃加热 4h 后，酶变得更活泼。热变性是可逆的，变性的临界点是 77℃。随溶剂的变化，变性临界点也有变化，当变性剂 pH 在 1 以下时，变性临界点降低到 43℃。一般来说，变性剂能促进酶的热变性，但变性剂过量时，则酶的热变性变为不可逆。在碱性环境中，用高温处理时，酶活性降低。

溶菌酶对变性剂相对不稳定（高浓度酶除外）。吡唑、十二烷基磺酸钠等对酶有抑制作用，滤纸也能抑制酶活性，氧化剂能使酶活化。在 6mol/L 的盐酸胍溶液中，酶完全变性；而在 10mol/L 尿素中，则酶不变性。用乙二醇、丙烯乙二醇、二甲基亚砜、甲醇、乙醇、二氧杂环乙烷等有机溶剂进行变性实验，50℃以下时除乙醇、二氧杂环乙烷外，其他变性剂的浓度要在 50％以上时才能引起溶菌酶的变化，氢氰酸能部分恢复酶活力。

药用溶菌酶为白色或微黄色的结晶或无定形粉末，无臭，味甜，易溶于水，不溶于丙酮、乙醚。在酸性溶液中十分稳定，而水溶液夜间易被破坏，耐热至 55℃以上，最适 pH 6.6，等电点 pI 为 10.5～11，常与氯离子结合成为溶菌酶氯化剂。

生化制药主要用鸡蛋清或蛋壳水为原料制备溶菌酶。

（二）实施条件

1. 实验器材

磁力搅拌器、恒温电热套、电炉、蒸馏装置、漏斗、滤纸、筛（12 目、14 目、16 目、60～80 目和 120 目）、压片机、真空抽滤装置、透析袋、电动搅拌器、真空干燥箱、pH 试纸。

2. 材料与试剂

蛋清、724 树脂。

乙醇、乙醚、无水 Na_2SO_4、丙酮、磷酸缓冲液（0.15mol/L，pH 6.5）、10％ $(NH_4)_2SO_4$ 溶液、固体 $(NH_4)_2SO_4$、3mol/L HCl 溶液、1mol/L NaOH 溶液、固体 NaCl、淀粉、砂糖、硬脂酸镁。

（三）方法与步骤

1. 工艺路线（图 1-3）

蛋清 →[724 树脂（吸附）磷酸缓冲液（除杂蛋白） 0～5℃ pH6.5]→ 吸附物 →[10％硫酸铵（洗脱） 分 4 次]→ 洗脱液 →[40％硫酸铵（沉淀） 溶解]→ 粗品 →[蒸馏水（透析）]→ 透析液 →[氢氧化钠、氯化钠、盐酸（盐析） 先 pH 8.5～9，后 pH3.5]→ 湿溶菌酶 →[丙酮（干燥） 0℃]→ 溶菌酶 →[压片（制剂）]→ 口含片

图 1-3　溶菌酶的制备工艺

2. 工艺操作要点

① 原料处理。新鲜或冰冻蛋清 250g，用试纸测 pH 应为 8 左右，解冻过铜筛，除去蛋清中的脐带、蛋壳碎片及其他杂质。

② 吸附。温度降到 5℃左右时，在搅拌中加入处理好的 724 树脂 50g（湿重）使树脂全部悬浮在蛋清中，保持在 0～5℃，搅拌吸附 5h，再将蛋清保持在 0～5℃，静置过夜。

③ 去杂蛋白、洗脱、沉淀。把上层清液渐渐倾出，下层树脂用清水洗去吸附着的蛋白质，反复洗 4 次，注意防止树脂流失，最后将树脂抽滤去水分。另取 pH 6.5 的 0.15mol/L 磷酸缓冲液 150mL 分 3 次加入树脂中，搅拌约为 15min，每次搅拌后减压抽滤去水分，再用 10% $(NH_4)_2SO_4$ 溶液 200mL，分 4 次洗脱溶菌酶，每次搅拌半小时，过滤抽干，合并洗脱液。按总体积 32% 加入固体 $(NH_4)_2SO_4$，使含量达到 40% 浓度，白色沉淀产生，冷处放置过夜，虹吸上清液，沉淀离心分离或抽滤，得粗制品。

④ 透析。将粗制品加蒸馏水 50mL 使之溶解，装入透析袋，0~5℃ 中透析 24~36h，除去大部分 $(NH_4)_2SO_4$，得透析液。

⑤ 盐析。将澄清透析液，慢慢滴加 1mol/L NaOH 溶液，同时不断搅拌。pH 上升到 8.5~9 时，如有白色沉淀，应立即离心除去，然后在搅拌中加入 3mol/L HCl 溶液，使溶液 pH 达到 3.5，按总体积缓缓加入 5% 固体 NaCl，即有白色沉淀析出，在 0~5℃ 放置 48h。离心或过滤，得到溶菌酶沉淀。

⑥ 干燥。沉淀加入 10 倍冷至 0℃ 的无水丙酮，不断搅拌，使颗粒松散。冷处静置数小时，用漏斗滤去丙酮，沉淀用真空干燥，直到无水丙酮脱水。

⑦ 制剂。取干燥粉碎砂糖粉，加入总量 5% 的滑石粉，通过 120 目筛，按总量 5% 加适量淀粉，在搅拌机内搅拌均匀，制成软材，12 目筛制粒，55℃ 烘干。用 14 目筛整颗粒，水分以控制在 2%~4% 为宜，再按计算量加入溶菌酶粉混合，加 1% 硬脂酸镁，过 16 目筛 2 次。压片机制成溶菌酶口含片，每片含溶菌酶 20mg。

（四）注意事项

① 注意原料的卫生，防止细菌污染变质。pH 在 8~9 时，不要掺入蛋黄和其他杂质，避免影响收率和树脂的酶吸附能力，操作的全过程要在低温（0~10℃）下进行，防止蛋清发酸变质和酶失活。

② 树脂再生、转型要彻底，提高收率。转为钠型后再用 0.15mol/L pH6.5 磷酸缓冲液平衡过夜，平衡液的 pH 要保持在 6.5，用过的树脂可用浓 NaOH 溶液及浓 HCl 溶液直接浸泡。再生和转型后，再用缓冲液平衡。

③ 溶菌酶的洗脱峰较宽，有拖尾现象，可用三氯乙酸检查洗脱液。如沉淀不明显应另行收集，用作下次洗脱用。

④ 透析液加碱去杂蛋白时，碱液应均匀加入，勿使局部浓度过高造成酶失活。

⑤ 以蛋壳膜为原料的提取工艺。取蛋壳膜用循环水冲洗后粗碎加 1.5 倍量 0.5% NaCl 溶液，2mol/L HCl 溶液调 pH 至 3，40℃ 搅拌提取 45min，过滤，滤渣再提取 2 次，合并前两次滤液。提取液调整 pH 至 3，于沸水浴中迅速升温到 80℃，随即搅拌冷却，再用乙酸调 pH 至 4.6，使卵蛋白在等电点沉淀，离心或过滤。清液用氢氧化钠调 pH 至 6，在加入体积相同的 5% 聚丙烯酸（pH 3）溶液，搅匀后静置 15min，倾去上层混浊液。收取黏附于容器的溶菌酶-聚丙烯酸凝聚物，悬于水中，加 Na_2CO_3 溶液调 pH 至 9.5，溶解凝聚物，再加入聚丙烯酸用量 1/25 的 50% $CaCl_2$ 溶液使溶菌酶解离，用 2mol/L HCl 溶液调 pH 至 6。离心分离上清液（沉淀用硫酸处理除去硫酸钙，回收聚丙烯酸），将上清液用 NaOH 溶液调 pH 至 9.5。离心除去 $Ca(OH)_2$，取清液加入 $CaCl_2$ 到 5%，静置结晶。粗结晶溶于 pH 4.6 乙酸液中，分去不溶物，再进行结晶即得每千克蛋壳膜再结晶溶菌酶近 1g。

（五）结果与讨论

① 称重计算溶菌酶的得率。

② 影响溶菌酶得率的因素是什么？
③ 提取溶菌酶所需树脂的选择原则是什么？

任务五　甘露醇的制备

一、任务目标

了解并掌握糖类药物的药理功能及分类、糖类药物的来源以及糖类药物的分离纯化与鉴定。

二、必备基础

糖类及其衍生物是自然界中广泛存在的一大类生物活性分子。随着糖生物学的崛起和发展，揭示了糖类在生命过程中起到的重要作用。在细胞表面的大量受体分子中几乎都是糖蛋白或是糖脂类，因此糖类作为信息分子是细胞表面的识别标志。其参与生物体内许多生理和病理过程，如炎性反应中白细胞和内皮细胞的粘连，细菌、病毒对宿主细胞的感染，抗原、抗体的免疫识别等。糖类药物的研究和应用已成为现代生物制药的重要内容之一。

人们对生命过程中糖的功能与特性的深入研究使糖类药物迅速发展。目前使用的糖类化合物药物包括核苷、多糖、糖脂等，用于多种疾病的治疗或保健。比如，南瓜多糖是理想的改善脂类代谢的食疗剂；螺旋藻多糖具有独特的降脂功能，同时具有抗肿瘤功效；由核心蛋白和糖胺聚糖合成的蛋白聚糖在脑的发育和老化过程中起着重要作用；D-核糖用于合成抗肿瘤苷类药物，而其本身能显著提高 ATP 的恢复速度，有效治疗心肌缺血症等。由于糖类几乎参与了整个生命过程，糖类药物对治疗各种疾病（如免疫系统疾病、感染性疾病、癌症、炎症等）都显示了巨大的前景。以糖类为基础研制开发的抗炎和抗流感生化药物已显示出巨大的临床应用潜力。

D-甘露醇的制备

生物体内的糖以不同形式出现，则会有不同的功能。糖类药物按其聚合的程度可分为单糖、寡糖和多糖等。

① 单糖及其衍生物。如葡萄糖、果糖、木糖醇、山梨醇、甘露醇、氨基葡萄糖、6-磷酸葡萄糖、1,6-二磷酸果糖等。

② 寡糖。由 2～20 个单糖以糖苷键相连组成的聚合物，如麦芽乳糖、乳果糖、水苏糖等。

③ 多糖。由 20 个以上单糖聚合而成的醛糖或酮糖组成的大分子物质，如香菇多糖、右旋糖酐、肝素、硫酸软骨素、人参多糖和刺五加多糖等。多糖又可分为游离型与结合型两种。结合型多糖有糖蛋白（如黄芪多糖、人参多糖和刺五加多糖、南瓜多糖等）和脂多糖（如胎盘脂多糖和细菌脂多糖等）。

多糖广泛存在于动、植物和微生物中。植物多糖包括细胞内储存的多糖、植物特有的细胞壁成分，如果胶、半纤维素、树胶与黏胶等。海藻中的多糖大多含有硫酸根，具有水溶性、高黏度或凝固特性，又称海藻胶。微生物多糖按其分布部位可分为细胞壁多糖、细胞内多糖和细胞外多糖三类。生物技术制药中对微生物来源的多糖研究较多。

1. 多糖的来源

多糖种类繁多，广泛存在于动物、植物、微生物（细菌和真菌）、海藻中。

① 动物多糖。动物多糖来源于动物结缔组织、细胞间质，是研究最多、临床应用最早、

生产技术最成熟的多糖，重要的有肝素、类肝素、透明质酸和硫酸软骨素等。从动物肝、脾中得到的肝素具有抗凝血的作用；硫酸软骨素则有保护机体组织弹性的作用，可防治动脉粥样硬化和骨质增生等；从刺参中提取的酸性黏多糖对肿瘤有显著抑制作用；从贝类中提取的壳聚糖也具有抗癌活性成分。

② 植物多糖。植物多糖来源于植物的各种组织，从各种中药中都可以提取分离出药用多糖。我国近年来对植物多糖，特别是中药多糖的药物活性研究越来越深入。

天然中药是我国传统医学的瑰宝，其有效成分主要有多糖、生物碱、蛋白质、苷类、油脂等生物活性物质。国内近 20 年来对大量中药来源的多糖及糖缀合物，如黄芪多糖、牛膝多糖、猪苓多糖以及枸杞子糖缀合物等近百种多糖进行了广泛的活性研究，相继报道了关于这些多糖及糖缀合物具有免疫调节、抗肿瘤、降血糖、抗放射、抗突变、抗遗传损伤、抗凝血、抗血栓等多方面的药理作用，有的已被批准在临床应用，为创制新药迈出了坚实的一步。

③ 微生物多糖。微生物多糖具有广泛而重要的用途，越来越受到人们的重视，已成为目前一个研究热点课题。近年来，开发微生物多糖的研究不断加强，主要得益于对其免疫功能的认知。在应用传统化学药物治疗疾病的过程中，人们逐渐发现化学药物不仅对人体副作用大，容易引起不良反应，而且长期反复使用会诱发病原菌产生抗药性，导致治疗失败。此外，对于一些重大疾病，如艾滋病、癌症等，目前尚未找到对机体副作用小而对病原体杀伤力强的相应化学药物，于是人们在大力寻找免疫增强剂，通过机体自身免疫力来达到控制和治疗疾病的目的。

微生物多糖是一类无毒、高效、无残留的免疫增强剂，能够提高机体的非特异性免疫和特异性免疫反应，增强对细菌、真菌、寄生虫及病毒的抗感染能力和对肿瘤的杀伤能力，具有良好的防病、治病效果。微生物多糖的生产不受资源、季节、地域和病虫害条件的限制，而且周期短、工艺简单，易于实现生产规模大型化和管理技术自动化。

微生物多糖的种类繁多，依生物来源分为细菌多糖、真菌多糖和藻类多糖；按分泌类型又可分为胞内多糖与胞外多糖。现已从真菌（主要是担子菌纲和子囊菌纲）得到的真菌多糖达数百种，有的已经开发利用。如香菇多糖、云芝多糖、灰树花多糖、裂褶多糖、猪苓多糖、灵芝多糖、银耳多糖、茯苓多糖等微生物多糖已用于肿瘤治疗。

全世界的藻类约有 3 万多种，迄今为止被人们广泛利用的主要是红藻、绿藻和褐藻三大类，约 100 种。海藻细胞间富含黏质多糖、醛酸多糖和含硫多糖。从海藻中提取得到的多糖大多含有硫酸根，其作为抗血栓药物已被大家公认。研究表明，海藻多糖除了具有免疫促进作用及抗肿瘤作用，还具有抗病毒作用。现已有从海藻中开发出具有降胆固醇、降血脂的多糖保健品；从红藻中已分离到一种对感冒具良好治疗作用的多糖；从海藻中可提取到有价值的抗艾滋病的多糖药物。

2. 糖类药物的生理活性

多糖是研究得最多的糖类药物，多糖类药物具有以下多种生理活性。

① 增强机体免疫能力。多糖被认为是一种无细胞毒的免疫促进剂，通过多种机制激活免疫细胞，提高机体特异性及非特异性的功能。

人参多糖、柴胡多糖、黄芪多糖、灵芝多糖、银耳多糖可激活巨噬细胞，达到抵御各种感染和抗肿瘤作用；桂皮多糖、郁金多糖、甘草多糖、杜仲多糖、竹节多糖、刺五加多糖、虫草多糖等具有激活网状内皮系统作用；而当归多糖、艾叶多糖、柴胡多糖、薏苡仁多糖、人参茎叶多糖等可起到激活补体的作用。已有研究表明，多糖类药物还可能通过增强免疫功能达到抗衰老作用，如刺五加多糖可以延长果蝇平均寿命 $11.7\%\sim23.0\%$；枸杞子多糖可延长家蚕五龄期寿命 5.14%。

② 抗肿瘤。恶性肿瘤是危害人类健康最严重的一类疾病，寻找高效低毒的抗肿瘤药物是肿瘤治疗研究的重要内容。大量临床研究表明，许多化学合成的抗癌药物在有效杀死癌细胞的同时，也易于杀死正常细胞，降低人体的防御功能。而多糖类药物可在不损害正常细胞的情况下，通过增强机体的免疫功能而达到抗癌作用。多糖作为抗癌剂的最大优点是毒副作用小，通过增强机体的抗肿瘤免疫力，可单独使用或与化疗药物合用。可协同肿瘤的化学治疗和放射治疗，发挥免疫化学治疗和免疫放射治疗的作用，达到治疗肿瘤的目的。一些真菌多糖还可减轻化学治疗和放射治疗产生的白细胞减少、食欲不振、抵抗力降低等严重副作用，目前已进入临床应用的已有香菇多糖、猪苓多糖、人参多糖和灵芝糖肽等。香菇多糖是众多抗肿瘤药物中最引人注目的一种，具有激活细胞毒 T 细胞、诱生干扰素的作用。香菇多糖对手术患者术前给药，可防止患者术后免疫功能下降、术后感染及残存肿瘤的增殖。如今，多糖的抗肿瘤作用已成为多糖研究的一个热点，相信在不远的将来，多糖作为一类新型高效低毒的抗肿瘤药物，必将在很大程度上推动医学理论与临床发展。

③ 抗辐射。多糖类药物可通过造血系统和活化吞噬细胞等作用提高机体对辐射的耐受性。已有研究表明，螺旋藻多糖能显著增强辐射引起的 DNA 的切除修复活性，从而降低了辐射引起的突变频率。茶多糖、酸枣仁多糖、海带多糖、黑木耳多糖、银耳多糖、茯苓多糖、紫菜多糖、透明质酸等均有抗放射线损伤的作用。

④ 抗凝血。肝素是天然抗凝剂，用于凝血性疾病的治疗和预防已有数十年，主要通过增强抗凝血酶的作用发挥抗凝血的功能。常用于防治血栓、周围血管病、心绞痛、充血性心力衰竭的辅助治疗。岩藻糖基化硫酸软骨素、硫酸木聚糖、茶叶多糖、甲壳素、芦荟多糖、黑木耳多糖等均是用于预防和治疗血栓的重要的抗凝剂。

⑤ 抗病毒。多糖可提高机体组织细胞对细菌、病毒和真菌的侵袭，如板蓝根多糖。研究表明，许多不同来源的多糖具有抗病毒活性，如抗艾滋病毒（HIV）、单纯疱疹病毒、巨细胞病毒、流感病毒等，这些多糖大都含有硫酸基。其作用机制除了从整体上调节机体免疫能力外，还可以竞争抑制病毒对靶细胞的结合，抑制病毒增殖。

已有研究认为，硫酸根对抗病毒是必需的。有些多糖在硫酸化前没有抗病毒活性或者抗病毒活性很低，而硫酸化后具有了或增强了该活性。如葡萄糖本身不具有抗病毒活性，但硫酸葡聚糖则具有抗 HIV 活性；香菇多糖经硫酸化后抗 HIV 活性显著增强。因此，硫酸化多糖是一类治疗艾滋病的、有发展前途的新药。德国人已在 1989 年将木聚糖硫酸酯化得到的可治疗艾滋病的硫酸酯化木聚糖申请了专利并在临床使用。

⑥ 其他。多糖类药物除上述活性作用外，还具有其他多方面的活性。如枸杞子多糖有抗氧化作用，能抗某些遗传毒物造成的遗传损伤；甲壳素对皮下肿胀有治疗作用，对皮肤伤口有促进愈合的作用；红藻类多糖能抗消化性溃疡；海带多糖、甘蔗多糖、茶叶多糖等具有降血脂的功能；麦冬多糖、地黄多糖、百合多糖、黄芪多糖、枸杞子多糖及虫草多糖等均具有不同程度的降血糖活性；螺旋藻多糖、黄精多糖可提高生物体内 SOD 的活力，对活性氧产生的伤害有明显的改善作用；中华鳖多糖能抗疲劳、抗冷冻、降血糖、降血脂、抗感染；硫酸软骨素、小分子肝素等具有降血脂、降胆固醇、抗动脉粥样硬化等作用。

多糖的药理作用极其广泛,其独特的活性和低毒效应在临床应用中具有极大的潜力。糖类药物概况见表1-3。

表1-3 糖类药物一览表

类 型	品 名	来 源	临床应用
单糖及其衍生物	甘露糖	由海藻提取或葡萄糖电解	降低颅内压、抗脑水肿
	山梨醇	由葡萄糖氢化或电解还原	降低颅内压、抗脑水肿、治青光眼
	葡萄糖	由淀粉水解制备	制备葡萄糖输液
	葡糖醛酸内酯	由葡萄糖氧化制备	治疗肝炎、肝中毒、解毒、风湿性关节炎
	葡萄糖酸钙	由淀粉或葡萄糖发酵	钙补充剂
	植酸钙	由玉米、米糠提取	营养剂、促进生长发育
	肌醇	由植酸钙制备	治疗肝硬化、血管硬化、降血脂
	1,6-二磷酸果糖	酶转化法制备	治疗急性心肌缺血休克、心肌梗死
多糖	右旋糖酐	微生物发酵	血浆扩充剂、改善微循环、抗休克
	右旋糖酐铁	用右旋糖酐与铁络合	治疗缺铁性贫血
	糖酐酯钠	由右旋糖酐水解酯化	降血脂、防治动脉硬化
	猪苓多糖	由真菌猪苓提取	抗肿瘤转移、调节免疫功能
	海藻酸	由海带或海藻提取	增加血容量、抗休克、抑制胆固醇吸收、消除重金属离子
	透明质酸	由鸡冠、眼球、脐带提取	化妆品基质、眼科用药
	肝素钠	由肠黏膜和肺提取	抗凝血、防肿瘤转移
	肝素钙	由肝素制备	抗凝血、防治血栓
	硫酸软骨素	由喉骨、鼻中隔提取	治疗偏头痛、关节炎
	硫酸软骨素A	由硫酸软骨素制备	降血脂、防治冠心病
	冠心舒	由猪十二指肠提取	治疗冠心病
	甲壳素	由甲壳动物外壳提取	人造皮、药物赋形剂
	脱乙酰壳多糖	由甲壳质制备	降血脂、金属解毒、止血等

3. 多糖的提取纯化方法

多糖类药物的原料来源和性质各不相同,因此常选用不同的提取方法。常规分离法包括提取、除脂、脱色、除蛋白、醇沉淀、柱分离纯化、透析等基本步骤。许多植物的种子或动物样品含有较多的脂类物质,在提取之前需用石油醚、乙醚等低极性溶剂除去脂溶性杂质。用85%乙醇可除去单糖、低聚糖等干扰性成分。含色素较高的植物根、茎、叶、果实等,需要先进行脱色处理。

桑葚多糖的提取

中性多糖常用水作溶剂来提取,可以用水浸煮,也可以用冷水浸提。用弱碱性水溶液可以提取含有糖醛酸的多糖,但在酸性条件下可能引起多糖中糖苷键的断裂,提取时应尽量避免酸性条件。根据多糖的不同性质可以利用特定的溶剂分离,例如用十六烷基三甲基氢氧化铵(CTAB)来沉淀有活性的香菇多糖成分。动物中所含多糖多为酸性多糖,主要存在于动物结缔组织中,常与蛋白质结合,一般用碱溶液、中性盐溶液和蛋白酶水解法提取。其中酶解法最好,具有产物降解少且产量高等优点。鹿茸中酸性多糖采用木瓜蛋白酶消化法提取收率很高。由于使不同性质或不同相对分子质量的多糖沉淀所需的乙醇浓度不同,利用高浓度乙醇沉淀、提纯多糖,可以用于样品中不同多糖组分的分级分离。

最初提取出来的粗多糖需要分离纯化除去非糖杂质。小分子杂质可用透析法去除;多糖中的游离蛋白质可采用Sevag法、三氟三氯乙烷法、三氯乙酸法去除。其中Sevag法用得最普遍,该方法是将多糖的水溶液与三氯甲烷混合,并振摇成乳化液,此时蛋白质变性成胶状,离心后蛋白层存在于有机相和水相之间,通过离心除去。对于那些由糖和肽共价结合而成的糖肽类,常先用蛋白酶破坏蛋白质与糖的结合,然后再去除蛋白杂质。

一种植物组织或动物组织中通常会存在多种多糖,因此要获取均一多糖需要对多糖混合物进行分级并纯化。最简单有效的方法是利用多糖在乙醇中溶解度的不同进行分离。方法如下:向粗多糖饱和水溶液中加入乙醇,使乙醇的最终浓度依次达到40%、60%、70%和80%,离心每次所得沉淀,可将粗多糖分成不同等级。乙醇沉淀不一定能得到纯的多糖,要得到均一多糖还需要用更加精细的方法,如色谱法、电泳法和超滤法等技术进行分离纯化。最常用的纯化多糖的方法是色谱法,包括离子交换色谱和凝胶柱色谱等。

将粗多糖各组分分离后需要测定所得的各组分是否均一。多糖纯度标准不能用通常化合物的标准来衡量,因为即使多糖为纯品其微观也并不均一。测定多糖纯度方法有功能团分析、比旋光度、纸色谱和高效液相色谱(HPLC)、高压电泳、超滤离心分析法等,其中色谱法和电泳法较常用。一般需用三种以上的纯度鉴定方法证明才能保证所得多糖产物为纯品。

三、任务实施

(一) 实施原理

甘露醇为白色针状晶体,无臭,略有甜味,不潮解。易溶于水,溶于热乙醇,微溶于低级醇类和低级胺类,微溶于吡啶,不溶于有机溶剂。在无菌溶液中较稳定,不易被空气所氧化,熔点166℃。

甘露醇在海藻、海带中含量较高。海藻洗涤液和海带洗涤液中甘露醇的含量分别为2%与1.5%,是提取甘露醇的重要资源。

(二) 实施条件

1. 实验器材

pH试纸、电炉、布式漏斗、抽滤瓶、回流装置。

2. 试剂和材料

海带(市售)。

30% NaOH溶液、H_2SO_4溶液(1:1)、95%乙醇、活性炭粉末、1mol/L $FeCl_3$溶液、1mol/L NaOH溶液。

(三) 方法与步骤

甘露醇的制备工艺如下。

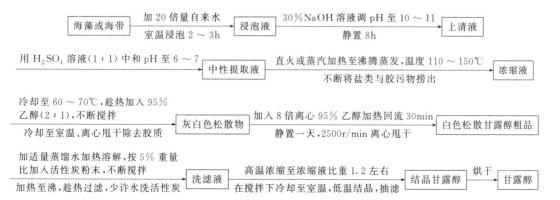

1. 浸泡、碱化、酸化

将海藻或海带加20倍量自来水,室温浸泡2~3h,浸泡液套用作第二批原料的提取溶液，一般套用4批，浸泡液中的甘露醇含量已较大。收集浸泡液，用30% NaOH溶液，调pH至10~11，静置8h，凝集沉淀多糖类黏性物，待海藻糖液、淀粉及其他有机黏性物充分凝聚沉淀。虹吸上清液，用H_2SO_4溶液（1:1）中和pH至6~7，进一步除去胶状物，得中性提取液。

2. 浓缩、醇洗

用直火或蒸汽加热至沸腾蒸发，温度110~150℃，大量NaCl沉淀，不断将盐类与胶污物捞出，直至呈浓缩液，取小样倒于玻璃板上，稍冷却后凝固。将浓缩液冷却至60~70℃，趁热加入95%乙醇（2:1），不断搅拌，渐渐冷却至室温后，离心甩干除去胶质，得灰白色松散物。

3. 提取

取松散物，加入8倍量的95%乙醇加热回流30min，静置一天，2500r/min离心甩干，得白色松散甘露醇粗品，同上操作，乙醇重结晶一次。

4. 精制

甘露醇粗品加适量蒸馏水加热溶解，再按5%重量比加入活性炭粉末，不断搅拌，加热至沸腾，趁热过滤（或压滤），少许水洗活性炭2次，并合并水洗滤液（如有混浊重新过滤）。高温浓缩至浓缩液比重1.2左右时，在搅拌下冷却至室温，低温结晶，抽滤至干，得到结晶甘露醇，烘干得甘露醇成品。

5. 鉴定

取所制得的甘露醇成品饱和溶液1mL，加1mol/L $FeCl_3$溶液与1mol/L NaOH溶液各0.5mL，即生成棕黄色沉淀，振摇不消失，滴加过量的1mol/L NaOH溶液，即溶解成棕色溶液。符合此现象，可初步断定为甘露醇。

（四）结果与讨论

① 称重计算甘露醇的得率。

② 影响甘露醇的得率因素有哪些？

任务六　卵磷脂的制备

一、任务目标

了解并掌握脂类药物的常用制备方法以及脂类药物的分类。

二、必备基础

1. 脂类药物的分类

脂类是脂肪、类脂及其衍生物的总称，不溶或微溶于水，易溶于某些有机溶剂，在体内以游离或结合的形式存在于组织细胞中，其中具有特定生理、药理效应者称为脂类药物。脂类药物分为复合脂类及简单脂类两大类。前者包括与脂肪酸相结合的脂类，如卵磷脂及脑磷脂等；后者为不结合脂肪酸的脂类，如甾体化合物、色素类等。简单脂类药物在结构上极少有共同之处，其性质差异较大，所以其来源与生产方法是多种多样的。

脂类药物主要有不饱和脂肪酸类、磷脂类、胆酸类、固醇类、色素类等。

不饱和脂肪酸类药物包括前列腺素、亚油酸、亚麻酸、花生四烯酸及二十碳五烯酸等。前列腺素是多种同类化合物之总称，生理作用极为广泛。其中前列腺素E_1（PGE_1）和前列腺素E_2（PGE_2）等有收缩平滑肌作用；亚油酸、亚麻酸、花生四烯酸及二十碳五烯酸均有降血脂作用。

磷脂类药物中除神经磷脂等少数成分外，其结构中大多含甘油基团，故统称为甘油磷脂。其中磷脂酰胆碱即卵磷脂应用较广。卵磷脂具有抗动脉硬化、降低血胆固醇和总脂、护肝等作用。

胆酸类药物大多为 24 个碳原子构成的胆烷酸。胆酸类化合物分子中，由于甾环上羟基的数量、位置及构型的差异，形成多种化合物。胆汁酸是胆汁有机溶质的主要成分，由肝脏以胆固醇为前体合成初级胆汁酸，包括胆酸和鹅脱氧胆酸；次级胆汁酸由初级胆汁酸在肠道细菌作用下转变生成，包括脱氧胆酸和石胆酸；三级胆汁酸即熊去氧胆酸（UDCA），是由次级胆汁酸在肠道还原生成，是鹅脱氧胆酸 7 位 β-羟基的差向异构体，这一类药物主要用于肝胆方面的疾病治疗。

胆色素是由 4 个吡咯环通过亚甲基（—CH—）及次甲基（—CH＝）相连之线性分子，通常分为胆色烷、次甲胆色素、二次甲胆色素及三次甲胆色素。胆红紫是天然牛黄的重要成分之一，为人工牛黄的原料。

固醇类药物包括胆固醇、麦角固醇及 β-谷固醇等，均为甾体化合物。胆固醇为人工牛黄的重要原料之一，是合成维生素的起始原料、药物制剂良好的表面活性剂，同时也是生产激素的重要原料，亦可用作乳化剂。

人工牛黄是参照天然牛黄的主要成分配制的，其组成成分为胆红素、胆酸、α-猪去氧胆酸、磷酸氢钙、硫酸镁及硫酸亚铁等。具有镇静、解热、抗惊厥、祛痰、抗菌等作用。

脂类药物概况见表 1-4。

表 1-4 脂类药物一览表

品　　名	来　　源	主要用途
胆固醇	脑或脊髓提取	人工牛黄原料
麦角固醇	酵母提取	维生素 D 的原料、防治小儿软骨病
β-谷固醇	甘蔗渣及米糠提取	降低血浆胆固醇
脑磷脂	酵母及脑中提取	止血、防动脉粥样硬化及神经衰弱
卵磷脂	脑、大豆及卵黄中提取	防治动脉粥样硬化、肝疾病及神经衰弱
卵黄油	蛋黄提取	抗铜绿假单胞菌及治疗烧伤
亚麻酸	亚麻油中提取	降血脂、防治动脉粥样硬化
亚油酸	玉米胚及豆油中提取	降血脂
花生四烯酸	动物肾上腺中分离	降血脂、合成前列腺素 E_2 原料
鱼肝油脂肪酸钠	鱼肝油中分离	止血、治疗静脉曲张及内痔
前列腺素 E_1、前列腺素 E_2	羊精囊提取或酶转化	中期引产、催产、降血压
辅酶 Q_{10}	心肌提取、发酵、合成	治疗亚急性重型肝炎及高血压
胆红素	胆汁提取或酶转化	抗氧化剂、消炎、人工牛黄原料
原卟啉	动物血红蛋白中分离	治疗急性及慢性肝炎
血卟啉及其衍生物	由原卟啉合成	肿瘤激光疗法辅助及诊断试剂
胆酸钠	牛羊胆汁提取	治疗胆汁缺乏、胆囊炎及消化不良
胆酸	牛羊胆汁提取	人工牛黄原料
α-猪去氧胆酸	猪胆汁提取	降胆固醇、治疗支气管炎、人工牛黄原料
去氢胆酸	由胆酸脱氢制备	治疗胆囊炎
鹅去氧胆酸	禽胆汁提取或半合成	治疗胆结石
熊去氧胆酸	胆酸合成	治疗急性及慢性肝炎、溶胆石
牛磺熊去氧胆酸	化学半合成	治疗炎症、退烧
牛磺鹅去氧胆酸	化学半合成	抗艾滋病、流感及副流感病毒感染
牛磺去氢胆酸	化学半合成	抗艾滋病、流感及副流感病毒感染
人工牛黄	由胆红素、胆酸等配制	清热解毒及抗惊厥

2. 脂类药物的常用生产方法

脂类药物以游离或结合形式广泛存在于生物体的组织细胞中，工业生产中常依其存在形式及各成分的性质，通过直接提取分离、微生物发酵、动植物细胞培养、酶转化及化学合成等不同的生产方法获得。

① 直接抽提法。在生物体或生物转化反应体系中，有些脂类药物是以游离形式存在的，如卵磷脂、脑磷脂、亚麻油、花生四烯酸及前列腺素等。因此通常根据各种成分的溶解性质，采用相应溶剂系统从生物组织或反应体系中直接抽提出粗品，再经过分离纯化并进一步精制，得到纯品。

② 化学合成或半合成法。来源于生物的某些脂类药物可以用相应有机化合物或来源于生物体的特定成分为原料，采用化学合成或半合成法制备。

③ 生物转化法。生物转化法即利用发酵、动植物细胞培养及酶工程技术制备脂类药物。

三、任务实施

（一）实施原理

利用卵磷脂可溶于乙醇的性质，将卵黄溶于乙醇。卵磷脂从卵黄中转移到乙醇溶液中分离提取出来，而蛋白质等某些杂质从沉淀物中除去。但由于乙醇溶剂抽提时，其他脂质也一起被抽提，如三酰甘油（甘油三酯）、甾醇、酯等。利用卵磷脂不溶于丙酮的性质，用丙酮从粗卵磷脂溶液中沉淀磷脂能使卵磷脂与其他脂质和胆固醇分离开来。无机盐和卵磷脂可生成络合物沉淀，因此可利用金属盐沉淀剂将卵磷脂从溶液中分离出来，由此除去蛋白质、脂肪等杂质，再用适当溶剂萃取出无机盐和其他磷脂杂质，这样可大大提高卵磷脂纯度。

（二）实施条件

1. 实验器材

离心机、旋转蒸发仪、布式漏斗、抽滤瓶、真空干燥箱、层析缸、紫外分光光度计。

2. 材料和试剂

鸡蛋。

95% 乙醇、丙酮、10% $ZnCl_2$ 溶液、2% 三氯甲烷溶液、碘、甲醇、0.1% 乙醇水溶液、无水乙醇。

（三）方法与步骤

卵磷脂的制备工艺流程如下。

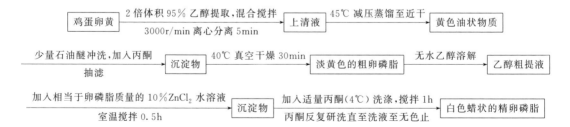

1. 粗提

室温下，取适量的鸡蛋卵黄用 2 倍于卵黄体积的 95% 乙醇进行提取，混合搅拌，3000r/min 离心分离 5min，将沉淀物重复提取三次，回收上清液；然后 45℃ 减压蒸馏至近干，用少量石油醚洗下黏壁的黄色油状物质；加入丙酮，抽滤，分离出沉淀物，40℃ 真空干燥 30min，得到淡黄色的粗卵磷脂，称重。

2. 精制

取一定量的卵磷脂粗品，用无水乙醇溶解，得到约 10% 的乙醇粗提液，加入相当于卵磷脂质量的 10% $ZnCl_2$ 水溶液，室温搅拌 0.5h。分离沉淀物，加入适量冰丙酮（4℃）洗涤，搅拌 1h，再用丙酮反复研洗，直到丙酮洗液为近无色止，得到白色蜡状的精卵磷脂，干燥，称重。

3. 鉴定

① 薄层色谱分析。将卵磷脂样品与对照品分别配成 2% 三氯甲烷溶液，用 GF_{254} 硅胶板进行层析，展开剂为三氯甲烷：甲醇：水（65：25：4，体积比），层析完毕后，取出薄板，干燥，碘蒸气显色。

② 紫外吸收光谱测定。将一定量卵磷脂样品溶于无水乙醇，配成 0.1% 乙醇溶液，用紫外分光光度计扫描其在 90～400nm 的吸收光谱，可测得卵磷脂的紫外线最大吸收峰。卵磷脂紫外线最大吸收峰在 215nm 波长处（图 1-4）。

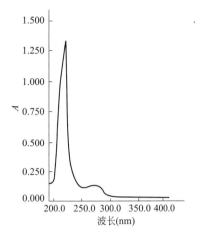

图 1-4 卵磷脂紫外吸收光谱图

（四）结果与讨论

① 计算卵磷脂得率是多少。
② 影响卵磷脂得率的主要因素有哪些？
③ 据薄层色谱图谱、紫外吸收光谱，分析制备的卵磷脂的纯度是多少。

参 考 文 献

[1] 刘仲敏等．现代应用生物技术．北京：化学工业出版社，2004．
[2] 李元，王渭池．基因工程药物．北京：化学工业出版社，2002．
[3] 姚文兵．生物技术制药概论．北京：中国医药科技出版社，2003．
[4] 熊宗贵．生物技术制药．北京：高等教育出版社，2001．
[5] 劳文艳．现代生物制药技术．北京：化学工业出版社，2005．
[6] 李津明．现代制药技术．北京：中国医药科技出版社，2005．
[7] 熊宗贵．生物技术制药．北京：高等教育出版社，2005．
[8] 葛勇．生物制药技术．北京：中国轻工业出版社，2005．
[9] 齐香君．现代生物制药工艺学．北京：化学工业出版社，2004．
[10] 李荣秀，李平作．酶工程制药．北京：化学工业出版社，2004．
[11] 吴梧桐．生物制药工艺学．北京：中国医药科技出版社，2005．
[12] 元英进．现代制药工艺学（上）．北京：化学工业出版社，2004．
[13] 贾士儒．生物工艺与工程实验技术．北京：中国轻工业出版社，2002．

项目二　发酵工程制药

【项目介绍】

1. 项目背景

发酵工程制药又称微生物工程制药,是通过大规模微生物培养和代谢控制技术及与化学工程技术结合进行的药物生产。发酵工程制药开创了生物工程制药的先河,为各种生物工程制药打下了技术基础。目前,临床应用的微生物工程药物约 60 余种,加上半合成产品有 200 余种,产值约占医药工业总产值的 15%。

以 β-内酰胺类抗生素为例,目前国内市场上主要有青霉素 G、阿莫西林、氨苄西林、头孢菌素等产品。生产厂家主要有哈药集团制药总厂、华北制药集团有限公司、石家庄制药集团有限公司等。

本项目以企业的生产实例为线索,设计了六个教学任务,学生主要学习利用发酵工程的一般工艺生产 β-内酰胺类抗生素、大环内酯类抗生素、四环素类抗生素、氨基糖苷类抗生素、维生素以及氨基酸等药物的关键技术和相关知识。

2. 项目目标

① 熟悉利用发酵工程生产的主要药物种类。
② 熟悉发酵工程制药的工艺特点。
③ 掌握常用 β-内酰胺类抗生素的生产方法。
④ 掌握常用大环内酯类抗生素的生产方法。
⑤ 掌握常用四环素类抗生素的生产方法。
⑥ 掌握常用氨基糖苷类抗生素的生产方法。
⑦ 掌握常用维生素的生产方法。
⑧ 掌握常用氨基酸的生产方法。

3. 思政与职业素养目标

① 掌握发酵工艺的核新技术,提升生物药物的产品质量。
② 通过学习发酵工艺控制,建立起严谨、勤奋的学习态度。
③ 通过学习药物发酵废液的处理,建立良好的环保意识。

4. 项目主要内容

本项目主要完成利用发酵工程生产 β-内酰胺类抗生素、大环内酯类抗生素、四环素类抗生素、氨基糖苷类抗生素、维生素以及氨基酸等药物,项目主要学习内容见图 2-1。

【相关知识】

发酵工程在生物制药领域应用比较广泛。微生物药物是指包含抗生素在内的,在抗生素研究发展过程中逐渐扩展开的,由微生物具有抗细菌、抗真菌、抗病毒、抗肿瘤、抗高血脂、抗高血压作用的药物及抗氧化剂、酶抑制剂、免疫调节剂、强心剂、镇定止痛剂等药物的总称。它们都是微生物的代谢产物,具有相同的生物合成机制,有相似的筛选研究程序和生产工艺。

一、发酵工程制药的研究范畴

发酵工程制药的研究范畴主要包括以下几个方面。

① 抗生素。主要包括青霉素、头孢菌素、链霉素、红霉素、四环素、林可霉素、阿维菌素等。

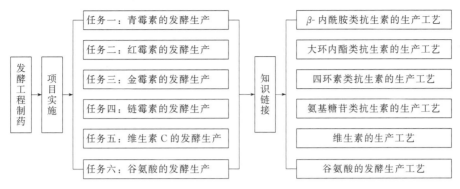

图 2-1　项目二主要学习内容

② 维生素。主要包括维生素 B_2、维生素 B_{12}、维生素 C、β-胡萝卜素（前维生素 A）、麦角固醇（前维生素 D_2）、甲基萘醌（维生素 K_2）、泛醌（辅酶 Q_{10}）、泛酸等。

③ 氨基酸。主要包括 Arg（精氨酸）、Ctr（瓜氨酸）、Glu（谷氨酸）、Gln（谷氨酰胺）、His（组氨酸）、Ile（异亮氨酸）、Leu（亮氨酸）、Lys（赖氨酸）、Orn（鸟氨酸）、Phe（苯丙氨酸）、Pro（脯氨酸）、Thr（苏氨酸）、Try（色氨酸）、Val（缬氨酸）等。

④ 核苷或核苷酸。主要包括肌苷、鸟苷、一磷酸肌苷（IMP）、一磷酸黄苷（XMP）、一磷酸鸟苷（GMP）、三磷酸腺苷（ATP）、胞二磷胆碱（CDP-choline）等。

⑤ 药用酶和辅酶。主要包括消化酶（α-淀粉酶、蛋白酶、脂酶）、溶菌酶、链激酶、纳豆激酶、沙雷菌肽酶、L-天冬酰胺酶、透明质酸酶、神经氨酸苷酶、辅酶 A、黄素腺嘌呤二核苷酸（FAD）、烟酰胺腺嘌呤二核苷酸（NAD、辅酶Ⅰ）等。

⑥ 其他药理活性物质。主要包括蛋白酶抑制剂、糖苷酶抑制剂、脂肪酸合成酶抑制剂、脂酶抑制剂、HMG-CoA 还原酶抑制剂、腺苷脱氨酶抑制剂、醛糖还原酶抑制剂、免疫修饰剂、受体激活剂与受体拮抗剂等。

二、发酵工程制药的工艺特点与要求

发酵工程制药的一般工艺过程见图 2-2。

1. 菌种的特点与要求

① 菌种要求品系纯正，生产能力高，遗传性状稳定。

② 制备的各阶段种子均要求无其他微生物污染、生命力强、保存期短。

③ 为了确保种子质量和安全，种子制备对人员、用具、设备和操作场所都要有严格的操作和管理规程。

④ 要定期对菌种进行分离复壮，以防菌种退化，确保菌种的纯粹和生产能力稳定。

⑤ 要有生产能力相同而遗传性状不同的几个备用菌种，以备现有生产菌种污染噬菌体或出现其他异常情况时替换。

⑥ 菌种保存应采用冷冻干燥管或液氮管，可长期保持菌种的存活和生产能力稳定。

2. 发酵工艺的特点与要求

① 原材料要求质量稳定（包括产地、品种、加工方法、规格、仓储条件、仓储时间等）。

② 发酵起始和过程中使用的原材料、设备、空气等都要经过严格灭（除）菌。

③ 设备（包括管道、阀门、轴封、连接部位等）密封性能好，无渗漏。

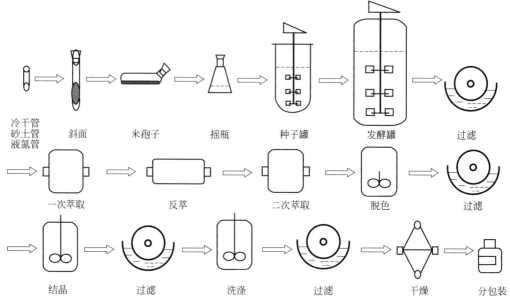

图 2-2 发酵工程制药的一般工艺过程

④ 发酵全过程要求用无菌压缩空气保持发酵罐内部的压力大于大气压（正压）。
⑤ 发酵过程要求不间断地进行通气和搅拌，以保持氧的充分供应和良好的混合状态。
⑥ 微生物生长与抗生素合成呈现明显的分阶段现象，故也应相应地进行分阶段控制。

3. 提炼工艺的特点与要求

① 微生物药物一般对热、酸、碱、酶不稳定，故应尽量在低温、清洁和严格控制的化学环境下快速操作。
② 根据选择性、分离因素和经济性，选择适当的提炼工艺组合，以达到所需要的产品纯度。
③ 树立高度的质量意识，对原材料、辅料、半成品、成品和环境都要进行严格的质量监控。
④ 树立高度的安全防护意识，严格实施防火、防爆、防中毒、防窒息等安全操作规程。
⑤ 在提炼生产的全过程中，都要树立严格的洁净和无菌概念，以防化学和生物污染，确保产品质量。

三、发酵工程制药与化学制药的比较

发酵工程制药与化学工程制药相比，有许多优点，详见表 2-1。

表 2-1 发酵工程制药与化学工程制药的比较

项目	优点	缺点
发酵工程制药	① 可生产结构复杂和具有手性或光学活性特异性的药物 ② 生产过程安全（常温、常压、中性、不燃不爆、一般无毒） ③ 主要原料可再生（阳光和土地） ④ 原料纯度要求不高，易于替换 ⑤ 设备通用 ⑥ 生产能力易提高 ⑦ 产物类型可塑（突变与基因工程）	① 副产物多，分离精制困难 ② 反应复杂，反应速度慢 ③ 反应浓度低，原料转化率低 ④ 生产稳定性差 ⑤ 设备庞大，辅助设备多，投资大 ⑥ 废水、废渣排放量大，处理费用高 ⑦ 生产过程容易受其他微生物的污染 ⑧ 通气、搅拌、冷却等能耗大

续表

项目	优点	缺点
化学工程制药	① 生产过程较简单,步骤少,反应易控制 ② 稳定性好,收得率高 ③ 反应浓度高,速度快,收得率高 ④ 设备相对小,辅助设备少,投资少 ⑤ 废水、废渣排放量少 ⑥ 生产过程不易受污染	① 生产安全性较差(高温、高压、强酸、强碱、有毒、易燃、易爆) ② 原料纯度要求高,不能随意替换 ③ 多数原料不可再生 ④ 难以生产复杂和手性纯化合物 ⑤ 设备通用性差

四、发酵工程药物研究开发的一般程序

发酵工程药物研究开发的一般程序,见图 2-3。

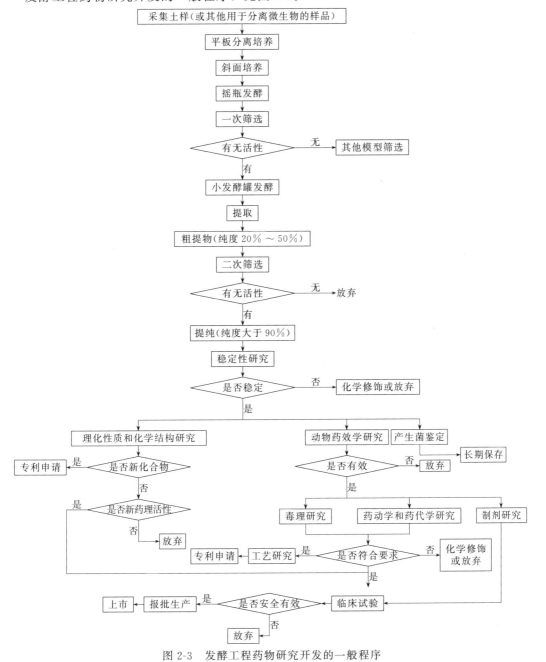

图 2-3 发酵工程药物研究开发的一般程序

【项目思考】

① 与化学工程制药相比，发酵工程制药有何优势？
② 发酵工程常用来生产什么类型的生物药物？

【项目实施】

任务一　青霉素的发酵生产

一、任务目标

通过学习了解并掌握 β-内酰胺类抗生素的分类、性质以及青霉素的生产工艺。

二、必备基础

1. β-内酰胺类抗生素的发展背景

β-内酰胺类抗生素是分子结构中含有一个具有抗菌活力的 β-内酰胺环结构的一类天然和半合成抗生素的总称。这类抗生素与细菌青霉素结合蛋白（PBPs）结合，具有抑制交联形成肽聚糖的能力，是最重要的一类抗感染抗生素。

自 1929 年 A. Fleming 发现青霉素并在第二次世界大战开始应用以来，已经历了半个多世纪。此类抗生素不仅仍被广泛应用，经久不衰，而且还有了许多重要发展。在化学结构上，由青霉烷衍生物发展到氧青霉烷、青霉烯、碳青霉烯、头孢烯、氧头孢烯、碳头孢烯乃至单环 β-内酰胺；在来源上，产生菌由真菌扩展到放线菌乃至细菌，而半合成与全合成 β-内酰胺又有效地弥补了天然 β-内酰胺的缺陷；在抗菌作用上，由仅对革兰阳性菌与少数革兰阴性菌有效，发展到对绝大多数细菌都有较强作用，并发现了抗菌作用以外的生物活性。

β-内酰胺类抗生素因其毒性低、容易进行化学改造，且具有良好的药物学性质而受到人们的高度重视，已成为目前品种最多、使用最广泛的一类抗生素。其中最有代表性的是青霉素和头孢菌素。青霉素的发现与研制成功，成为医学史上的一项奇迹。青霉素从临床应用开始，至今已发展为三代。

2. β-内酰胺类抗生素的分类和命名

① β-内酰胺类抗生素的分类。β-内酰胺类抗生素包括青霉素、头孢菌素、头霉素、克拉维酸等，前两者广泛应用于临床。这类抗生素都有一个四元内酰胺环，并通过氮原子和相邻的碳原子和另外一个杂环稠合，这两个杂环可以是五元环，也可以是六元环。部分 β-内酰胺类抗生素结构见图 2-4。

② β-内酰胺类抗生素的命名。
青霉烷类（～cillin，～西林）
头孢烯类（cef～，头孢～）
青霉烯类（～penem，～培南）
氧头孢烯类（～oxef，～氧头孢）
碳头孢烯类（～carbef，～碳头孢）
单环内酰胺类（～onam，～喃）
β-内酰胺酶抑制剂类（β-lactamase inhibitors）

注射用青霉素钠的鉴别

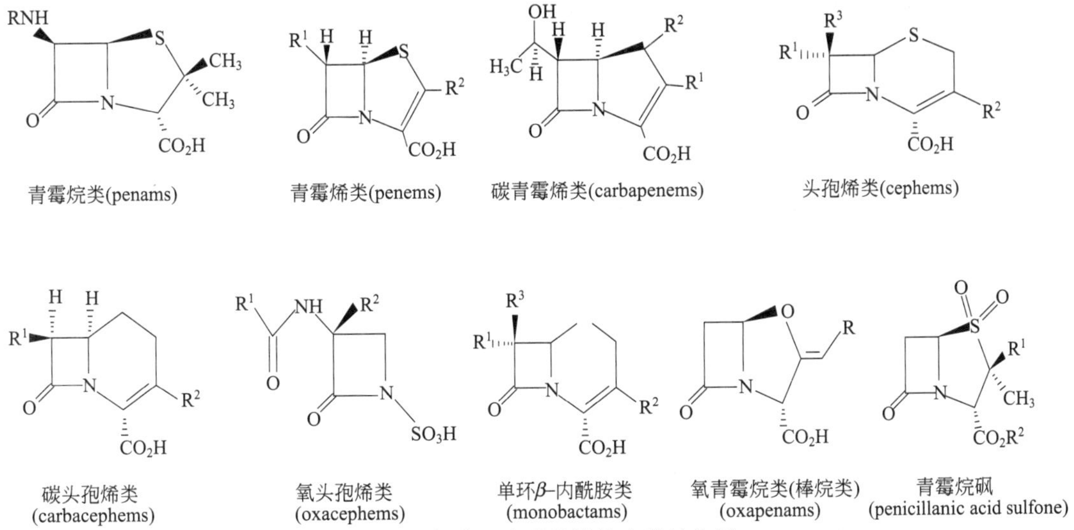

图 2-4 部分 β-内酰胺类抗生素结构图

复合 β-内酰胺抗生素（β-内酰胺抗生素＋β-内酰胺酶抑制剂）

3. β-内酰胺类抗生素的性质

① 物理性质。这类抗生素大都是白色或黄色无定形或结晶性固体。通常熔点不明显，温度升高时分解。结构中有三个不对称碳原子，故具有旋光性。分子中的羧基有相当强的酸性，能和一些无机或有机碱成盐。其盐易溶于极性溶剂，特别是水中。当以游离酸的形式存在时，易溶于有机溶剂。据此性质可以提取此类抗生素。另外，这类抗生素最重要的物理性质是 β-内酰胺环内的羰基的红外光谱有较高的伸缩振动频率 $1770 \sim 1815 cm^{-1}$；二级酰胺为 $504 \sim 1695 cm^{-1}$，这种频率特征反映了 β-内酰胺环的整体性，可用于此类抗生素的鉴别。

② 化学性质。β-内酰胺类抗生素通常都很活泼，它们的化学性质大都和 β-内酰胺环有关。由于为稠环系统，故环的应力增加，因而反应性能更强。在很多情况下，内酰胺环中羰基的反应性能和羧酸酐相似，很易被亲核试剂和亲电试剂作用，使内酰胺环打开而失去活性。与青霉素相比，头孢菌素较不易发生开环反应，如醇能很快和青霉素的 β-内酰胺环起作用，故可以把甲醇作为重结晶的溶剂。

4. 萃取与结晶实验技术

（1）萃取　萃取又称"溶剂萃取"或"液-液萃取"（以区别于固-液萃取，即"浸取"），亦称"抽提"（通用于石油炼制工业），是一种用液态的萃取剂处理与之不互溶的双组分或多组分溶液，实现组分分离的传质分离过程，是一种广泛应用的单元操作。利用"相似相溶"原理，萃取有以下两种方式。

萃取原理

液-液萃取。指用选定的溶剂分离液体混合物中的某种组分。溶剂必须与被萃取的混合物液体不相溶、具有选择性的溶解能力，而且必须有好的热稳定性和化学稳定性，并有小的毒性和腐蚀性。如用苯分离煤焦油中的酚、用有机溶剂分离石油馏分中的烯烃、用 CCl_4 萃取水中的 Br_2 等。

萃取操作

固-液萃取，也叫浸取，指用溶剂分离固体混合物中的组分。如用水浸取甜菜中的糖类、用乙醇浸取黄豆中的豆油以提高油产量、用水从中药中浸取有效成分以制取流浸膏（"渗沥"或"浸沥"）等。

虽然萃取经常被用在化学试验中，但它的操作过程并不造成被萃取物质化学成分的改变（或说化学反应），所以萃取操作是一个物理过程。

萃取是有机化学实验室中用来提纯和纯化化合物的手段之一。通过萃取，能从固体或液体混合物中提取出所需要的化合物。这里介绍常用的液-液萃取。

液-液萃取，即利用化合物在两种互不相溶（或微溶）的溶剂中溶解度或分配系数的不同，使化合物从一种溶剂内转移到另外一种溶剂中，经过反复多次萃取，将绝大部分的化合物提取出来。

分配定律是萃取方法理论的主要依据，物质对不同的溶剂有着不同的溶解度。同时，在两种互不相溶的溶剂中加入某种可溶性的物质，能分别溶解于两种溶剂中。实验证明，在一定温度下，该化合物与此两种溶剂不发生分解、电解、缔合和溶剂化等作用时，此化合物在两液层中之比是一个定值。不论所加物质的量是多少都是如此。这属于物理变化，可用以下公式表示。

$$c_A/c_B = K$$

c_A、c_B 分别表示一种化合物在两种互不相溶的溶剂中的浓度。K 是一个常数，称为"分配系数"。

有机化合物在有机溶剂中一般比在水中溶解度大。用有机溶剂提取溶解于水的化合物是萃取的典型实例。萃取时，若在水溶液中加入一定量的电解质（如氯化钠），利用"盐析效应"以降低有机物和萃取溶剂在水溶液中的溶解度，常可提高萃取效果。

要把所需要的化合物从溶液中完全萃取出来，通常萃取一次是不够的，必须重复萃取数次。利用分配定律的关系，可以算出经过萃取后化合物的剩余量。

（2）结晶　结晶是从液态（溶液或熔融物）或气态原料中析出晶体物质的过程，是一种属于热、质传递过程的单元操作。从熔融体析出晶体的过程，用于单晶制备；从气体析出晶体的过程，用于真空镀膜；而化工生产中常遇到的是从溶液中析出晶体。根据液-固平衡的特点，结晶操作不仅能够从溶液中取得固体溶质，而且能够实现溶质与杂质的分离，借以提高产品的纯度。早在5000多年前，人们已开始利用太阳能蒸浓海水制取食盐。现在结晶已发展成为从不纯的溶液里制取纯净固体产品的经济而有效的操作。许多化工产品（如染料、涂料、医药品及各种盐类等）都可用结晶法制取，得到的晶体产品不仅有一定纯度，而且外形美观，便于包装、运输、储存和应用。

结晶

晶体在一定条件下所形成的特定晶形，称为"晶习"。向溶液添加或自溶液中除去某种物质（称为"晶习改变剂"）可以改变晶习，使所得晶体具有另一种形状。这对工业结晶有一定的意义。晶习改变剂通常是一些表面活性物质以及金属或非金属离子。

晶体在溶液中形成的过程称为"结晶"。结晶的方法一般有两种：一种是蒸发溶剂法，适用于温度对溶解度影响不大的物质，沿海地区"晒盐"就是利用的这种方法。另一种是冷却热饱和溶液法，适用于温度升高溶解度也增加的物质。如北方地区的盐湖，夏天温度高，湖面上无晶体出现，每到冬季气温降低，石碱（$Na_2CO_3 \cdot 10H_2O$）、芒硝（$Na_2SO_4 \cdot 10H_2O$）等物质就从盐湖里析出来。在实验室里为获得较大的完整晶体，常使用缓慢降低温度，减慢结晶速率的方法。

结晶原理：溶质从溶液中析出的过程，可分为晶核生成（成核）和晶体生长两个阶段。两个阶段的推动力都是溶液的过饱和度（溶液中溶质的浓度超过其饱和溶解度之值）。晶核的生成有三种形式，即初级均相成核、初级非均相成核及二次成核。在高过饱和度下，溶液自发地生成晶核的过程，称为"初级均相成核"；溶液在外来物（如大气中的微尘）的诱导下生成晶核的过程，称为"初级非均相成核"；而在含有溶质晶体的溶液中的成核过程，称为"二次成核"。二次成核也属于非均相成核过程，它是在晶体之间或晶体与其他固体（器壁、搅拌器等）碰撞时所产生的微小晶粒的诱导下发生的。

对结晶操作的要求是制取纯净而又有一定粒度分布的晶体。晶体产品的粒度及其分布，主要取决于晶核生成速率（单位时间内单位体积溶液中产生的晶核数）、晶体生长速率（单位时间内晶体某线性尺寸的增加量）及晶体在结晶器中的平均停留时间。溶液的过饱和度，与晶核生成速率和晶体生长速率都有关系，因而对结晶产品的粒度及其分布有重要影响。在低过饱和度的溶液中，晶体生长速率与晶核生成速率之比值较大，因而所得晶体较大，晶形也较完整，但结晶速率很慢。在工业结晶器内，过饱和度通常控制在介稳区内，此时结晶器具有较高的生产能力，又可得到一定大小的晶体产品。

人们不能同时看到物质在溶液中溶解和结晶的宏观现象，但是溶液中实际上同时存在着组成物质的微粒在溶液中溶解与结晶的两种可逆运动。通过改变温度或减少溶剂的办法，可以使某一温度下溶质微粒的结晶速率大于溶解的速率，这样溶质便会从溶液中结晶析出。

在结晶和重结晶纯化化学试剂的操作中，溶剂的选择是关系到纯化质量和回收率的关键问题。选择适宜的溶剂时应注意以下几个问题。

① 选择的溶剂应不与欲纯化的化学试剂发生化学反应。例如脂肪族卤代烃类化合物不宜用作碱性化合物结晶和重结晶的溶剂；醇类化合物不宜用作酯类化合物结晶和重结晶的溶剂，也不宜用作氨基酸盐酸盐结晶和重结晶的溶剂。

② 选择的溶剂对欲纯化的化学试剂在热时应具有较大的溶解能力，而在较低温度时对欲纯化的化学试剂的溶解能力大大降低。

③ 选择的溶剂对欲纯化的化学试剂中可能存在的杂质溶解度甚大，以便能使杂质在欲纯化的化学试剂结晶和重结晶时留在母液中，在结晶和重结晶时不随晶体一同析出；或是溶解度甚小，以便能使杂质在欲纯化的化学试剂加热溶解时，很少在热溶剂中溶解，在热过滤时被除去。

④ 选择的溶剂沸点不宜太高，以免该溶剂在结晶和重结晶时附着在晶体表面不容易除尽。

用于结晶和重结晶的常用溶剂有：水、甲醇、乙醇、异丙醇、丙酮、乙酸乙酯、三氯甲烷、冰醋酸、二氧六环、四氯化碳、苯、石油醚等。此外，甲苯、硝基甲烷、乙醚、二甲基甲酰胺、二甲亚砜等也常使用。二甲基甲酰胺和二甲亚砜的溶解能力大，当找不到其他适用的溶剂时，可以试用。但往往不易从溶剂中析出结晶，且沸点较高，晶体上吸附的溶剂不易除去，是其缺点。乙醚虽是常用的溶剂，但是若有其他适用的溶剂时，最好不用乙醚，因为一方面由于乙醚易燃、易爆，使用时危险性特别大，应特别小心；另一方面由于乙醚易沿壁爬行挥发而使欲纯化的化学试剂在瓶壁上析出，以致影响结晶的纯度。

在选择溶剂时必须了解欲纯化的化学试剂的结构，因为溶质往往易溶于与其结构相近的溶剂中——"相似相溶"原理。极性物质易溶于极性溶剂，而难溶于非极性溶剂中；非极性物质易溶于非极性溶剂，而难溶于极性溶剂中。这个溶解度的规律对实验工作有一定的指导作用。如欲纯化的化学试剂是个非极性化合物，实验中已知其在异丙醇中的溶解度太小，异丙醇不宜作其结晶和重结晶的溶剂，这时一般不必再试验极性更强的溶剂（如甲醇、水等），应试验极性较小的溶剂，（如丙酮、二氧六环、苯、石油醚等）。适用溶剂的最终选择，只能用试验的方法来决定。

关于晶体的析出过滤得到的滤液冷却后，晶体就会析出。用冷水或冰水迅速冷却并剧烈搅动溶液时，可得到颗粒很小的晶体，将热溶液在室温条件下静置使之缓缓冷却，则可得到均匀而较大的晶体。

如果溶液冷却后晶体仍不析出，可用玻璃棒摩擦液面下的容器壁，也可加入晶种或进一步降低溶液温度（用冰水或其他冷冻溶液冷却）。如果溶液冷却后不析出晶体而得到油状物时，可重新加热,至形成澄清的热溶液后,任其自行冷却,并不断用玻璃棒搅拌溶液,摩擦器壁或投入晶种,以加速晶体的析出。若仍有油状物开始析出,应立即剧烈搅拌使油滴分散。

结晶过程是一门学问,国内在结晶方面的专家首推天津大学化工学院的王静康院士。关于这方面的理论书籍不少,但是真正具体到每一类物质或每个物质又不完全相同。共性的东西可能是理论上的,具体到每一类化合物的结晶过程的讨论可能最有帮助,如溶剂的选择(单一或复合)、结晶温度、搅拌速度、搅拌方式、过饱和度的选择,养晶的时间、溶媒滴加的方式和速率等,另外在溶解、析晶、养晶这些过程中,上述温度、搅拌速度、时间长短、加入方式和速度还不完全一样,所以诸多因素叠加在一起,难度更大。

一般说来,先应该选择主要的条件,使结晶过程能够进行下去,得到晶体,然后再优化上述条件。条件成熟后,才能进行中试和生产。如果是进行理论研究可能着重点就不一样了。如果是搞应用研究,那么溶剂相对来说不难选择,关键点在于使用这种溶剂能否找到过饱和点、过饱和点区间是不是好控制。如果过饱和点不好选或过饱和度不够,很难析晶,养晶更无从谈起了。这时可能要考虑复合溶媒,调整过饱和区间。所以笔者认为,结晶过程最主要的是析晶过程,这时候各个条件的控制最为重要。控制好析晶过程,结晶过程便大概完成60%。

养晶过程相对来说好控制一些,主要是按照优化参数控制好条件,一般问题不大,放大过程中也基本不会出问题。如果做基础研究,物性还不是很清楚,结晶过程的研究可能花费的时间、精力较多,但一旦把整个过程搞明白,还是很有价值的。

三、任务实施

(一) 实施原理

青霉素是最早发现的、目前仍是最重要的抗生素。自1929年弗莱明发现音符型青霉菌产生青霉素后,相继发现橄榄型青霉菌(*P. chrysogenum*,现命名为产黄青霉菌)等。不同青霉菌都能产生青霉素,不少曲霉菌也能产生青霉素。其本身是一种游离酸,能与碱金属或碱土金属及有机胺类结合成盐类。青霉素游离酸易溶于醇类、酮类、酯类和醚类,但在水中溶解度很小。青霉素钾、钠盐易溶于水和甲醇,而不溶于丙醇、丙酮、三氯甲烷等。青霉素具有一定的吸湿性,吸湿性的大小与内在质量有关。纯度越高,吸湿性越小,也越易于存放。通常情况下,固体青霉素盐的稳定性与其含水量和纯度有很大关系。干燥、纯净的青霉素很稳定,但青霉素的水溶液则很不稳定,而且随pH和温度的变化影响很大(表2-2)。

表2-2 pH和温度对青霉素G钠盐结晶水溶液半衰期的影响   单位:h

pH\温度	0℃	10℃	24℃	37℃	pH\温度	0℃	10℃	24℃	37℃
1.5	1.3	0.5	0.17	—	6.0	—	—	336.0	103.0
1.7	2.0	0.7	0.2	—	6.5	—	—	281.0	94.0
2.0	4.25	1.3	0.31	—	7.0	—	—	218.0	84.0
3.0	24.0	7.6	1.7	—	7.5	—	—	178.0	60.0
4.0	197.0	52.0	12.0	—	8.0	—	—	125.0	27.5
5.0	2000	341.0	92.0	—	9.0	—	—	31.2	—
5.5	—	—	—	62.0	10.0	—	—	9.3	—
5.8	—	—	315.0	99.0	11.0	—	—	1.7	—

最早产青霉素的菌种是点青霉菌(*Penicillium notatum*),生产能力很低,在液体培养基中只能产生2U/mL的青霉素。1943年分离的一株产黄青霉(NRRL 1951),在液体深层

发酵中效价可达到 120U/mL。由这一菌株诱变产生的 Wisconsin 菌株 Wis Q176，效价可达到 900U/mL。目前全世界用于生产青霉素的高产菌株，差不多都是由这一菌株经不同的改良途径得到的，有形成绿色和黄色孢子的两种产黄青霉菌株。其在深层培养中菌丝形态可分为球状菌和丝状菌，现国内青霉素生产厂大都采用绿色丝状菌。

（二）实施条件

1. 实验器材

试管、烧杯、玻璃棒、生化培养箱、真空干燥箱、冰箱、发酵罐。

2. 试剂和材料

产黄青霉菌、甘油、葡萄糖、乳糖、玉米浆、硝酸铵、硫代硫酸钠、胨、大米或小米、苯乙酸、花生饼粉、尿素、豆油、硫酸铵、氨水、硫酸、乙酸丁酯、破乳剂、1.5%碳酸氢钠缓冲液（pH 6.8～7.2）、粉末活性炭、25%乙酸钾丁醇溶液、丁醇、乙酸乙酯。

（三）方法与步骤

1. 孢子制备

生产上用的产黄青霉菌孢子是将砂土孢子用甘油、葡萄糖、和胨组成的培养基进行斜面培养，然后才移植到大米或小米固体上，于 25℃培养 7 天。孢子成熟后进行真空干燥，并以这种形式作低温保存备用。

2. 发酵

青霉素大规模生产是采用三级发酵，一级发酵通常在小罐进行，将生产孢子按一定接种量移入种子罐内，25℃培养 40～45h，菌丝浓度达 40%（体积比）以上，菌丝形态正常，即移入繁殖罐内。此阶段主要是让孢子萌芽形成菌丝，制备大量种子供发酵用。二级发酵主要是在一级的基础上使青霉菌菌丝体继续大量繁殖，通常在 25℃培养 13～15h，菌丝体积 40%以上，残糖在 1.0%左右。无菌检查合格便可作为种子，按 30%接种量移入发酵罐，此时的发酵为三级发酵，其除了继续大量繁殖菌丝外主要是生产青霉素。由于每级发酵的目的不同，因此它们的培养基成分、加料、培养温度、pH、空气流量、搅拌速度和培养时间都要采用不同的条件进行控制（表 2-3）。

表 2-3 产黄青霉菌发酵条件

发酵级别	主要培养基	空气流量（体积比）	搅拌速度/(r/min)	培养时间/h	pH 范围	培养温度/℃
一级	葡萄糖、乳糖、玉米浆等	1:3	300～350	40	自然 pH	27±1
二级	玉米浆、葡萄糖	1:(1～1.5)	250～280	0～14	自然 pH	25±1
三级	花生饼粉、麸质水、葡萄糖、尿素、硝酸铵、硫代硫酸钠、苯乙酸铵、CaCO₃	1:(0.8～1.2)	150～200	按青霉素产生趋势决定停止发酵	前 60h 左右 6.7～7.2；以后 6.7	前 60h 左右 26；以后 24

注意在发酵过程中补充氮、硫和前体苯乙酸；按照显微镜镜检形态滴加葡萄糖。

产黄青霉菌能利用多种碳源，如乳糖、蔗糖、葡萄糖、阿拉伯糖、甘露糖、淀粉和天然油脂等。乳糖较葡萄糖氧化速度慢，对青霉素合成有利，但其价格较高，普遍使用有困难。目前生产上所用的碳源主要是葡萄糖母液和工业用葡萄糖。

玉米浆是青霉素发酵的最好氮源，它是玉米淀粉生产时的副产品，含有多种氨基酸，如精氨酸、谷氨酸、苯丙氨酸及青霉素合成时需要的前体苯乙酸及其衍生物。由于玉米浆质量不稳定，所以一般用花生饼粉或棉籽饼粉来代替，其质量较稳定，也便于保藏。

为了提高青霉素的发酵单位，发酵过程中通常要向培养基中添加前体物质，如苯乙酸和苯乙酰胺等。它们一部分直接结合到青霉素分子中，另一部分作为养料和能源被利用，即被氧化为二氧化碳和水。这些前体对青霉素都有一定的毒性，加入量不能大于0.1%，加入硫代硫酸钠能减少它们的毒性。同样，青霉素的生物合成也需要硫、磷、钙、镁、钾、铁等无机元素。其中，Fe^{3+}对青霉素的生物合成有明显的影响，当其在发酵液中的浓度在30～40μg/mL时，相对发酵效价较高。

青霉素生长的适宜温度为30℃，而分泌青霉素的温度是在20℃，因此生产上多采用变温控制办法，以适合菌株不同阶段的需要。发酵过程中，pH一般控制在6.2～6.4。如pH上升，可加糖或天然油脂进行调节；pH较低时，可加入$CaCO_3$、NH_3或提高通气量。目前生产上趋向直接加酸或碱来自动控制pH。

产黄青霉菌的生长分以下三个不同的代谢时期。

① 菌丝生长繁殖期。这个时期培养基中糖及含氮物质被迅速利用，丝状菌孢子发芽长出菌丝，分枝旺盛，菌丝浓度增加很快，此时青霉素分泌量很少。

② 青霉素分泌期。这个时期菌丝生长趋势减弱，间隙添加葡萄糖作碳源和花生饼粉、尿素作氮源，并加入前体。此期间丝状菌pH要求6.2～6.4，青霉素分泌旺盛。

③ 菌丝自溶期。此时丝状菌的大型空泡增加并逐渐扩大自溶。按显微镜检查菌丝形态变化或根据发酵过程中生化曲线测定进行补糖，这样既可以调节pH，又可以提高和延长青霉素发酵单位。除补糖外，氮源的补加也可以提高发酵单位。

青霉素产生菌是好氧菌，深层发酵培养中，保证足够的溶解氧对青霉素产量有很大的关系，一般要求发酵液中溶解氧不低于饱和状态下溶解氧的30%。适宜的通气比为1∶(0.8～1)(V/V·min)，采用适宜的搅拌速率以保证通入空气能与发酵液混合以提高溶解氧，同时搅拌又能使培养基均匀地被发酵罐中菌体利用。各发酵阶段的生长情况和耗氧量不同，所以搅拌转速需按各发酵阶段的不同而进行调整。发酵过程中产生的大量泡沫，要影响发酵罐体积的有效利用，可以通过加入适宜青霉菌利用的天然油脂（如豆油、玉米油等）来消沫。近年来，以化学合成消沫剂——泡敌（聚醚树脂类消泡剂）部分代替天然油脂，效果较好。在菌丝生长繁殖期不宜多用，在发酵过程的中、后期可以加水稀释后与豆油交替加入。

青霉素的发酵工艺流程见图2-5。

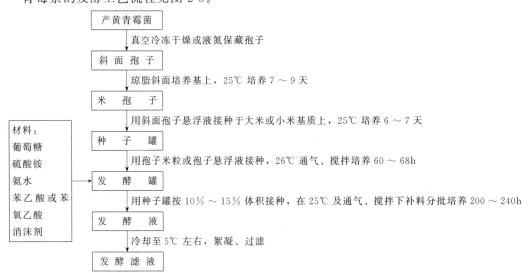

图2-5 青霉素的发酵工艺流程

3. 提炼

从发酵液中提取青霉素，早期曾使用过活性炭吸附法，目前多采用溶媒萃取法。由于青霉素性质不稳定，整个提炼过程应在低温、快速、严格控制 pH 下进行，注意对设备清洗消毒减少污染，尽量避免或减少青霉素效价的破坏损失。

发酵液放罐后，首先要冷却。因为青霉素在低温时比较稳定，细菌繁殖也较慢，可避免青霉素的破坏。用溶媒法提炼时，蛋白质的存在会产生乳化，使溶媒相和水相分层困难，所以要对发酵液进行预处理以除去其中的蛋白质。在酸性溶液中，蛋白质能与一些阴离子（如三氯乙酸盐、水杨酸盐、苦味酸盐、鞣酸盐等）形成沉淀；在碱性溶液中，能与 Ag^+、Cu^{2+}、Zn^{2+}、Fe^{3+} 等阳离子形成沉淀从而过滤除去。

溶媒萃取法是以分配定律为基础的。青霉素的萃取系基于青霉素游离酸易溶于有机溶剂而青霉素盐易溶于水的特性反复转移而达到提纯和浓缩。目前工业生产所采用的溶剂多为乙酸丁酯和戊酸。结合青霉素在各种 pH 下的稳定性和对萃取收率的影响，一般从发酵液萃取到乙酸丁酯时，pH 选择在 1.8～2.2 范围内，而从丁酯反萃取到水相时，pH 选择在 6.8～7.4。根据萃取方式和理论收得率的计算得知，多级逆流萃取较理想，生产上多采用二级逆流萃取方式。浓缩比的选择也很重要，如丁酯用量太多，虽然萃取比较完全、收率较高，但达不到结晶浓度要求，反而增加溶媒的耗用量；如丁酯用量太少，则萃取不完全，影响收率。据报道，丁酯用量为滤液体积的 25%～30%时，色素相对含量低，浓缩比为 1:(1.5～2.5)；从丁酯中反萃取到水相时，因分配系数之值较大，故浓缩倍数可较高些（3～5 倍），经过几次反复萃取后共约浓缩 10 倍，浓度已合乎结晶要求。pH 对青霉素在水相和乙酸戊酯相间的分配影响见图 2-6。

结晶是提纯物质的有效方法，例如在二次丁酯萃取液中，青霉素的纯度只有 70% 左右，但结晶后纯度可提高至 98% 以上。青霉素游离酸在有机溶剂中的溶解度是很大的，当它与某些金属或有机胺结合成盐之后，由于极性增大，溶解度大大减少而自有机溶剂中析出。如青霉素游离酸的丁酯提取液加入醋酸钾、醋酸钠，就分别析出青霉素钾盐、钠盐的结晶。

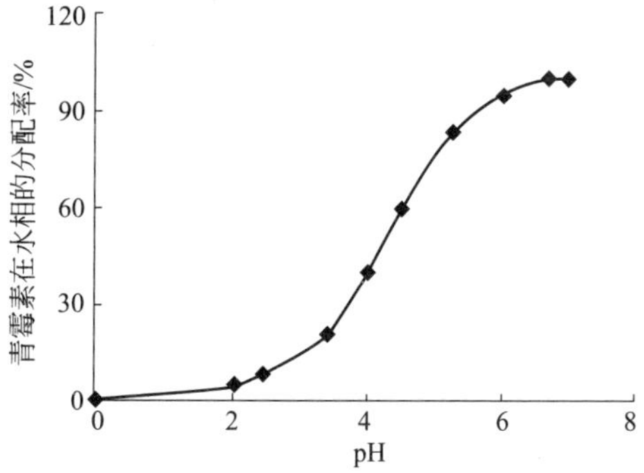

青霉素的提炼操作如下。

① 发酵滤液用 15% 硫酸调节 pH 2.0～2.2，按 1:(3.4～4.0) 体积比加入乙酸丁酯（BA）及适量破乳剂，在 5℃ 左右进行逆流萃取。

图 2-6　pH 对青霉素在水相和乙酸戊酯相间的分配影响

② 一次 BA 萃取液按 1:(4～5) 体积比加入 1.5%NaHCO₃ 缓冲液（pH 6.8～7.2），在 5℃ 左右进行逆流反萃取。

③ 一次水提液用 15% 硫酸调节 pH 2.0～2.2，按 1:(3.5～4.0) 体积比加入乙酸丁酯（BA）在 5℃ 左右进行逆流反萃取。

④ 二次 BA 萃取液按 150～250g/10 亿 U 青霉素加入粉末活性炭，搅拌 15～20min 脱色，然后过滤。

⑤ 脱色液按脱色液中青霉素含量计算所需钾量的 110% 加入 25% 乙酸钾丁醇溶液，在真空度大于 0.095MPa 及 45～48℃ 下共沸结晶。

⑥ 结晶混悬液过滤，先用少量丁醇和乙酸乙酯各洗涤晶体两次。
⑦ 湿晶体在大于 0.095MPa 的真空及 50℃下干燥，得到青霉素工业盐。

（四）结果与讨论
① β-内酰胺类抗生素是如何分类的？
② 简述青霉素的提炼操作过程。

任务二　红霉素的发酵生产

一、任务目标

通过学习了解并掌握大环内酯类抗生素的分类和结构特点、药理活性和作用机制以及红霉素的生产工艺。

二、必备基础

1. 大环内酯类抗生素的结构、分类及药理作用

大环内酯类抗生素是以一个大内酯环（也称"糖苷配基"）为母核，通过糖苷键与糖分子相连接的一类化合物。属于这类抗生素的有红霉素、碳霉素、酒霉素、麦迪霉素、竹桃霉素、螺旋霉素等。

由于它们具有相似的化学结构，因此在某些方面也具有共同的特性。如均为无色碱性化合物；通过与细菌核蛋白体 50S 亚基的 23S rRNA 结合，抑制肽酰基转移酶，从而导致对革兰阳性、革兰阴性细菌、支原体及衣原体都有很好的抗菌活性，属于抑菌型抗生素；细菌对该类抗生素和许多临床常用抗生素之间无交叉耐药性，因此这类抗生素对耐药菌有较好疗效，但细菌对同类药物之间有不完全交叉耐药性；无严重的不良反应，毒性较低，可用于对青霉素耐药及过敏的患者。

大环内酯类抗生素的脂肪酸酯对胃酸稳定，并能改善在肠道内的吸收，提高口服给药后的血药浓度。这类抗生素的毒副作用较低，主要有过敏、消化道障碍和肝障碍等，但红霉素的代谢产物对位于肝微体上的药物代谢酶——细胞色素 P450-3A4 有抑制作用，从而增强其肝脏副作用。根据大环内酯结构的不同，这类抗生素至少又可分为三类。

① 多氧大环内酯类抗生素。按大环内酯的碳元素数，可为十二元环、十四元环和十六元环三类。它们都是多功能团的分子，大部分都联结有二甲胺基糖，因而显示碱性；有的不含二甲胺基糖，只含中性糖，因而显中性。作为医疗使用的多数是碱性大环内酯抗生素，重要的有十四元环的红霉素、竹桃霉素，十六元环的有吉他霉素、螺旋霉素等。近年发现的还有麦迪霉素和马立霉素等抗生素。

② 多烯大环内酯类抗生素。自 950 年发现制霉菌素以来，已报道 100 多种，其分子结构特征是具有二十六至二十八元大环内酯，含 4～7 个共轭双键。按照所含共轭双键的数目，可分为四烯、五烯、六烯、七烯等类。这几类抗生素因分子中双键数目的不同，会表现出不同的生物活性。多烯类大环内酯抗生素对许多致病性真菌有不同的作用，其抗菌活力随共轭双键数目的增加而增加。此类抗生素可与真菌细胞膜的固醇类成分结合，改变细胞膜的通透性，真菌和哺乳动物细胞膜中都含有固醇，而细菌细胞膜中则不含固醇。故此类抗生素可引起真菌细胞膜通透性的改变，导致致病菌死亡，而对细菌无效。

③ 蒽沙大环内酯类抗生素。蒽沙大环内酯类抗生素又叫"环桥类抗生素"，严格说来，

不应归于大环内酯类。它们有一个共同的结构形态，都是一个脂及链桥经过酰胺键与平面的芳香基团的两个不相邻位置相连接的环桥化合物。这类抗生素有 10 种以上，如利福霉素等。

部分大环内酯类抗生素的结构如图 2-7 所示。

取代基	红霉素 A	克拉霉素	罗红霉素	氟红霉素
R^1	H	CH_3	H	H
R^2	O	O	$NOCH_2O(CH_2)_2OCH_3$	O
R^3	H	H	H	F

图 2-7　红霉素、克拉霉素、罗红霉素、氟红霉素的化学结构

此外，大环内酯类抗生素还可分为天然和半合成的抗生素，部分天然和半合成类的抗生素见表 2-4 和表 2-5。

表 2-4　天然大环内酯类抗生素

化学类型	抗生素名称	产生菌	发现年份
十四元环	红霉素（erythromycin）	*Sccharopolyspora erythraea*	1952
	竹桃霉素（oleandomycin）	*Streptomyces antibioticus*	1954
十六元环	北里霉素（kitasamycin）*	*S. kitasatoensis*	1953
	交沙霉素（josamycin）**	*S. narboensis* subsp. *josamyceticus*	1957
	麦迪霉素（midecamycin）	*S. mycarofaciens*	1971
	螺旋霉素（spiramycin）	*S. ambofaciens*	1954

注：* 又称"柱晶白霉素"，简称"白霉素（leucomycin）"，有 A_1、$A_3 \sim A_9$、A_{13} 等多组分；** 又称白霉素 A_3（leucomycin A_3）。

表 2-5　半合成大环内酯类抗生素

化学类型	抗生素名称	来源	发现年份
十四元环	克拉霉素（clarithromycin）	红霉素	1981
	罗红霉素（roxithromycin）	红霉素	1981
	地红霉素（dirithromycin）	红霉素	1977
	氟红霉素（flurithromycin）	红霉素	
	三乙酰竹桃霉素（troleandomycin）	竹桃霉素	1958
十五元环	阿奇霉素（azithromycin）	红霉素	1982
十六元环	罗他霉素（rokitamycin）	白霉素	1979
	三冈霉素（miokamycin）	麦迪霉素	1974
	乙酰螺旋霉素（acetylspiramycin）	螺旋霉素	1970

2. 离子交换法和大孔树脂吸附法

（1）离子交换法　离子交换法是借助于固体离子交换剂中的离子与稀溶液中的离子进行交换，以达到提取或去除溶液中某些离子的目的，是一种属于传质分离过程的单元操作。广泛采用人工合成的离子交换树脂作为离子交换剂，它是具有网状结构和可电离的活性基团的难溶性高分子电解质。根据树脂骨架上的活性基团的不同，可分为阳离子交换树脂、阴离子交换树脂、两性离子交换树脂、螯合树脂和氧化还原树脂等。用于离子交换分离的树脂要求具有不溶

离子交换色谱

性、一定的交联度和溶胀作用，而且交换容量和稳定性要高。

离子交换反应是可逆的，而且等当量地进行。由实验得知，常温下稀溶液中阳离子交换势随离子电荷的增高，半径的增大而增大；高分子量的有机离子及金属络合阴离子具有很高的交换势。高极化度的离子如 Ag^+、Tl^+ 等也有高的交换势。离子交换速度随树脂交联度的增大而降低，随颗粒的减小而增大。温度增高，浓度增大，交换反应速率也增快。

离子交换树脂可以再生。将交换耗竭的离子交换树脂和适当的酸、碱或盐溶液发生交换，使树脂转化为所需要的型式，叫作"再生"。这类酸、碱或盐就叫"再生剂"。

设备：离子交换过程常在离子交换器中进行。离子交换器类似压力滤池，外壳为一钢罐；离子交换通常采用过滤方式，滤床由交换剂构成，底部为附有滤头的管系。

离子交换分离广泛用于：① 水的软化、高纯水的制备、环境废水的净化；② 溶液和物质的纯化，如铀的提取和纯化；③ 金属离子的分离、痕量离子的富集及干扰离子的除去；④ 抗生素的提取和纯化等。

（2）大孔树脂吸附法　大孔树脂（macroporous resin）又称"全多孔树脂"。大孔树脂是由聚合单体和交联剂、致孔剂、分散剂等添加剂经聚合反应制备而成。聚合物形成后，致孔剂被除去，在树脂中留下了大大小小、形状各异、互相贯通的孔穴。因此大孔树脂在干燥状态下其内部具有较高的孔隙率，且孔径较大，在 100～1000nm 之间，故称为"大孔吸附树脂"。

① 原理。大孔吸附树脂是以苯乙烯和丙酸酯为单体，加入乙烯苯为交联剂，甲苯、二甲苯为致孔剂，相互交联聚合形成的多孔骨架结构。树脂一般为白色的球状颗粒，粒度为 20～60 目，是一类含离子交换集团的交联聚合物。它的理化性质稳定，不溶于酸、碱及有机溶剂，不受无机盐类及强离子低分子化合物的影响。树脂吸附作用是依靠它和被吸附的分子（吸附质）之间的范德瓦耳斯力，通过其巨大的比表面进行物理吸附而工作，使有机化合物根据有吸附力及其分子量大小经一定溶剂洗脱分开而达到分离、纯化、除杂、浓缩等不同目的。

② 预处理。大孔吸附树脂是由有机单体加交联剂、致孔剂、分散剂等添加剂聚合而成，因而购来的树脂要除去可能存在的毒性有机残留物。具体方法为：首先使用饱和食盐水（工业用），用量约等于被处理树脂的 2 倍，将树脂置于食盐中浸泡 18～20h，然后放尽食盐水，用清水漂洗净，使排出的水不显黄色，再用 2%～4%氢氧化钠（或 5%盐酸）溶液（其量与上同）浸泡 2～4h（或小流量清洗），放尽碱或酸液后冲洗树脂直至水接近中性待用。实验室用常用大于 95%的乙醇。

③ 型号及选择。国内、外使用的树脂种类众多，型号各异，性能差异大。树脂型号主要有：国外主要有美国 Rohn－hass 公司生产的 Amberlite XAD 系列与日本三菱合成工业公司生产的 Diaion HP-10、Diaion HP-20、Diaion HP-30、Diaion HP-40、Diaion HP-50（非极性），其他牌号吸附树脂还有 Parapet P-S、Parapet Q、Parapet R、Parapet S、Parapet N、Chromo sorb 系列等；国内主要的树脂有天津农药股份有限公司的 D 系列，上海试剂厂 101、102、402 等，南开大学化工厂产品 D 系列、H 系列、AB-8（弱极性）和上海医药工业研究院 SIP 系列等。

大孔吸附树脂是一类新型的非离子型高分子吸附剂，树脂通常依其极性分为非极性、弱极性、板性 3 类，树脂的结构一般为苯乙烯、丙烯酸酯或甲基丙烯酸酯、丙烯酸或氧化氮类。

树脂吸附性能的优劣是由其化学和物理结构决定的，同一型号大孔吸附树脂对有效部位吸附能力强弱的规律为：以药材计生物碱＞黄酮＞酚性成分＞无机物。不同树脂结构对不同物质吸附效果不同。通过研究 DM-130、LSA-10、LSA-20 型吸附树脂对黄酮类化合物的吸附分离研究，发现 DM-130 吸附树脂是一种对黄酮类化合物具有优良吸附性能的吸附剂；

研究人员比较了 10 种大孔吸附树脂对银杏叶黄酮的吸附性能及吸附动力学过程，筛选实验表明，D 型及 DA 型树脂对多糖的吸附作用较单糖和双糖大；AB-8 树脂对皂苷的吸附容量较蛋白质、糖类大。

一般大孔吸附树脂吸附符合以下规律：非极性物质在极性介质（水）内被非极性吸附剂吸附，极性物质在非极性介质中被极性吸附剂吸附，带强极性基团的吸附剂在非极性溶剂里能很好地吸附极性化合物。聚苯乙烯树脂一般适用于非极性和弱极性物质的化合物，如皂苷类和黄酮类；聚丙烯酸类树脂，一般带有酯基或酰氨基，对中极性和极性化合物（如黄酮醇和酚类）的吸附较好。

④ 吸附条件和解吸附条件。吸附条件和解吸附条件的选择直接影响着大孔吸附树脂吸附工艺的好坏，因而在整个工艺过程中应综合考虑各种因素，确定最佳吸附、解吸条件。

影响树脂吸附的因素很多，主要有被分离成分的性质（极性和分子大小等）、上样溶剂的性质（溶剂对成分的溶解性、盐浓度和 pH）、上样液浓度及吸附水流速等。通常，极性较大的分子适用中极性树脂上分离，极性小的分子适用非极性树脂上分离；体积较大的化合物选择较大孔径树脂；上样液中加入适量无机盐可以增大树脂吸附量；酸性化合物在酸性液中易于吸附，碱性化合物在碱性液中易于吸附，中性化合物在中性液中吸附；一般上样液浓度越低越利于吸附；对于滴速的选择，则应保证树脂可以与上样液充分接触吸附为佳。

影响解吸条件的因素有洗脱剂的种类、浓度、pH、流速等。洗脱剂可用甲醇、乙醇、丙酮、乙酸乙酯等，应根据不同物质在树脂上吸附力的强弱，选择不同的洗脱剂和不同的洗脱剂浓度进行洗脱；通过改变洗脱剂的 pH，可使吸附物改变分子形态，易于洗脱下来；洗脱流速一般控制在 $0.5\sim5\text{mL/min}$。

⑤ 再生。树脂柱经反复使用后，树脂表面及内部残留许多非吸附性成分或杂质使柱颜色变深，柱效降低，因而需要再生。一般用 95% 乙醇洗至无色后，用大量水洗去醇化即可。如树脂颜色变深，可用稀酸或稀碱洗脱后水洗；如柱上方有悬浮物，可用水、醇从柱下进行反洗，可将悬浮物洗出；经多次使用时柱床挤压过紧或树脂颗粒破碎影响流速，可从柱中取出树脂，盛于一较大容器中用水漂洗除去小颗粒或悬浮物再重新装柱使用。

三、任务实施

（一）实施原理

红霉素是由红霉内酯环、红霉糖和红霉糖胺三个亚单位构成的十四元大环内酯类抗生素，也是最早使用于临床的大环内酯类抗生素（macrolide antibiotics）。其是广谱抗生素，对革兰阳性菌作用强，如对金黄色葡萄球菌（包括耐青霉素菌株）、溶血性链球菌、肺炎球菌、白喉杆菌、炭疽杆菌和梭菌属等有较强抗菌作用；对部分革兰阴性菌（如淋球菌、脑膜炎双球菌等）也较有效。临床上主要用于治疗呼吸道感染、皮肤与软组织感染、胃肠道感染等。其副作用较少，尤其适用于青霉素过敏者。

红霉素为白色或类白色的结晶性粉末，微有吸湿性，味苦，易溶于醇类、丙酮、三氯甲烷、酯类，微溶于乙醚。其从化学结构来划分也属于糖苷类抗生素。但由于分子内含有多羟基的大环内酯，所以又不同于一般氨基糖苷类抗生素。其化学结构如下，其中根据 R_1 和 R_2 基团的不同，红霉素又可分为红霉素 A、红霉素 B、红霉素 C 和红霉素 D 四种（图 2-8）。

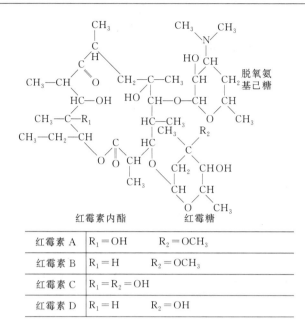

红霉素 A	$R_1 = OH$	$R_2 = OCH_3$
红霉素 B	$R_1 = H$	$R_2 = OCH_3$
红霉素 C	$R_1 = R_2 = OH$	
红霉素 D	$R_1 = H$	$R_2 = OH$

图 2-8 红霉素结构图

(二) 实施条件

1. 实验器材

烧杯、玻璃棒、生化培养箱、冰箱、发酵罐。

2. 试剂和材料

红色链霉菌。

淀粉、硫酸铵、氯化钠、玉米浆、碳酸钙、琼脂、花生粉、蛋白胨、葡萄糖、黄豆饼粉、磷酸二氢钾、丙酸或丙醇、氨水、豆油、甲醛、硫酸锌、碱式氧化铝、氢氧化钠、乙酸丁酯、乳酸、丙酮。

(三) 方法与步骤

红霉素的发酵工艺如下。

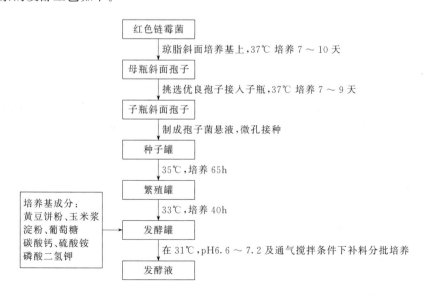

1. 了解菌种

红霉素的产生菌是红色链霉菌（*Strptomyces erythreus*），它是 1952 年从红色链霉菌培养液中分离出来的碱性抗生素，是多组分的，其中红霉素 A 为有效组分，红霉素 B、红霉素 C 为杂质。现用的红霉素产生菌在其生物合成过程中不产生红霉素 B，故红霉素 C 为国产红霉素的主要杂质。我国红霉素最早是在上海第三制药厂投产，该厂选育的高产菌株推广到全国各红霉素生产厂使用。

2. 发酵

红霉素斜面孢子培养基组成为：淀粉 1.0%、硫酸铵 0.3%、氯化钠 0.3%、玉米浆 1.0%、碳酸钙 0.25%、琼脂 2.2%、pH 7.0~7.2，斜面培养温度为 37℃，湿度 50% 左右，避光培养，因为光会抑制孢子的形成。培养 7~10 天，斜面上长成白色至深米色孢子，色泽新鲜、均匀、无黑色，背面产生红色或红棕色色素。在母瓶斜面孢子中挑选优良孢子区域或单菌落接入子瓶，37℃培养 7~9 天，每批子瓶斜面孢子数应不低于 1 亿个。

将子瓶斜面孢子制成孢子菌悬液，用微孔接种的方式接入种子罐。种子罐及繁殖罐的培养基由花生饼粉、蛋白胨、硫酸铵、淀粉、葡萄糖等组成。种子罐的培养温度为 35℃，培养时间 65h 左右；繁殖罐培养温度 33℃，培养时间为 40h 左右。均按移种标准检查，符合要求后才能进行移种。

发酵培养基成分由黄豆饼粉、玉米浆、淀粉、葡萄糖、碳酸钙、硫酸铵、磷酸二氢钾等组成。其中葡萄糖是主要的碳源（约占 80%~85%），其次是淀粉（15%~20%），为了降低成本和节约粮食，生产上常用母液糖代替固体葡萄糖；氮源是以黄豆饼粉为主，其次是玉米浆和硫酸铵。

红霉素生产中需要供给溶氧，发酵罐的通气量一般为 1：(0.8~1.2)$V/V \cdot min$。增大通气量、适当加快搅拌转速会提高发酵单位，但必须加强补料工艺，防止菌丝早衰自溶，并且搅拌转速若太强，会损伤菌丝，不利于发酵。

红色链霉菌对温度敏感，发酵过程温度控制在 31℃。若前期 33℃培养，则菌丝生长繁殖速度加快，40h 黏度即达最高峰，但衰老自溶亦快，影响产量。发酵过程中维持 pH 6.6~7.2，菌丝生长良好，不自溶，发酵单位稳定。pH 低于 6.5 对生物合成不利；pH 高于 7.2 菌丝易自溶，且会导致红霉素 C 比例增加、红霉素 A 的含量降低，影响成品质量。

为了提高红霉素的发酵单位，还需要中间补料工艺。发酵过程中还原糖控制在 1.2%~1.6% 范围内，每隔 6h 加入一次葡萄糖，直至放罐前 12~18h 停止加糖。有机氮源一般每日补 3~4 次，根据发酵液黏度的大小决定补入量。若黏度低可增加补料量，黏度高则减少补料量，黏度过高还可适量补水，放罐前 24h 停止补料。根据红霉素生物合成途径，红霉素 C 转为红霉素 A 需要甲基供体，生产上一般以丙酸或丙醇作为前体以提高红霉素 A 的产量。其一般在发酵开始 24~39h，当发酵液变浓、pH 高于 6.5 时开始补入，每隔 24h 加一次，共加 4~5 次，总量为 0.7%~0.8%。发酵后期，滴加氨水也可以提高发酵单位和成品质量。

发酵过程中，发酵液的黏度对红霉素 A、红霉素 C 的比例有直接影响。在一定黏度范围内，红霉素 C 的含量与发酵液黏度呈负相关关系，因此，适当提高发酵液黏度能减少红霉素 C 的比例，从而保证成品质量。通过减慢搅拌转速、降低罐温、增加有机氮源补给、滴加氨水等均能提高发酵液的黏度。但黏度过高又会影响溶氧浓度，导致发酵单位下降，所以须因地制宜进行发酵工艺控制。

发酵培养基中黄豆饼粉的存在会导致较多的泡沫产生，可用植物油（豆油或菜油）作消泡剂。

3. 提取和精制

（1）工艺流程　红霉素的提炼方法有溶媒萃取法、离子交换法及大孔树脂吸附法三种。目前国内、外主要采用溶媒萃取法和大孔树脂吸附法，而其中溶媒萃取法所得成品生物效价不够高，需丙酮结晶后才能达到国家药典标准，因此，可利用与中间盐沉淀相结合的工艺来进行。

溶媒萃取结合红霉素乳酸盐沉淀法操作如下。

A. 发酵液的预处理过滤。0.05%甲醛，3%～5%$ZnSO_4$或5%～7%碱式氧化铝，20% NaOH 调 pH 8.0 板框压滤。

B. 滤洗液的提取、离心、分离。用乙酸丁酯（BA）作二级逆流萃取，一级 pH 10.0～10.2，二级 pH 10.4～10.6。

C. BA 萃取液的乳酸盐沉淀。缓缓加入用 BA 稀释至 20%～30%的乳酸（乳酸：红霉素＝1：5），pH 6.0，加完后继续搅拌 0.5h。

D. 红霉素乳酸盐晶体的甩滤、洗涤、干燥。适量 BA 洗涤，55℃干燥。

E. 干晶体的溶解。在搅拌下将红霉素乳酸盐加入 10%丙酮水溶液中溶解，pH 6.0。

F. 红霉素水溶液的碱化转化。加氨水碱化 pH 10，水解温度 55℃。

G. 红霉素碱湿晶体的分离、洗涤、干燥。甩滤、水洗至 pH 7～8，55℃以下烘干得到红霉素碱成品。

大孔树脂吸附法操作如下。

A. 利用 CAD-40 或 SIP-1300 树脂二柱串联吸附，对 pH 8.0 的红霉素滤洗液进行树脂吸附流速以每分钟 1/25（V/V·min）。

B. 吸附饱和之后，用 40℃热水对饱和树脂进行洗涤，水量为 1：1（V/V），再用等体积、pH 10 的氨水通过。

C. 洗涤后的饱和树脂进行树脂解吸。2% NH_4OH 混合 BA（1：0.5），流速以每分钟 1/100（V/V·min）。

D. 用 pH 4.7～5.2 的等体积乙酸缓冲液处理丁酯解吸液，进行萃取分离，得到乙酸缓冲液。

E. 用 pH 9.8～10、10%NaOH 调节缓冲液，温度 38～40℃，BA 的添加量按 27 万 U/mL 计，提取后得到 BA 提取液。

F. 加 10%丙酮，在 5℃对 BA 提取液结晶，静置 24h，进行甩滤洗涤。

G. 湿晶体的真空干燥，用颗粒机制粒，真空干燥后，磨粉得到红霉素碱成品。

（2）提炼工艺要点　发酵结束后，红霉素在发酵液中浓度很低，仅占 0.8%左右，其他绝大部分是菌丝体和未用完的培养基以及蛋白质、色素等多种代谢产物。目前一般采用硫酸锌来沉淀蛋白质，一来可以防止其在溶媒萃取时产生乳化现象，二来也可促使菌丝结团加快滤速。但是，硫酸锌呈酸性，而红霉素在酸性条件下会被破坏，所以要用 NaOH 调 pH 至 7.2～7.8，也可用碱式氯化铝来代替硫酸锌。至于乳化的防止和去处，一般可利用十二烷基磺酸钠。其在碱性下留在水相，不影响成品的色泽。

红霉素分子中碱性糖的二甲胺基可与乳酸成盐，从乙酸丁酯中析出红霉素乳酸盐，分离掉溶媒。将此盐溶解于丙酮水中，加氨水碱化转化为红霉素碱，洗涤干燥后的成品纯度可达 930～960U/mg。与单纯溶媒法相比，省去了丙酮重结晶等处理。

用大孔吸附树脂 CAD-40 或 SIP-1300 等作为吸附剂，从溶液中吸附红霉素，收率接近

100%,可以代替一次丁酯提取红霉素,以后的工序可采用二次丁酯中红霉素碱的溶媒法提炼工艺,亦可采用红霉素乳酸中间盐转红霉素结晶的工艺路线,提炼总收率相当或高于溶媒法,成品效价(一次结晶)在 935U/mg 以上。如广东省台山化学制药厂采用 SIP-1300 型大孔树脂提取红霉素,收率高于溶媒法,质量与溶媒法相当,溶媒单耗下降 40%,获得了很好的经济效益,使大孔树脂吸附法实现了工业化。

(四)结果与讨论

① 红霉素为什么可用有机溶剂萃取法精制?
② 大环内酯类抗生素的作用机制是什么?

任务三 金霉素的发酵生产

一、任务目标

通过学习了解并掌握四环素类抗生素的结构特点和活性、发酵工艺控制以及提取精制方法。

二、必备基础

1. 四环素类抗生素的活性

四环素类抗生素(tetracyclines)是分子中含有四个骈联环(其中一个是苯环)并带有黄颜色的一类广谱抗生素的总称,对各种革兰阳性细菌、除铜绿假单胞菌以外的革兰阴性细菌、螺旋体、支原体、立克次体和衣原体都有很好的抗菌活性。

这类抗生素可与敏感菌的 70S 核蛋白体的 30S 亚基结合,从而抑制其蛋白质合成。

长期使用四环素类抗生素容易诱发细菌产生抗药性。目前绝大多数大肠埃希菌和痢疾杆菌、半数以上的金黄色葡萄球菌、肺炎球菌、链球菌等均呈现抗药性。因而主要用于支原体、立克次体和衣原体感染症。

四环素类抗生素的急性毒性很低,但副作用较多,有胃肠道障碍、过敏、诱发机会感染、诱发维生素缺乏、肝障碍、粒状白细胞减少等。另外,对胎儿有致畸作用,对幼儿可致骨发育障碍和齿色素沉积,故孕妇和婴幼儿禁用。此外,含 Ca、Mg、Al、Fe 的食物和药物可与四环素类抗生素形成螯合物,从而降低其口服吸收率。

2. 四环素类抗生素的结构特点

四环素类抗生素是金霉素、土霉素、四环素及其衍生物一类抗生素的总称(表 2-6)。这类抗生素于 20 世纪 40 年代后期开始问世,是一类广谱、低毒、几乎没有过敏反应、口服吸收好、成本低廉、应用广泛的抗生素。它们在结构上的共同特点是以四并苯为基本母核,但由于环上基团的不同或位置的不同而有许多种类(图 2-9)。

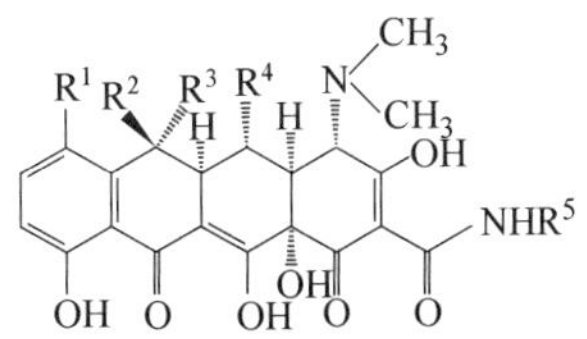

图 2-9 四环素类抗生素的结构

表 2-6 四环素类抗生素

类型	通用名	R^1	R^2	R^3	R^4	产生菌或合成起始物	发现年份	给药途径
天然	金霉素（chlortetracycline）	Cl	OH	CH_3	H	*Streptomyces aureofaciens*	1948	外用
天然	土霉素（oxytetracycline）	H	OH	CH_3	OH	*S. rimosus*	1950	外用
天然	四环素（tetracycline）	H	OH	CH_3	H	*S. viridofaciens*	1953	口服
天然	去甲基金霉素（demethylchlor tetracycline）	Cl	OH	H	H	*S. aureofaciens*	1957	口服
半合成	多西环素（doxycycline，又称脱氧土霉素）	H	H	CH_3	OH	土霉素	1966	口服
半合成	美他环素（metacycline，又称甲烯土霉素）	H	=CH	H	OH	土霉素	1961	口服
半合成	米诺环素（minocycline，又称二甲胺四环素）	$N(CH_3)_2$	H	H	H	去甲基金霉素	1967	口服，注射

注：R^5 除美他环素为 $CH_2(NH)CH(COOH)(CH_2)_4NH_2$ 外，其余均为 H。

临床上应用较广的是四环素、氧四环素（即土霉素）、氯四环素（即金霉素）等。此外，还有半合成的四环类抗生素，如强力霉素、二甲胺四环素、甲烯土霉素和去甲基金霉素等。

3. 发酵液的预处理

四环素在发酵过程中，所产生的四环素以络合物的形式积聚在菌丝中，在发酵液中的浓度并不高。因此，对四环素发酵液进行处理的目的就是让四环素盐或络合物中的四环素从菌丝中释放出来，游离于发酵液中，有利于从发酵液中提取四环素，更能提高四环素的收率和质量。

四环素发酵液预处理的主要操作是酸化。一般用草酸进行酸化，但草酸会促使四环素的差向异构化，并且价格贵，故酸化时要低温，操作要快，草酸尽量加以回收。为防止发酵液中的有机、无机杂质对过滤和对四环素沉淀法提炼的影响，在发酵液的酸化处理时，一般要加入黄血盐和硫酸锌等纯化剂，除去发酵液中的蛋白质、铁离子，并加入硼砂，提高滤液的质量。为了进一步提高四环素、土霉素的质量，在这两种抗生素发酵液的滤液中加入 122 树脂，可以进一步除去滤液中的色素杂质和某些有机杂质。

在酸化过程中，为了以防四环素的破坏，提高四环素的收率，对酸化的 pH 要严格控制。一般酸化时 pH 在 1.6～1.9，如果超过 2，则四环素等易产生脱水反应，产生差向四环素；如果酸度过低，发酵液酸性太强，四环素又易产生脱水反应，形成脱水四环素。差向四环素和脱水四环素的抗菌活性都比四环素低，而且酸性太低，还需多用草酸，提高生产成本。

4. 沉淀提取法

利用四环素的化学性质及特点，生产中可以采用多种方法将四环素从发酵液中沉淀出来。

四环素在碱性环境中能和钙、镁、钡等形成复合物而沉淀。在四环素的发酵液中，用氢氧化钠、氨水等调节 pH 在 9 左右，加入一定量的氯化钙，形成钙盐沉淀。将沉淀用草酸溶解，四环素被溶解，钙离子则和草酸反应，生成草酸钙沉淀。过滤后，将滤液调 pH 4.6～4.8，就会有四环素碱的粗品析出。如果 pH 调至四环素的等电点 5.4，虽有较多的四环素碱析出，但同时析出的蛋白质也很多，故将 pH 调低一点，可提高四环碱的质量。粗品溶于草酸，再纯化一次，就可以得到四环素的成品。

也可以用含 10～30 个碳原子的季铵碱来沉淀四环素类抗生素。如土霉素发酵液中加入 0.5%～1% 的溴代抗烷吡啶，再用氨水调 pH 9.6～10.0，就有沉淀产生。沉淀用水洗涤，再溶于 4 份体积的 5% 草酸和 1 份体积的浓盐酸中，此时土霉素的单位可达 40000U/mL。用活性炭或树脂脱色后，将溶液的 pH 调节至 4.0～4.5，析出土霉素碱的粗品。通过进一步精制处理,即可得到土霉素盐酸盐的成品。

四环素的发酵液通过酸化,除去杂质、色素等后,也可以直接调 pH 至 4.8,结晶出四环素的精碱。

为了得到较好的晶体,可在滤液中加入晶种或在结晶时加入一些尿素。加入晶种可在较短的时间内得到晶体。加入尿素结晶,所得的晶体较紧密,含水量较低,易过滤。

5. 溶剂萃取法

四环素类抗生素在碱性条件下,能和一些长烃链的季铵碱形成复盐。该盐难溶于水,而易溶于有机溶剂中。所以在生产上,可以让四环素和季铵碱或吡啶碱等形成复盐,再用丁醇、戊醇、甲基异丁醇、乙酸乙酯和乙酸戊酯等将四环素从发酵滤液中萃取出来。在有机溶剂中,加盐酸、草酸、硫酸等进行酸化处理,有机溶剂中的四环素复合盐被分解,抗生素被反萃取到水溶液中,将水溶液的 pH 调节至 4.8,抗生素即可成为游离的碱而结晶出来,得到粗品。该粗品进一步纯化、干燥,就能得到成品。

6. 减少差向异构物的方法

四环素的差向异构物不是在四环素的发酵中产生的,而是在四环素的提取和精制过程中产生的。差向四环素的存在,严重地降低了四环素产品的品质,故在四环素的提取、精制过程中,要防止差向四环素的产生。常用的方法有降低操作温度、缩短操作时间、除去能促进差向异构化的阳离子和选择合适的 pH。目前在生产上减少四环素成品中差向异构物的方法是通过形成复盐而纯化四环素成品。

① 制成尿素复合物而纯化四环素。在四环素粗品溶液中加入 1~2 倍量尿素,调节 pH 至 3.5~3.8,就能沉淀出四环素-尿素复合物。将复合物干燥后,再在有机溶剂中转化成碱或盐酸盐。由于差向四环素、脱水四环素等均不能形成尿素复合物,故该方法可以除去差向四环素,大大提高四环素成品的质量。

② 制成氯化钙复合物。将四环素碱溶于稀盐酸中,得到的 pH 为 1.5~1.8。加入 2.5% 的氯化钙,然后用氨水调节 pH 至 3.3~3.5,得到四环素-氯化钙复合物的结晶。将晶体在足够量的水中搅拌就能分解出四环素碱。差向四环素与氯化钙的复合物因为可以溶解于水中而与四环素氯化钙的复合物结晶分离,提高了四环素的质量,因此,此法纯化四环素的加收率为 88%~90%。

三、任务实施

(一) 实施原理

四环素和金霉素的产生菌相同,仅是培养基中金霉素发酵使用氯化钠,而四环素发酵时需加入抑氯剂,使氯原子不能进入分子结构,最后获得 95% 以上的四环素。生产上常用的抑氯剂是溴化钠和促进剂 M(2-巯基苯并噻唑),也可采用只产生四环素的菌种进行发酵。

(二) 实施条件

1. 实验器材

烧杯、玻璃棒、生化培养箱、冰箱、发酵罐。

2. 试剂和材料

金色链霉菌。

黄豆饼粉、花生饼粉、蛋白胨、酵母粉、玉米浆、硫酸铵、氨水、葡萄糖、淀粉酶解液、硫酸镁、碳酸钙、磷酸二氢钾、溴化钠、2-巯基苯并噻唑、豆油、草酸、氯化钙、乙醇、盐酸、8%氯化汞乙醇溶液。

(三) 方法与步骤

1. 种子准备

金霉素菌种是杜盖尔（Duggar）于1984年筛选出来的金色链霉菌（Streptomyces aureofaciens）。原始菌株的发酵单位只有165U/mL。之后发现，当培养基中加入抑氯剂后，该菌能产生95%左右的四环素。世界各国学者对该菌株进行了多年的菌种选育和工艺条件优化，四环素的发酵单位已可达30000U/mL。另外还发现，生绿链霉菌（S.viridifaciens）、佐山链霉菌（S.sayamaensis）等也能产生四环素。

金色链霉菌在马铃薯、葡萄糖等固体斜面培养基中生长时，营养菌丝能分泌金黄色的色素，其气生菌丝没有颜色。其在麸皮斜面上产孢子能力较强，单位面积的孢子数较其他放线菌多，故生产种子是由砂土管接到麸皮琼脂斜面上，36℃培养4~5天，成熟孢子呈鼠灰色。孢子形状一般呈圆形或椭圆形，也有的呈方形或长方形，孢子在气生菌丝上排列呈链状，这些培养特征随菌丝的不同而异。

金色链霉素在保存与繁殖过程中易发生菌落形态的变异，从而造成生产能力的变化。为了尽量保持原种的生产能力，可将砂土孢子接在斜面上时进行一次自然分离，挑选菌落形态正常者接种在第二代斜面上；也可以将成熟的第一代斜面（即母瓶斜面）直接进种子罐。种子罐培养24~26h后，培养液菌丝浓度增长而呈稀糊状，带有微量气泡，且色泽由灰色转为淡黄色，即可移入发酵罐，此时其中会出现少量四环素。

2. 培养基准备

四环素的发酵培养基一般以黄豆饼粉、花生饼粉、蛋白胨、酵母粉、玉米浆为有机氮源，硫酸铵及氨水为无机氮源；以葡萄糖、饴糖、籼米、玉米粉及淀粉酶解液为主要碳源。其中葡萄糖利用较快，加入量过多会引起发酵液pH下降，造成代谢异常，相对而言，淀粉酶解液利用较为缓和，对提高发酵单位有利。

培养基中的无机盐以磷酸盐最重要。无机磷是金色链霉菌从生长期转入抗生素生物合成期的关键因素，对菌体的生长和抗生素的合成有很大影响，因此发夹培养基中磷酸盐的浓度需严格控制。利用磷量自动分析仪，经生产试验，从发酵单位、产量、原材料消耗、成本等方面进行核算，得出基础培养基的无机磷在110~120mg/mL为佳。

此外，发酵培养基中还需加硫酸镁和碳酸钙。镁离子能激活酶，促进四环素的生物合成；而碳酸钙可起缓冲作用，并且还能与菌体合成的四环素结合成水中溶解度很低的四环素钙盐，从而可降低水中可溶性四环素的浓度，解除其对合成途径的反馈抑制，促进菌丝体对四环素的分泌。

为了抑制氯原子进入四环素分子结构，在用金色链霉菌生产四环素时，通常于发酵培养基中加入溴化钠作为竞争性的抑氯剂，或者再加入抑氯剂与溴化钠协同作用，这样可使金霉素产量降至5%以下。常用的抑氯剂为2-巯基苯并噻唑。

3. 培养条件的控制

四环素产生菌对发酵液中溶解氧很敏感，尤其在对数生长阶段，菌体浓度迅速增加，菌丝的摄氧率达到高峰，发酵液中的溶解氧浓度达到发酵过程的最低值。在此阶段一旦出现导致溶氧浓度降低的因素，如搅拌或通气停止、加入的消泡剂量过大、补料过多或提高培养温度，都会影响菌体的呼吸强度，明显改变菌体的代谢活动，影响四环素的生物合成。发酵过程中，一般通气量控制在$1:(0.8~1)V/V\cdot min$。

培养温度对金色链霉菌的生物合成方向有影响，从而影响四环素的产量。为了提高其合成四环素的能力,根据菌丝生长的特征采用分阶段培养的策略,即 31℃→30℃→29℃。前期温度高有利于菌丝繁殖,中、后期降温是为了减缓产生菌的代谢速度,使菌丝自溶期延迟。

金色链霉菌生长的最适 pH 为 6.0~6.8,而四环素生物合成的最适 pH 为 5.8~6.0,因此,可通过补加氨水或葡萄糖来控制不同阶段的 pH,同时,滴加的氨水和葡萄糖正适合作为氮源和碳源而被充分利用。加到培养基中的消泡剂——植物油或动物油,也可作补加的碳源之用。

四环素的发酵中期通常为 8 天,控制菌丝在进入自溶期前放罐。

4. 四环素类抗生素的提取

① 金霉素的提取操作

A. 发酵液用草酸或草酸与无机盐的混合酸调 pH 1.1~1.3。

B. 酸性溶液加 $CaCl_2$ 或 $MgCl_2$,用氨水调 pH 7.6~7.8。

C. 金霉素钙镁复盐,20%乙醇液,11%HCl,48℃,保温,过滤。

D. 金霉素盐酸盐粗品加 8%$HgCl_2$ 乙醇液,氨水调至 pH 6.7,加 20%HCl,40~45℃,保温 1h。

E. 金霉素盐酸盐结晶液过滤洗涤得到湿晶体。

F. 湿晶体干燥、过筛,得到成品。

② 四环素的提取操作

A. 发酵液用草酸调 pH 1.7~1.8,草酸过滤。

B. 滤液用氨水调 pH 4.8,低温搅拌。

C. 四环素碱结晶液过滤得到四环素结晶,用丁醇和 3%的盐酸进行提取。

D. 丁醇提取液加入甲醇、盐酸-甲醇,活性炭脱色。

E. 甲醇溶解液结晶得到四环素盐酸盐晶体。

(四) 结果与讨论

① 四环素类抗生素的药理活性有哪些?毒副作用体现在哪几方面?

② 简述四环素类抗生素的提取精制方法。

任务四　链霉素的发酵生产

一、任务目标

通过学习了解并掌握氨基糖苷类抗生素的结构特点和性质、分类以及链霉素的生产工艺。

二、必备基础

1. 氨基糖苷类抗生素的发展背景

氨基糖苷(aminoglycosides)又称氨基环醇(aminocyclitols),是分子中含有氨基糖并与氨基环醇及其他氨基糖或中性糖以糖苷键相连接的一类广谱抗生素。此类抗生素的化学特征是具有环状氨基醇和与之相连的氨基糖。由于含有多个氨基和许多羟基(其结构如图 2-10 所示),故这类物质有较好的水溶性,且水溶液呈碱性。

1944 年 Waksman 发现的来自链霉菌的链霉素(streptomycin)是第一个氨基糖苷类抗生素。此后,从土壤微生物中陆续筛选出很多氨基糖苷类抗生素。如 1963 年从小单孢菌中发现庆大霉素(gentamicin),1972 年从圆芽孢杆菌发现丁酰苷菌素(butyrosin),1976

年从微单孢菌发现山梨菌素（sorbistin），1978年从糖多孢菌发现孢菌素 A。预计今后还能从其他菌类中发现更多的氨基糖苷类抗生素。据不完全统计，已发现的这类天然抗生素，已达百种以上。若按分子结构，其可分为三种，即链霉胺（streptamine）衍生物组；2-去氧链霉胺（2-deoxystreptamine）衍生物组和其他氨基环醇衍生物组。临床上较常用的包括链霉素、卡那霉素、庆大霉素、新霉素和巴龙霉素等。

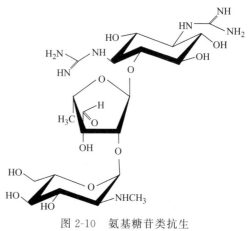

图 2-10　氨基糖苷类抗生素的化学结构——链霉素

2. 氨基糖苷类抗生素的药理活性及性质

分子中含有氨基糖苷结构的氨基糖苷类抗生素是临床上一类重要的抗菌药物。这类抗生素对革兰阳性和革兰阴性细菌以及抗酸菌都有杀菌作用，但对厌氧菌无效。氨基糖苷类抗生素口服不吸收，胃肠道外给药后经肾、尿排泄。这类抗生素有较强的肾毒性与耳神经毒性，故婴幼儿忌用。

氨基糖苷类抗生素一般均为白色或微黄色的结晶或无定形的粉末，易溶于水，微溶或几乎不溶于有机溶剂。此类抗生素多数是有机碱，能与酸结合成盐。其各种盐类较游离碱要稳定，因此临床上都使用它们的盐类。

3. 氨基糖苷类抗生素的分类

① 氨基糖苷类抗生素的天然品种及生产菌种见表 2-7。

表 2-7　氨基糖苷类抗生素天然品种及生产菌种

通用名	汉译名	产生菌	发现年份	给药途径
streptomycin	链霉素	*Streptomyces griseus*	1944	肌内注射
kanamycin	卡那霉素	*S. kanamyceticus*	1957	肌内注射
bekanamycin	卡那霉素 B	*S. kanamyceticus*	1957	肌内注射
tobramycin	妥布霉素	*S. tenebrarius*	1967	肌内注射或静脉滴注
fradiomycin*	新霉素	*S. fradiae*	1948	口服
ribostamycin	核糖霉素	*S. ribosidificus*	1970	肌内注射
spectinomycin	大观霉素	*S. spectabilis*	1961	肌内注射
gentamicin	庆大米星	*Micromonospora purpurea*	1963	肌内注射或静脉滴注
micronomicin	小诺米星	*M. sagamiensis*	1974	肌内注射或静脉滴注
sisomicin	紫苏米星	*M. inyoensis*	1970	肌内注射或静脉滴注
astromicin**	阿斯米星	*M. olivasterospora*	1976	肌内注射或静脉滴注

注：* 又称 Neomycin，** 又称 Fortimicin（佛替米星）。

② 半合成品种见表 2-8。

表 2-8　氨基糖苷类抗生素半合成品种

通用名	汉译名	来源	发现年份	给药途径
dibekacin	地贝卡星	卡那霉素	1944	肌内注射或静脉滴注
amikacin	阿米卡星	卡那霉素	1957	肌内注射或静脉滴注
arbekacin	阿贝卡星	卡那霉素	1957	肌内注射或静脉滴注
isepamicin	异帕米星	庆大米星	1967	肌内注射或静脉滴注
netilmicin	奈替米星	庆大米星	1948	肌内注射或静脉滴注
etimicin	依替米星	庆大米星	1970	肌内注射或静脉滴注

4. 活性炭吸附技术

活性炭吸附是利用活性炭的物理吸附、化学吸附、氧化、催化氧化和还原等性能去除水中污染物的水处理方法。活性炭是用木材、煤、果壳等含碳物质在高温缺氧条件下活化制成，具有巨大的比表面积（500～1700 m^2/g）。

水处理过程中使用的活性炭有粉末炭和粒状炭两类。粉末炭采用混悬接触吸附方式，而粒状炭则采用过滤吸附方式。活性炭吸附法广泛用于给水处理及废水二级处理出水的深度处理。其主要优点是处理程度高，效果稳定；缺点是处理费用高昂。

5. 沉淀技术

沉淀是发生化学反应时生成了不溶于反应物所在溶液的物质。事实上沉淀多为难溶物（20℃时溶解度小于0.01g）从液相中产生一个可分离固相的过程，或是从过饱和溶液中析出的过程。沉淀作用表示一个新的凝结相的形成过程，或由于加入沉淀剂使某些离子成为难溶化合物而沉积的过程。产生沉淀的化学反应称为沉淀反应。

有机溶剂沉淀

物质的沉淀和溶解是一个平衡过程，通常用溶度积常数 K_{sp} 来判断难溶盐是沉淀还是溶解。溶度积常数是指在一定温度下，难溶电解质的饱和溶液中，组成沉淀的各离子浓度的乘积为一常数。分析化学中经常利用这一关系，借加入同离子而使沉淀溶解度降低，使残留在溶液中的被测组分小到可以忽略的程度。

沉淀可分为晶形沉淀和非晶形沉淀两大类型。硫酸钡是典型的晶形沉淀，$Fe_2O_3 \cdot nH_2O$ 是典型的非晶形沉淀。晶形沉淀内部排列较规则，结构紧密，颗粒较大，易于沉降和过滤；非晶形沉淀颗粒很小，没有明显的晶格，排列杂乱、结构疏松、体积庞大、易吸附杂质、难以过滤也难以洗干净。实验证明，沉淀类型和颗粒大小既取决于物质的本性，又取决于沉淀的条件。在实际工作中，需根据不同的沉淀类型选择不同的沉淀条件，以获得合乎要求的沉淀。对晶形沉淀，要在热的稀溶液并搅拌下慢慢加入稀沉淀剂进行沉淀。沉淀以后，将沉淀与母液一起放置，使其"陈化"，以使不完整的晶粒转化变得较完整，小晶粒转化为大晶粒。而对非晶形沉淀，则在热的浓溶液中进行沉淀，同时加入大量电解质以加速沉淀微粒凝聚，防止形成胶体溶液。沉淀完毕，立即过滤，不必陈化。

在经典的定性分析中，几乎一半以上的检出反应是沉淀反应。在定量分析中，它是重量法和沉淀滴定法的基础。沉淀反应也是常用的分离方法，既可将欲测组分分离出来，也可将其他共存的干扰组分沉淀除去。

（1）沉淀的类型　按照水中悬浮颗粒的浓度、性质及其絮凝性能的不同，沉淀可分为以下几种类型。

① 自由沉淀。悬浮颗粒的浓度低。在沉淀过程中呈离散状态，互不黏合，不改变颗粒的形状、尺寸及密度，各自完成独立的沉淀过程。这种类型多表现在沉砂池、初沉池初期。

② 絮凝沉淀。悬浮颗粒的浓度比较高（50～500mg/L）。在沉淀过程中能发生凝聚或絮凝作用，使悬浮颗粒互相碰撞凝结，颗粒质量逐渐增加，沉降速度逐渐加快。经过混凝处理的水中颗粒的沉淀、初沉池后期、生物膜法二沉池、活性污泥法二沉池初期等均属絮凝沉淀。

③ 拥挤沉淀。悬浮颗粒的浓度很高（大于500mg/L）。在沉降过程中，产生颗粒互相干扰的现象，在清水与浑水之间形成明显的交界面（混液面），并逐渐向下移动，因此又称"成层沉淀"。活性污泥法二沉池的后期、浓缩池上部等均属这种沉淀类型。

④ 压缩沉淀。悬浮颗粒浓度特高（以至于不再称"水中颗粒物浓度"，而称"固体中的

含水率")。在沉降过程中,颗粒相互接触,靠重力压缩下层颗粒,使下层颗粒间隙中的液体被挤出界面上流,固体颗粒群被浓缩。活性污泥法二沉池污泥斗中、浓缩池中污泥的浓缩过程属此类型。

(2) 理想沉淀池的三种假定:

① 污水在池内呈推流式水平流动,沿水流方向任意横断面上任意一点的水流速度均等于 v。

② 入口断面 AB 处污水中悬浮颗粒的浓度和粒度分布均匀;悬浮颗粒的水平流速等于水流流速 v;悬浮颗粒处于自由沉淀状态,沉降速度 u 固定不变。

③ 悬浮颗粒沉到池底即认为被除去。

6. 干燥技术

干燥技术

干燥泛指从湿物料中除去水分或其他湿分的各种操作。如在日常生活中将潮湿物料置于阳光下曝晒以除去水分;工业上用硅胶、石灰、浓硫酸等除去空气、工业气体或有机液体中的水分;在化工生产中,通常指用热空气、烟道气以及红外线等加热湿固体物料,使其中所含的水分或溶剂汽化而除去,是一种属于热质传递过程的单元操作。

干燥的目的是使物料便于储存、运输和使用,或满足进一步加工的需要。例如谷物、蔬菜经干燥后可长期储存;合成树脂干燥后用于加工,可防止塑料制品中出现气泡或云纹;纸张经干燥后便于使用和储存。干燥操作广泛应用于化工、食品、轻工、纺织、煤炭、农林产品加工和建材等各部门。

在一定温度下,任何含水的湿物料都有一定的蒸汽压,当此蒸汽压大于周围气体中的水汽分压时,水分将汽化。汽化所需热量或来自周围热气体,或由其他热源通过辐射、热传导提供。

含水物料的蒸汽压与水分在物料中存在的方式有关。物料所含的水分,通常分为非结合水和结合水。非结合水是附着在固体表面和孔隙中的水分,它的蒸汽压与纯水相同;结合水则与固体间存在某种物理的或化学的作用力,汽化时不但要克服水分子间的作用力,还需克服水分子与固体间结合的作用力,其蒸汽压低于纯水,且与水分含量有关。

在一定温度下,物料的水分蒸汽压同物料含水量(每千克绝对干物料所含水分的质量)间的关系曲线称为"平衡蒸汽压曲线",一般由实验测定。当湿物料与同温度的气流接触时,物料的含水量和蒸汽压下降,系统达到平衡时,物料所含的水分蒸汽压与气体中的水汽分压相等,相应的物料含水量称为"平衡水分"。平衡水分取决于物料性质、结构以及与之接触的气体的温度和湿度。胶体和细胞质物料的平衡水分一般较高,通过干燥操作能除去的水分,称为"自由水分"。

(1) 干燥的类型 根据热量的供应方式,有以下多种干燥类型。

① 对流干燥。指使热空气或烟道气与湿物料直接接触,依靠对流传热向物料供热,水汽则由气流带走。对流干燥在生产中应用最广,它包括气流干燥、喷雾干燥、流化干燥、回转圆筒干燥和厢式干燥等。

② 传导干燥。指湿物料与加热壁面直接接触,热量靠热传导由壁面传给湿物料,水汽靠抽气装置排出。它包括滚筒干燥、冷冻干燥、真空耙式干燥等。

③ 辐射干燥。指热量以辐射传热方式投射到湿物料表面,被吸收后转化为热能,水汽靠抽气装置排出,如红外线干燥。

④ 介电加热干燥。指将湿物料置于高频电场内,依靠电能加热而使水分汽化,包括高

频干燥、微波干燥。

在传导、辐射和介电加热这三类干燥方法中，物料受热与带走水汽的气流无关，必要时物料可不与空气接触。

(2) 干燥的评价指标

评价干燥操作的指标，主要是干燥产品的质量和干燥操作的经济性。

干燥产品的质量指标，不仅是产品的含水量，还有各种工艺的要求。例如，蔬菜的干燥，要求不破坏营养成分，并保持原来的多孔结构；木材的干燥，要求产品不扭曲燥裂；热敏物料的干燥则要求不变质等。

干燥是能量消耗很大的操作，单位产品所消耗的能量，是衡量经济性的一个指标。对于对流干燥，热量的利用通常用热效率来衡量。干燥操作的热效率，是指用于水分汽化和物料升温所耗的热量占干燥总热耗的分率。提高热效率的途径，除了减少设备热损失外，主要是降低废气带走的热量。为此，应尽量降低气流的出口温度，或设置中间加热器以减少气体的用量。衡量干燥操作经济性的另一指标是干燥器的生产强度，即单位干燥器体积或单位干燥面积所汽化的水量或生产的产品量，为此应设法提高干燥速率。

干燥操作的成功与否，主要取决于干燥方法和干燥器的选择是否适当。要根据湿物料的性质、结构以及对干燥产品的质量要求，比较各种干燥方法和设备的特性，并参照工业实践的经验，才能做出正确的决定。

三、任务实施

(一) 实施原理

链霉素产生菌是灰色链霉菌（*Streptomyces griseus*），该菌株在 1944 年由 Wakesman 等所发现并用于工业生产。目前我国所用的菌种是原种通过人工选育和纯化而得，其生产能力比原种有很大提高。

链霉菌容易产生变异，特别是一些高单位菌株。目前生产上常用的菌株生长在琼脂孢子斜面上，气生菌丝和孢子都呈白色，菌落丰满，呈梅花型或馒头型，隆起，组织细致，不易脱落，直径约 3~4mm；基质菌丝透明，斜面背后产生淡棕色色素。菌株退化后菌落为光秃型，气生菌丝很少产生或不会产生。生产上，为了防止菌株变异，通常采取如下措施。

① 菌种用冷冻干燥法或砂土管法来保存，并严格限制有效试用期。
② 生产用菌种或斜面都保存于低温冷冻库内（0~4℃），并限制其使用期限。
③ 严格控制生产菌落在琼脂斜面上的传代次数，一般以三次为限，并采用新鲜斜面。
④ 定期进行纯化筛选，淘汰低单位的退化菌落。
⑤ 不断选育高单位的新菌种。

(二) 实施条件

1. 实验器材

烧杯、玻璃棒、三角瓶、生化培养箱、冰箱、发酵罐。

2. 试剂和材料

灰色链霉菌。

葡萄糖、蛋白胨、豌豆浸汁、黄豆饼粉、硫酸铵、碳酸钙、玉米浆、磷酸二氢钾、氨水、粉末活性炭。

(三) 方法与步骤

链霉素的提取和精制工艺如下。

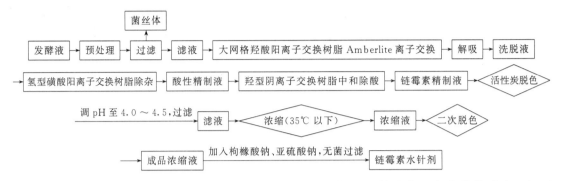

链霉素的发酵生产工艺采用沉没培养法,在通气搅拌下,菌种在适宜的培养基内,经过2~3级的种子扩大培养,进行发酵生产。其过程包括斜面孢子培养、摇瓶种子培养、种子罐培养和发酵培养等。培养温度为26.5~28℃,发酵过程中进行代谢控制和中间补料。

1. 斜面孢子培养

将沙土管接种于斜面培养基上,培养基主要含葡萄糖、蛋白胨和豌豆浸汁。接种后于27℃下培养6~7天,长成的菌落要求为白色丰满的梅花型或馒头型、背面淡棕色色素、排除各种杂型菌落、经过两次传代、可以达到纯化的目的、排除变异的菌株。

2. 摇瓶种子培养

斜面孢子尚需经摇瓶培养后再接种到种子罐。种子摇瓶(母瓶)可以直接接种到种子罐,也可以扩大摇瓶培养一次,用子瓶来接种。培养基成分为黄豆饼粉、葡萄糖、硫酸铵、碳酸钙等。摇瓶种子质量以发酵单位、菌丝阶段、菌丝黏度或浓度、糖氮代谢、种子液色泽和无菌检查为指标。

3. 种子罐扩大培养

种子罐扩大培养用以扩大种子量,可为2~3级,取决于发酵罐的体积大小和接种数量,2~3级种子罐的接种量约10%。最后接种到发酵罐的接种量要求大一些,约20%,以使前期菌丝迅速长好,从而稳定发酵。种子罐在培养过程中必须严格控制罐温、通气、搅拌、菌丝生长和消沫情况,防止闷罐或倒罐以保证种子正常供应。

4. 发酵培养

发酵培养是链霉素生物合成的最后一步,链霉菌发酵培养基主要由葡萄糖、黄豆饼粉、硫酸铵、玉米浆、磷酸盐和碳酸钙等所组成。灰色链霉菌对温度敏感,其较合适的培养温度为26.5~28℃,超过29℃培养过久,发酵单位会下降。适合于菌丝生长的pH为6.5~7.0,适合于链霉素合成的pH为6.8~7.3。pH低于6.0或高于7.5,对链霉素的生物合成都不利。

灰色链霉菌是一种高度需氧菌,且其利用葡萄糖的主要代谢途径是酵解途径及单磷酸己糖途径。葡萄糖的代谢速率受氧传递速率和磷酸盐浓度的调节。高浓度的磷酸盐可加速葡萄糖的利用,合成大量菌丝并抑制链霉素的生物合成,同样,通气受限制时也会增加葡萄糖的降解速率,造成乳酸和丙酮酸在培养基内的积累,因此链霉素发酵需要在高氧传递水平和适当低无机磷酸盐浓度的条件下进行。链霉菌的临界氧浓度约为 10^{-3} mol/mL,溶氧在此值以上则细胞的摄氧率达最大限度,也能保证有较高的发酵单位。

为了延长发酵周期、提高产量,链霉素发酵采用中间补料,通常补加葡萄糖、硫酸铵和氨水。其中补糖次数和补糖量根据耗糖速率而定,而硫酸铵和氨水的补加量以培养基的pH和氨基氮的含量高低为准。

5. 提取和精制

链霉素早期的提取方法是采用活性炭吸附法,此外亦可采用加带溶剂的溶媒萃取法及沉淀法。这三种方法用于工业生产都有一定的困难,故目前国内、外多采用离子交换法提取链霉素。其提炼程序包括：发酵液的过滤及预处理、吸附和洗脱、精制及干燥等过程。

发酵终了时，链霉菌所产生的链霉素，有一部分是与菌丝体相结合的。用酸、碱或盐短时间处理以后，与菌丝体相结合的大部分链霉素就能释放出来。工业上常用草酸或磷酸等酸化剂处理。

链霉素在中性溶液中是三价的阳离子，可用阳离子交换树脂吸附。生产上一般用羧酸树脂的钠型来提取链霉素；国外广泛采用一种大网格羧酸阳离子交换树脂 Amberlite。吸附时，原液通过离子交换罐的流向可自上而下地正吸附，也可自下而上地反吸附。吸附时为防止链霉素流失，一般采用三罐或四罐串联吸附，依原液流向，分别称为"主罐""一副""二副"等，使最后一罐流出的单位在 100U/mL 以下。当主罐流出液中的链霉素浓度达到进口浓度的 95% 左右时，即认为已达饱和，准备解吸。而将一副升为主罐，二副升为一副，以此类推，最后补上一新的罐，继续吸附。待洗脱的罐，先用软水彻底洗涤，然后进行洗脱。为了提高洗脱液的浓度，可采用三罐串联解吸，并控制好解吸的速度〔一般为吸附速度的 1/(10~15)〕。

洗脱液中通常会含有一些无机和有机杂质，这些杂质对产品的质量影响很大，特别是与链霉素理化性质近似的一些有机阳离子杂质毒性较大，如链霉胍、二链霉胺、杂质 1 号（由链霉胍和双氢链霉糖两部分所组成的糖苷）等，可以通过高交联度的氢型磺酸阳离子交换树脂将它们除去。酸性精制液用羟型阴离子交换树脂中和除酸，最后得到纯度高、杂质少的链霉素精制液。精制液中仍有残余色素、热原、蛋白质、Fe^{3+} 等，尚需进一步用活性炭脱色，脱色后以 $Ba(OH)_2$ 或 $Ca(OH)_2$ 调 pH 至 4.0~4.5（此 pH 范围链霉素较稳定）过滤后进行薄膜蒸发浓缩。浓缩温度一般控制在 35℃ 以下，浓缩液浓度应达到 33 万~36 万 U/mL，以适应喷雾干燥的要求。所得浓缩液中仍会含有色素、热原及蒸发过程中产生的其他杂质，因此需进行第二次脱色，以改善成品色级和稳定性。成品浓缩液中，加入枸橼酸钠、亚硫酸钠等稳定剂，经无菌过滤即得水针剂。如欲制成粉针剂，将成品浓缩，经无菌过滤干燥后即可制得成品。

（四）结果与讨论

① 氨基糖苷类抗生素常用什么方法提炼？为什么？
② 常用的氨基糖苷类抗生素有哪些？其作用机制如何？

任务五　维生素 C 的发酵生产

一、任务目标

通过学习了解并掌握维生素 C 的结构特点和活性、发酵工艺控制以及分离提取方法。

二、必备基础

1. 维生素 C 的基本知识

维生素 C（Vitamin C，ascorbic acid）又叫 L-抗坏血酸，是一种水溶性维生素。食物中的维生素 C 被人体小肠上段吸收。一旦吸收，就分布到体内所有的水溶性结构中，正常成人体内的维生素 C 代谢活性池中约有 1500mg 维生素 C，最高储存峰值为 3000mg。正常情况下，维生素 C 绝大部分在体内经代谢分解成草酸或与硫酸结合生成抗坏血酸-2-硫酸由尿排出；另一部分可直接由尿排出体外。维生素 C 在体内的活性形式是抗坏血酸。

维生素C的物理性质为无色晶体,熔点约为190~192℃,紫外线吸收最大值为245nm,易溶于水,比旋度为+20.5°至+21.5°。

2. 维生素C的功效

① 合成胶原蛋白。胶原蛋白的合成需要维生素C参与,所以维生素C缺乏,胶原蛋白就不能正常合成,导致细胞连接障碍。人体由细胞组成,细胞靠细胞间质联系。细胞间质的关键成分是胶原蛋白。胶原蛋白占身体蛋白质的1/3,可生成结缔组织、构成身体骨架,如骨骼、血管、韧带等,决定了皮肤的弹性,还可保护大脑,并且有助于人体创伤的愈合。

维生素C的鉴别

② 治疗坏血病。血管壁的强度和维生素C有很大关系。微血管是所有血管中最细小的,管壁可能只有一个细胞的厚度,其强度、弹性由负责连接细胞、具有胶泥作用的胶原蛋白所决定。当体内维生素C不足,微血管容易破裂,血液流到邻近组织。这种情况在皮肤表面发生,则产生淤血、紫斑;在体内发生则会引起疼痛和关节胀痛。严重情况在胃、肠道、鼻、肾脏及骨膜下面均可有出血现象,乃至死亡。

③ 预防牙龈萎缩、出血。健康的牙床会紧紧包住每一颗牙齿。牙龈是软组织,当缺乏蛋白质、钙、维生素C时易产生牙龈萎缩、出血。

维生素C略带酸性,作为微量营养素被摄入体内,经体内溶解、消化,其酸碱性对人体的影响是微乎其微的,所以不必过分在意它的酸碱性。维生素C有助巩固细胞组织,有助于胶原蛋白的合成,能强健骨骼及牙齿,还可预防牙龈出血,长期服用对牙齿、牙龈无害而且有益。

④ 预防动脉硬化。可促进胆固醇的排泄,防止胆固醇在动脉内壁沉积,甚至可以使沉积的粥样斑块溶解。

⑤ 抗氧化剂。可以保护其他抗氧化剂,如维生素A、维生素E、不饱和脂肪酸,防止自由基对人体的伤害。

⑥ 治疗贫血。使难以吸收利用的三价铁还原成二价铁,促进肠道对铁的吸收,提高肝脏对铁的利用率,有助于治疗缺铁性贫血。

⑦ 防癌。丰富的胶原蛋白有助于防止癌细胞的扩散;维生素C的抗氧化作用可以抵御自由基对细胞的伤害,防止细胞的变异;阻断亚硝酸盐和仲胺形成强致癌物亚硝胺。曾有研究者对因癌症死亡的患者解剖,发现患者体内的维生素C含量几乎为零。

⑧ 提高人体的免疫力。白细胞含有丰富的维生素C,当机体感染时,白细胞内的维生素C急剧减少。维生素C可增强中性粒细胞的趋化性和变形能力,提高杀菌能力;促进淋巴母细胞的生成,提高机体对外来和恶变细胞的识别和杀灭。另外,维生素C还参与免疫球蛋白的合成;提高CI补体酯酶活性,增加补体CI的产生;促进干扰素的产生、干扰病毒mRNA的转录,抑制病毒的增生。

⑨ 提高机体的应急能力。人体受到异常的刺激,如剧痛、寒冷、缺氧、精神强刺激,会引发抵御异常刺激的紧张状态。该状态伴有一系列身体反应,包括交感神经兴奋、肾上腺髓质和皮质激素分泌增多。肾上腺髓质所分泌的肾上腺素和去甲肾上腺素是由酪氨酸转化而来,此过程需要维生素C的参与。

3. 超滤技术

超滤又称超过滤,用于截留水中胶体大小的颗粒,而水和低分子量溶质则允许透过膜。超滤的机制是指由膜表面机械筛分、膜孔阻滞和膜表面及膜孔吸附的综合效应,以筛滤为主。

(1)原理 超滤膜筛分过程,即以膜两侧的压力差为驱动力,以超滤膜

超滤(1)

为过滤介质，在一定的压力下，当原液流过膜表面时，超滤膜表面密布的许多细小的微孔只允许水及小分子物质通过而成为透过液，而原液中体积大于膜表面微孔径的物质则被截留在膜的进液侧，成为浓缩液，因而实现对原液的净化、分离和浓缩的目的。

超滤原理

(2) 超滤膜与超滤装置

① 超滤膜的种类。常用的超滤膜有醋酸纤维素膜、聚砜膜、聚酰胺膜等。

② 超滤装置。主要有板框式、管式、卷式和中空纤维式等。与反渗透装置类似。

A. 板框式超滤装置

优点：装置牢固，适合在广泛的压力范围内工作；流道间隙大小可调，原水流道不易被杂物堵塞；具有可拆性，清洗方便；通过增减膜及支撑板的数量可处理不同水量。

缺点：装置较笨重；单位体积内的有效膜面积较小；膜的强度要求较高，一般做在无纺布上，以增强膜的机械性能。

B. 管式超滤装置

优点：原液流道截留面积较大，不易堵塞；膜面的清洗比较容易，可化学清洗或擦洗。

缺点：单位体积内膜的充填密度较低，占地面积大；膜管的弯头及连接件多，设备安装费时。

C. 卷式超滤装置

优点：单位体积内的有效膜面积较大，水在膜表面流动状态比较好，结构紧凑，占地面积较小。

缺点：进水预处理要求严格，对所用的膜强度要求较高；使用过程中，一旦发现膜破损需更换新的膜元件。

D. 中空纤维式超滤装置

优点：单位体积内有效膜面积最大，工作效率最高，占地面积小；中空纤维无须支撑物。

缺点：膜的清洗较困难，只能用水力冲洗或化学清洗，不能用机械清洗。另外，中空纤维膜损坏后要更换整个组件。

③ 超滤工艺参数。主要参数有膜通量、膜清洗和膜寿命。

在操作压力为 0.11～0.6MPa、温度小于 60℃ 时，超滤膜的膜通量以 1～500L/m² · h 为宜。影响膜通量的因素有：进水流速、操作压力、温度、进水浓度和原水预处理等。膜必须定期清洗以延长膜的寿命，正常使用的膜的寿命为 12～18 个月。

④ 超滤在废水处理中的应用。如今已应用在汽车制造行业喷漆废水、金属加工废水以及食品工业废水的处理及有用物质的回收。

超滤原理也是一种膜分离过程原理，是利用一种压力活性膜，在外界推动力（压力）作用下截留水中胶体、颗粒和分子量相对较高的物质，而水和小溶质颗粒透过膜的分离过程。通过膜表面的微孔筛选可截留分子量为 1×10^4～3×10^4 的物质。当被处理水借助于外界压力的作用以一定的流速通过膜表面时，水分子和分子量小于 300～500 的溶质透过膜，而大于膜孔的微粒、大分子等由于筛分作用被截留，从而使水得到净化。也就是说，当水通过超滤膜后，可将水中含有的大部分胶体硅除去，同时可去除大量的有机物等。

超滤原理并不复杂。在超滤过程中，由于被截留的杂质在膜表面上不断积累，会产生浓差极化现象，当膜面溶质浓度达到某一极限时即生成凝胶层，使膜的透水量急剧下降，这使得超滤的应用受到一定程度的限制。为此，需通过试验进行研究，以确定最佳的工艺和运行条件，最大限度地减轻浓差极化的影响，使超滤成为一种可靠的反渗透预处理方法。

A. 超滤与传统的预处理工艺相比，系统简单、操作方便、占地小、投资省、且水质极优，可满足各类反渗透装置的进水要求。

B. 合理地选择运行条件和清洗工艺，可完全控制超滤的浓差极化问题，使此预处理方法更可靠。

C. 超滤对水中的各类胶体均具有良好的去除特性，因而可以考虑扩大到凝结水精处理及离子交换除盐系统的预处理中。

在超滤过程中，水深液在压力推动下，流经膜表面，小于膜孔的深剂（水）及小分子溶质透水膜，成为净化液（滤清液），比膜孔大的溶质及溶质集团被截留，随水流排出，成为浓缩液。超滤过程为动态过滤，分离是在流动状态下完成的。溶质仅在膜表面有限沉积，超滤速率衰减到一定程度而趋于平衡，且通过清洗可以恢复。

超滤是以压力为推动力的膜分离技术之一。以大分子与小分子分离为目的，膜孔径在 $2\sim100nm$。中空纤维超滤器（膜）具有单位容器内充填密度高、占地面积小等优点。

与传统分离方法相比，超滤技术具有以下特点。

A. 滤过程是在常温下进行，条件温和无成分破坏，因而特别适宜对热敏感的物质，如药物、酶、果汁等的分离、分级、浓缩与富集。

B. 滤过程不发生相变化、无需加热、能耗低、无需添加化学试剂、无污染，是一种节能环保的分离技术。

C. 超滤技术分离效率高，对稀溶液中的微量成分的回收、低浓度溶液的浓缩均非常有效。

D. 超滤过程仅采用压力作为膜分离的动力，因此分离装置简单、流程短、操作简便、易于控制和维护。

E. 超滤法也有一定的局限性，它不能直接得到干粉制剂，对于蛋白质溶液，一般只能得到 $10\%\sim50\%$ 的浓度。

超滤装置是在一个密闭的容器中进行，以压缩空气为动力，推动容器内的活塞前进，使样液形成内压，容器底部设有坚固的膜板。小于膜板孔径直径的小分子，受压力的作用被挤出膜板外，大分子被截留在膜板之上。超滤开始时，由于溶质分子均匀地分布在溶液中，超滤的速度比较快。但是，随着小分子的不断排出，大分子被截留堆积在膜表面，浓度越来越高，自下而上形成浓度梯度，这时超滤速度就会逐渐减慢，这种现象称为"浓度极化现象"。为了克服浓度极化现象，增加流速，设计了以下几种超滤装置。

A. 无搅拌式超滤。这种装置比较简单，只是在密闭的容器中施加一定压力，使小分子和溶剂分子挤压出膜外。无搅拌装置浓度极化较为严重，只适合于浓度较稀的小量超滤。

B. 搅拌式超滤。搅拌式超滤是将超滤装置位于电磁搅拌器之上，超滤容器内放入一支磁棒。在超滤时向容器内施加压力的同时开动磁力搅拌器。小分子溶质和溶剂分子被排出膜外；大分子向滤膜表面堆积时，被电磁搅拌器分散到溶液中。这种方法不容易产生浓度极化现象，提高了超滤的速度。

C. 中空纤维超滤。中空纤维超滤是在一支空心柱内装有许多的中空纤维毛细管，两端相通。管的内径一般在 0.2mm 左右，有效面积可以达到 $1cm^2$。每一根纤维毛细管像一个微型透析袋，极大地增大了渗透的表面积，提高了超滤的速度。纳米膜表超滤膜也是中空超滤膜的一种。

三、任务实施

（一）实施原理

莱氏法是 1933 年德国化学家 Reichstein 等发明的最早应用于工业生产维生素 C 的方法。即以葡萄糖为原料，经催化加氢制备 D-山梨醇，然后用乙酸菌发酵生成 L-山梨糖，再经酮化和化学氧化，水解后得到 2-酮基-L-古龙酸（2-KLG），再经盐酸酸化得到维生素 C。目前绝大多数国家仍采用该方法进行生产,但是莱氏法生产工序多、劳动强度较大,使用大量有毒、易燃化学药品,容易造成环境污染。目前我国常用的是两步发酵法生产维生素C。两步发酵法以D-葡萄糖为原料,经催化氢化生成D-山梨醇,经醋酸杆菌等生物发酵转化为L-山梨糖,再以条纹假单胞菌为伴生菌和氧化葡萄糖杆菌为主要产酸菌的自然混合菌株进行第二步发酵,将L-山梨糖转化为2-酮基-L-古龙酸(2-KLG),随后进行一步化学合成得到维生素C。

(二)实施条件

1. 实验器材

烧杯、玻璃棒、生化培养箱、冰箱、发酵罐。

2. 试剂和材料

醋酸杆菌、巨大芽孢杆菌、氧化葡萄糖酸杆菌。

D-葡萄糖、酵母提取物、碳酸盐、山梨醇、山梨糖、玉米汁、肉汤汁、骨粉、尿素、磷酸盐、硫酸盐、琼脂。

(三)方法与步骤(图2-11)

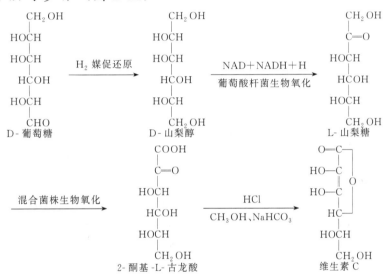

图2-11 两步法发酵生产维生素C示意图

1. D-山梨醇的制备

D-山梨醇转化为L-山梨糖是由黑醋酸菌完成的,该工艺在莱氏法中就已使用,由于工艺成熟且生物转化率高(98%以上),因此在两步发酵法中得以延用。

2. 2-酮基-L-古龙酸的制备

近年来,国内、外对这项工艺的研究甚少,研究方向主要集中在两步发酵法的第二步,即由L-山梨糖转化为2-KLG。该步为混菌发酵,目前其代谢机制尚不清楚,也未得到相关基因。自两步发酵法发明推广以来,国内、外对该步的研究除了优化发酵工艺外,主要集中在大、小菌的关系和优良菌株的选育方面。

维生素C工业生产常用的小菌为氧化葡萄糖酸杆菌,大菌为巨大芽孢杆菌、蜡状芽孢杆菌或条纹假单孢杆菌。焦迎晖等通过分析维生素C两步发酵过程中活菌数、产酸量、pH和糖酸转化活力等,进一步证实了小菌具有将L-山梨糖转化为2-KLG的能力,而大菌本身不产酸,其作用仅仅是通过刺激小菌的生长而促进小菌产酸。冯树等研究发现大菌的胞外液还具有促进小菌转化L-山梨糖生成2-KLG的作用,具有该作用的组分的分子量包括30～50kD和大于100kD两部分,其中前者是一种含铁和锌的蛋白质。

3. 工艺过程

维生素C的制备工艺如下。

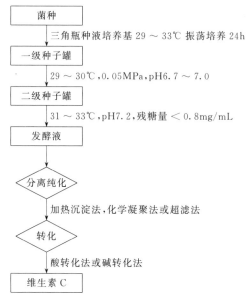

① 菌种制备。菌种活化、分离、混合培养,移入三角瓶种液培养基,29～33℃振荡培养24h,产酸量在6～9mg/mL,pH降至7以下,镜检正常无杂菌。

② 发酵部分

A. 一级种子罐加料,控温29～30℃,压强0.05MPa,pH 6.7～7.0。

B. 二级种子罐培养,发酵终点:温度31～33℃,pH 7.2,残糖量<0.8mg/mL,两步发酵收率78.5%。

③ 提取工艺。经两步发酵法两次发酵以后,发酵液中仅含8%左右的2-KLG,而残留菌丝体、蛋白质、多糖或悬浮微粒等杂质的含量却很高。这给2-KLG的分离提纯带来了很大困难,致使后处理费用占总成本的比例较大。目前,维生素C工业生产中常用的2-KLG的分离提纯方法有加热沉淀法、化学凝聚法和超滤法。

A. 加热沉淀法。加热沉淀法是2-KLG分离提纯的传统工艺,分离手段较为落后。此工艺通用氢型树脂,调pH至蛋白质的等电点后加热除蛋白。采用此工艺会造成有效成分在高温下降解损失,且发酵液直接通过树脂柱,造成树脂表面污染,降低树脂的交换容量和收率。两次通过树脂柱带进了大量水分,也增大了浓缩耗能。

B. 化学凝聚法。化学凝聚法是通过加入化学絮凝剂来除去蛋白质、菌体、色素等杂质,避免了加热沉淀时有效成分损失的方法。季光辉等采用化学凝聚法对维生素C发酵液进行预处理,使2-酮基-L-古龙酸的滤液质量提高,提取前步收率提高5.2%,维生素C总收率提高2.5%以上。以壳聚糖为主凝剂,聚丙烯酰胺为助凝剂,通过化学凝聚法除蛋白工艺。提取收率由原来的76%提高到82%,古龙酸优级品率由原来的35%提高到60%,成本比原来降低20%。

但是化学凝聚法也存在许多不足,比如在处理后的发酵液离心后,所得的上清液中仍然存在一定量的蛋白。如果发酵液染菌,则处理效果更不明显,上清液混浊,严重影响了产品的品质和收率。此外,化学凝聚法在操作过程中也会对环境造成污染。

C. 超滤法。超滤是一种新兴的膜处理技术,此法具有操作方便、节能、不造成新的环境污染等优点,因此在2-酮基-L-古龙酸的分离提纯中的应用日益广泛。此法与加热沉淀法不同的是,可在常温下操作,可减少有效成分的损失;在用膜除蛋白的过程中,无任何新的化学物质加入，可减少对树脂的污染和损耗，降低酸碱用量，减少三废排放。与化学凝聚法不同的是，在处理染菌的发酵液时仍可达到较好的处理效果。我国的东北制药厂于 1995 年从丹麦引进目前全国最大膜面积的平板超滤装置后，2-KLG 的分离提纯成本比原先的化学凝聚法节约了 600 万元，其收率和生产的自动化、连续化程度也明显提高。

④ 转化工艺。无论是莱氏法还是两步发酵法制得的 2-酮基-L-古龙酸，目前在生产上都是通过化学反应过程转化为维生素 C。根据所选试剂的不同，两步发酵法可分为酸转化法和碱转化法。

A. 酸转化法。维生素 C 化学转化生产，自莱氏法建立以来就采用浓盐酸催化 2-酮基-L-古龙酸，一步制得维生素 C。国外有关学者对此法进行了许多研究。印度 Ahmedbad Textile 工业研究协会研究表明，在以饱和氯代烃（如 $CHCl_3$）、芳烃（如苯、甲苯）为溶剂，由 2-酮基-L-古龙酸与浓盐酸在 60～75℃下反应 4～6h，可制得纯度为 90% 的粗维生素 C。美国学者 Yod Ice 等于 1985 年报道了 2-酮基-L-古龙酸与浓盐酸在表面活性剂 $Me(CH_2)_5N$ 和 Me_3Cl 的甲苯溶液中反应，可制得纯度超过 99% 的维生素 C。

B. 碱转化法。我国维生素 C 生产厂家均采用碱法转化 2-酮基-l-古龙酸生产维生素 C。东北制药总厂等生产单位将 2-酮基-L-古龙酸与甲醇在浓硫酸催化下生成 2-酮基-L-古龙酸甲酯，该酯在 $NaHCO_3$ 作用下发生内酯化反应生成维生素 C 钠盐。该法避免了酸催化的上述缺点，且操作工艺简单、反应条件温和，适合于规模化生产，但是在生产中的反应周期过长、甲醇单耗高。有些单位尝试用 CH_3ONa 代替 $NaHCO_3$ 进行碱转化，转化率可高达 92.6%，但产品质量较差，且甲醇钠价格贵，造成生产成本较高。

（四）结果与讨论

① 维生素 C 的常用生产方法有哪些？

② 发酵法生产维生素 C 的工艺特点是什么？如何从发酵液中精制产品？

任务六　谷氨酸的发酵生产

一、任务目标

通过学习了解并掌握谷氨酸的结构特点和性质、发酵工艺以及分离纯化方法。

二、必备基础

1. 氨基酸的结构、性质及应用

氨基酸是构成蛋白质的基本单位，赋予蛋白质特定的分子结构形态，使其分子具有生化活性。蛋白质是生物体内重要的活性分子，包括催化新陈代谢的酵素和酶。

氨基酸是无色晶体，熔点很高，约在 200～300℃。一般溶于水、稀酸、稀碱，不溶于乙醇、三氯甲烷等有机溶剂，常用乙醇沉淀氨基酸。除 Gly 外，有旋光性，测定比旋度可鉴定氨基酸的纯度。

氨基酸是弱的两性电解质，羧基能解离释放 H^+ 和氨基结合，因此同一分子带有正、负两种电荷的偶极离子或兼性离子，这是氨基酸在水和结晶状态的主要形式。基团的解离和所带电荷取决于所处的环境，在酸性环境带正电荷，在碱性环境带负电荷。所带正、负电荷相等，静电荷为零时的 pH 为等电点（pI）。由于静电作用，等电点时溶解度最小，容易沉淀，可用于氨基酸的制备。

氨基酸在药品、食品、饲料以及化工等行业中有重要应用。氨基酸的制造开始于1820年，用蛋白质酸水解生产氨基酸。1950年采用化学合成的方法合成氨基酸。1956年分离得到谷氨酸棒状杆菌，日本采用微生物发酵法工业化生产谷氨酸取得了成功。1957年生产谷氨酸钠（味精）商业化，从此推动了氨基酸生产的大发展。1973年用固定化酶成功进行了天冬氨酸的生产，开创了应用酶法生产氨基酸的先例。目前已经能生产20余种氨基酸，其中发酵生产15种。除了普通的18种氨基酸外，还有高丝氨酸、胱氨酸、羟脯氨酸以及鸟氨酸等被生产。目前绝大多数应用发酵法或酶法生产，极少数为天然提取或化学合成法生产。发酵法生产的氨基酸占总量的60%左右，化学合成法生产的氨基酸占总量的20%，酶法生产的氨基酸占总量的10%。

2. 氨基酸在食物营养等方面的作用

① 蛋白质在机体内的消化和吸收是通过氨基酸来完成的。作为机体内第一营养要素的蛋白质，它在食物营养中的作用是显而易见的，但它在人体内并不能直接被利用，而是通过变成氨基酸小分子后被利用的。

② 起氮平衡作用。当每日膳食中蛋白质的质和量适宜时，摄入的氮量由粪、尿和皮肤排出的氮量相等，称之为"氮的总平衡"。实际上是蛋白质和氨基酸之间不断合成与分解之间的平衡。正常人每日食进的蛋白质应保持在一定范围内，突然增减食入量时，机体尚能调节蛋白质的代谢量维持氮平衡。食入过量蛋白质，超出机体调节能力，平衡机制就会被破坏。完全不吃蛋白质，体内组织蛋白依然分解，持续出现负氮平衡，如不及时采取措施纠正，终将导致抗体死亡。

③ 转变为糖类或脂肪。氨基酸分解代谢所产生的α-酮酸，随着不同特性，循糖或脂的代谢途径进行代谢。α-酮酸可再合成新的氨基酸，或转变为糖类或脂肪，或进入三羧酸循环氧化分解成CO_2和H_2O，并放出能量。

④ 参与构成酶、激素、部分维生素。酶的化学本质是蛋白质（由氨基酸分子构成），如淀粉酶、胃蛋白酶、胆碱酯酶、碳酸酐酶、转氨酶等。含氮激素的成分是蛋白质或其衍生物，如生长激素、促甲状腺激素、肾上腺素、胰岛素、促肠液激素等。有的维生素是由氨基酸转变或与蛋白质结合存在。酶、激素、维生素在调节生理功能、催化代谢过程中起着十分重要的作用。

⑤ 人体必需氨基酸的需要量。成人必需氨基酸的需要量约为蛋白质需要量的20%～37%。

3. 等电点沉淀法

等电点沉淀法是利用蛋白质在等电点时溶解度最低而各种蛋白质又具有不同等电点的特点进行分离的方法。

(1) 原理 在等电点时，蛋白质分子以两性离子形式存在，其分子净电荷为零（即正、负电荷相等），此时蛋白质分子颗粒在溶液中因没有相同电荷的相互排斥，分子相互之间的作用力减弱，其颗粒极易碰撞、凝聚而产生沉淀，所以蛋白质在等电点时，其溶解度最小，最易形成沉淀物。等电点时的许多物理性质如黏度、膨胀性、渗透压等都变小，从而有利于悬浮液的过滤。

(2) 注意事项

① 不同的蛋白质具有不同的等电点。在生产过程中应根据分离要求，除去目的产物之外的杂蛋白。若目的产物也是蛋白质，且等电点较高时，可先除去低于等电点的杂蛋白。如细胞色素C的等电点为10.7，在细胞色素C的提取纯化过程中，调pH 6.0除去酸性蛋白，调pH 7.5～8.0，除去碱性蛋白。

② 同一种蛋白质在不同条件下等电点不同。在盐溶液中，蛋白质若结合较多的阳离子，则等电点升高。因为结合阳离子后，正电荷相对增多，只有pH升高才能达到等电点状态，

如胰岛素在水溶液中的等电点为5.3，在含一定浓锌盐的水-丙酮溶液中的等电点为6。如果改变锌盐的浓度，等电点也会改变。蛋白质若结合较多的阴离子，则等电点移向较低的pH，因为负电荷相对增多了，只有降低pH才能达到等电点状态。

③ 目的药物成分对pH的要求。生产中应尽可能避免直接用强酸或强碱调节pH，以免局部过酸或过碱而引起目的药物成分蛋白质或酶的变性。另外，调节pH所用的酸或碱应与原溶液中的盐或即将加入的盐相适应。如溶液中含硫酸铵时，可用硫酸或氨水调pH；如原溶液中含有氯化钠时，可用盐酸或氢氧化钠调pH。总之，应以尽量不增加新物质为原则。

④ 由于各种蛋白质在等电点时仍存在一定的溶解度，使沉淀不完全，而多数蛋白质的等电点又都十分接近，因此当单独使用等电点沉淀法效果不理想时，可以考虑采用几种方法结合来实现沉淀分离。

三、任务实施

(一) 实施原理

谷氨酸生产菌主要是棒状杆菌属、短杆菌属、小短杆菌属和节杆菌属中的细菌。革兰阳性细菌，细胞呈球形、棒形至短杆形，无芽孢，无鞭毛，不能运动，生长需氧，不同阶段形态发生明显变化。G+C含量为50%～65%，生物素缺陷型，脲酶活性强，三羧酸循环及戊糖磷酸途径突变，耐高浓度谷氨酸并向胞外分泌。国外谷氨酸采用甘蔗糖蜜或淀粉水解糖为原料的强制发酵工艺，产酸率为13%～15%，糖酸转化率为60%～65%；国内采用淀粉水解糖或甜菜糖蜜为原料生物素亚适量发酵工艺，产酸率为10%～12%，转化率为60%。生产味精谷氨酸之类氨基酸的发酵，区别于传统的酿酒和抗生素发酵，是一种改变微生物代谢的代谢控制发酵。

(二) 实施条件

1. 实验器材

烧杯、玻璃棒、生化培养箱、冰箱、发酵罐，电子天平，压力蒸汽灭菌器，恒温摇床，旋转蒸发仪。

2. 试剂和材料

谷氨酸棒状杆菌。

葡萄糖、牛肉膏、蛋白胨、氯化钠、尿素、硫酸镁、玉米浆、磷酸氢二钾、硫酸亚铁、硫酸锰、水解糖、活性炭、碳酸钠。

(三) 方法与步骤

谷氨酸的发酵生产工艺如下。

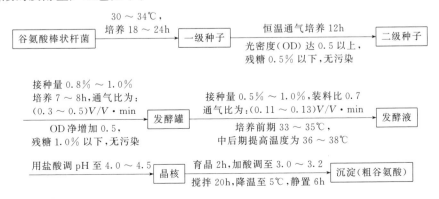

```
溶于适量水,
上柱,活性炭脱                加 Na₂CO₃ 中和                      减压蒸发        除去铁、脱色、精制
色          → 谷氨酸溶液 →         → 谷氨酸单钠溶液 →      粗晶 →              → 纯晶
加热水洗涤
```

1. 种子制备

① 斜面菌种。采用葡萄糖、牛肉膏、蛋白胨、氯化钠等制备，pH 7.0～7.2。根据菌种特性，在 30～34℃ 下培养 18～24h。

② 一级种子。目的是繁殖细胞。用葡萄糖、尿素、硫酸锰、玉米浆、磷酸氢二钾、少量硫酸亚铁和硫酸锰配制培养基。在恒温通气条件下培养 12h，光密度（OD）达 0.5 以上，残糖 0.5% 以下，无污染，细胞健壮。

③ 二级种子。用水解糖、玉米浆、磷酸氢二钾、硫酸镁、尿素等配制培养基，pH 6.5～7.0。接种量 0.8%～1.0%，培养时间 7～8h，通气比为 1:(0.3～0.5)$V/V \cdot$ min。OD 净增加 0.5，残糖 1.0% 以下，无污染，细胞健壮。

2. 发酵培养

谷氨酸发酵是典型的代谢控制发酵，即人为打破正常代谢的反馈机制，从而积累大量的谷氨酸产物。接种量为 0.5%～1.0%，发酵罐装料比 0.7，通气比为 1:(0.11～0.13)$V/V \cdot$ min，培养前期 33～35℃，中、后期提高温度为 36～38℃。

供氧充足时，谷氨酸的产率最高。谷氨酸的发酵受通气量、培养基 pH、氨浓度等条件的影响，特别是受生物素的影响。谷氨酸发酵时，生物素应控制在亚适量才能积累大量的谷氨酸。如果通气量不足，生物素过量，则丙酮酸转向生成乳酸；如果通气量充足，生物素过量，则葡萄糖被完全氧化；如果通气量充足，生物素限量，但 NH_4^+ 不足，则生成 α-酮戊二酸；如果这时 NH_4^+ 供给充足，则生成谷氨酸。氮源要充足，根据 pH 变化添加尿素。

3. 谷氨酸的分离纯化工艺

谷氨酸的分离纯化可采用等电点沉淀法直接从发酵液中提取，而不必经过分离菌株、浓缩等过程。在 pH 3.22，谷氨酸以过饱和状态结晶析出。

发酵液用盐酸调节至 pH 4.0～4.5，以出现晶核为准，育晶 2h，缓慢加酸调节至 3.0～3.2，搅拌 20h，降温至 5℃，使结晶沉淀，即等电点结晶。静置 6h，吸取上层菌体，下层沉淀得粗谷氨酸。等电沉淀的温度应控制适宜，一次沉淀收率达 80% 以上。

粗谷氨酸溶于适量水，上柱，用活性炭脱色，加热水洗涤，收集谷氨酸。也可采用离子交换树脂进行脱色。

谷氨酸溶液中加 Na_2CO_3 进行中和，形成谷氨酸单钠溶液，再进行减压蒸发，除去水分，谷氨酸钠以过饱和状态结晶出来，得到粗晶。除去铁、脱色和精制结晶后，得到纯晶。

（四）结果与讨论

① 计算谷氨酸发酵产量，并简述影响发酵结果的因素是什么。

② 谷氨酸发酵工艺的革新方向是什么？

参 考 文 献

[1] 于文国. 微生物制药工艺及反应器. 北京：化学工业出版社，2005.
[2] 梁世中. 生物制药理论与实践. 北京：化学工业出版社，2005.
[3] 梅兴国. 生物技术药物制剂基础与应用. 北京：化学工业出版社，2004.
[4] 廖湘萍. 生物工程概论. 北京：科学出版社，2004.
[5] 薛庆善. 体外培养的原理与技术. 北京：科学出版社，2001.
[6] 朱素贞. 微生物制药工艺. 北京：中国医药科出版社，2000.

项目三　细胞工程制药

【项目介绍】

1. 项目背景

细胞工程制药是利用细胞工程技术的手段来制备药物，是细胞工程在生物药物制药工业方面的应用。对于一些天然稀有的药物，细胞工程可实现其大量工业生产。随着生物技术的发展，生物工程制备的药物具有高效性和对疾病鲜明的针对性。因而，细胞工程药物在人类的医疗保健中发挥着越来越重要的作用。

近半个世纪以来，细胞工程制药发展迅猛，在医药领域中取得了许多具有开创性的研究成果，如利用细胞融合技术形成的杂交瘤细胞生产的单克隆抗体已广泛用于临床治疗，并显示出独特的疗效，获得了很好的社会和经济效益。随着细胞工程技术研究的不断深入，它的前景及其产生的影响将会日益显示出来。

本项目以企业的实际应用为载体，设计了 6 个教学任务。通过这 6 个教学任务的学习，学生可掌握动物细胞培养、动物细胞常规检测、动物细胞融合、动物细胞的保藏和复苏、动物细胞大规模培养、目标产物的分离纯化和植物细胞培养的关键技术和相关知识。

2. 项目目标

① 掌握动物细胞培养前的准备。
② 掌握动物细胞的传代培养。
③ 熟悉动、植物细胞生存的环境条件和营养需求。
④ 掌握动物细胞的融合技术。
⑤ 掌握动物细胞的检测项目。
⑥ 掌握动物细胞的保藏和复苏。
⑦ 掌握动物细胞的大规模培养技术。
⑧ 掌握目标产物的分离纯化技术。
⑨ 掌握植物细胞的培养技术。

3. 思政与职业素养目标

① 了解细胞工程制药的发展史，学习勇于创新的科学精神。
② 了解细胞工程制药过程，建立科学自信及制度自信。
③ 了解我国细胞工程制药的贡献，学习科学家的高尚品质、家国情怀。
④ 掌握杂交瘤细胞的制备过程和植物组织培养技术，学习严谨的科学态度及创新思维。
⑤ 掌握细胞冻存和植物细胞培养技术，学习严谨的科研态度。
⑥ 了解杂交瘤细胞和植物组织培养的发展历史，学习追求真理的科学精神。

4. 项目主要内容

本项目主要学习动物细胞培养技术、动物细胞的检测技术、动物细胞融合技术、动物细胞保藏和复苏、动物细胞大规模培养技术、目标产物的分离纯化以及植物细胞培养技术。项目主要学习内容见图 3-1。

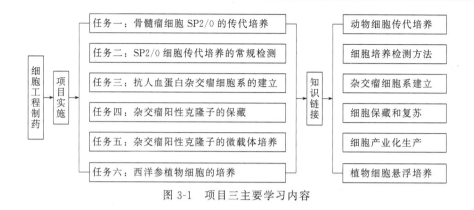

图 3-1 项目三主要学习内容

【相关知识】

细胞工程药物是利用细胞工程手段制得的用于治疗和诊断疾病的一类生物药物。所谓细胞工程，就是以细胞为单位，按照人类的意志应用细胞生物学、分子生物学等理论和技术，有目的地进行精心设计、精心操作，使细胞的某些遗传特性发生改变，达到改良或产生新品种的目的，以及使细胞增加或重新获得产生某种特定产物的能力，从而在离体条件下进行大量培养、增殖，并提取出对人类有用的产品的一门应用科学和技术。它主要由上游工程（包括细胞培养、细胞遗传操作和细胞保藏）和下游工程（即将已转化的细胞应用到生产实践中，用以生产生物产品的过程）两部分构成。当前细胞工程所涉及的主要技术领域包括动物细胞培养、细胞融合技术、细胞基因改造技术和细胞大规模培养技术等方面。根据研究的对象，可以将细胞工程分为植物细胞工程和动物细胞工程；根据遗传操作的不同，将细胞工程分为细胞融合工程、细胞拆合工程等。

一、动物细胞工程

动物细胞工程开始于疫苗的生产。在疫苗产业早期，利用动物来生产疫苗，用某些细菌或病毒接种到动物身上，生产抵抗该细菌或病毒的疫苗。1920 年至 1925 年，已经开发出多种病毒或细菌疫苗，如流感疫苗、伤寒疫苗、霍乱疫苗等。1951 年，Earle 等研究出能体外培养动物细胞的培养液，标志着近代动物细胞培养技术的开端，从这个时候开始了大规模动物细胞培养来生产生物制品。1967 年，Van Wezel 开发了适合贴壁细胞生长的微载体，使得动物细胞能在搅拌反应器中进行，从而提高了生产率。

真正意义上的动物细胞技术或细胞工程是从向大规模培养动物细胞的反应器中接种病毒，利用病毒复制产生目的产物而开始的。利用这种技术，可以产生病毒疫苗或减毒活疫苗，也可以产生酶、细胞因子和抗体等。但是有效的分泌系统限制了产物的分泌，因此早期的动物细胞技术只用于疫苗及少量的干扰素和尿激酶的生产。1975 年，免疫学家 Kohler 和 Milstein 利用仙台病毒诱导绵羊红细胞免疫的小鼠脾细胞与小鼠骨髓瘤细胞融合，选择到能分泌单一抗体的杂种细胞。该杂种细胞具有在小鼠体内和体外培养条件下大量繁殖的能力，并能长期地分泌单克隆抗体，从而建立了小鼠淋巴细胞杂交瘤技术。这一技术的诞生把细胞融合技术从实验阶段推向了应用研究阶段，促进了动物细胞工程的蓬勃发展。

20 世纪 70 年代，基因重组技术和杂交瘤技术这两大划时代的科学发现大大促进了动物细胞技术的进步，许多外源蛋白基因可转入动物细胞并能高质量地表达。由于原核细胞表达系统不能进行正确的糖基化,不能有效地表达许多功能蛋白,而真核生物基因在动物细胞内则能准确地对表达的蛋白质进行翻译、修饰和加工,其产物表达接近或类似于天然蛋白产物,因此,哺乳动物细胞成为一种比较合适的宿主表达细胞,广泛应用于各种生物药物的表达和生产。目前,国际上有60%的重组蛋白类生物制品均在中国仓鼠卵巢细胞(Chinese hamster ovary cell,简称CHO细胞)中表达生产。

动物细胞作为宿主细胞生产药物的缺点是培养条件要求高、成本高、产量低;优点是多半可分泌到细胞外,提取纯化方便,蛋白质经糖基化修饰后与天然产物更一致,适合于临床应用。

动物细胞工程制药主要涉及动物细胞培养技术、细胞融合技术和细胞大规模培养技术等。

1. 动物细胞培养

动物细胞培养是离散的动物活细胞在体外人工条件下生长、增殖的过程。动物细胞培养开始于20世纪初,到1962年规模开始扩大,发展至今已成为生物、医学研究和应用中广泛采用的技术方法。利用动物细胞培养生产的具有重要医用价值的生物制品,有各类疫苗、干扰素、激素、酶、生长因子、病毒杀虫剂、单克隆抗体等,已成为医药生物高技术产业的重要部分,其销售收入已占到世界生物技术产品的一半以上。

动物细胞培养主要有以下几种特点。

① 污染可能概率大。培养环境无菌是保证细胞生存的首要条件。细菌、真菌、病毒或细胞均可能导致动物细胞培养的污染;生物材料、操作者自身、培养液、各种器皿等也可引起污染。特别是在培养病毒细胞或生产病毒疫苗时,需更加注意防止污染。

细胞发酵培养

② 营养成分需求高。动物细胞营养要求高,往往需要氨基酸、维生素、辅酶、嘌呤、嘧啶、激素和生长因子等,其中很多成分是用血清、胚胎浸出液等提供。由于血清来源受到限制,质量不稳,动物细胞培养液特别是无血清培养液的研制是动物细胞培养工程的基础。

③ 培养环境适应差。动物细胞对培养环境的适应性较差、生长缓慢、培养时间较长,这使动物细胞培养具有一定的难度。生产用动物细胞必须根据生产形式需要,经过较长时间的驯化,如无血清培养的驯化、悬浮培养的驯化和高密度培养环境的驯化。

④ 培养条件要求严。只有对动物细胞培养所需的环境严加控制,才可以大幅度促进生长。例如二倍体成纤维细胞在控制pH的情况下,比可变pH的情况下生长得更好。动物细胞生长缓慢,对环境的稳定控制要求较高,因此常用空气、氧气、二氧化碳和氮气的混合气体进行供氧。

⑤ 代谢废物毒性大。当细胞放置体外培养时,与体内相比,细胞丢失了对有毒物的防御能力,一旦被污染或自身代谢物质积累等,可导致细胞死亡。因此在进行培养中,保持细胞生存环境无污染、代谢物及时清除等,是维持细胞生存的基本条件。

⑥ 检测控制指标多。由于各种动物细胞系在体外长期培养,对环境的选择及适应,其原有的细胞功能、形态等可能发生变化或变异,甚至产生原始细胞所没有的特征。因此在整个细胞培养过程中,需要对动物细胞的形态结构、倍增时间、产物表达情况、表达产物的结构特征等进行检测和控制。

⑦ 载体生长依赖强。绝大多数哺乳动物细胞在培养过程中,需要通过载体附着生长。常用的细胞生长载体有两种形式,即中空纤维和微珠载体两种。也有的哺乳动物细胞可以悬浮培养又可以贴壁生长。

此外，所有的与细胞接触的设备、器材和溶液都必须保持绝对无菌，避免污染；必须有足够的营养保证，绝对不可有有害的物质，避免有害离子；保证有足量的氧气供应；有良好且适于生存的外界环境、渗透压、离子浓度和酸度；及时分种，保持合适的细胞密度。

2. 细胞融合

细胞融合是利用自然或人工的方法使两个或几个不同细胞融合为一个细胞的过程，是在诱导剂或促融剂作用下，两个或两个以上的异源细胞或原生质体相互接触，进而发生融合并形成杂种细胞的现象。

细胞融合技术作为细胞工程的核心基础技术之一，在医药领域取得了开创性的成果，如单克隆抗体等生物制品的生产。目前，利用细胞融合技术已经获得具有很高实用价值的杂交瘤细胞株系，它们能分泌用于疾病诊断和治疗的单克隆抗体，如甲肝病毒、抗人 IgM、抗人肝癌和肺癌、抗 M-CSFR（macrophage colony-stimulating factor receptor，巨噬细胞集落刺激因子受体）等。

3. 细胞大规模培养

动物细胞大规模培养技术是指在人工条件（除满足培养过程必需的营养要求外，还要进行 pH 和溶氧的最佳控制）下，于细胞生物反应器中高密度、大量培养动物细胞用于生产生物制品的技术。

① 动物细胞大规模培养的一般工艺流程。动物细胞大规模培养的工艺流程如图 3-2 所示。工艺过程中，先将组织切成碎片，然后用溶解蛋白质的酶消化处理组织块碎片而得到单

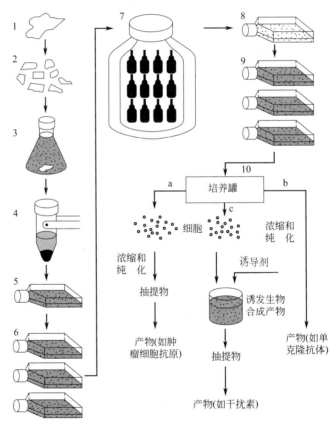

图 3-2 动物细胞大规模培养的工艺流程

1—组织块；2—组织块碎片；3—消化；4—离心；5—原代培养；6—传代培养；
7—液氮罐保存细胞；8—复苏培养；9—扩大培养；10—大规模生物反应器培养

个细胞,再用离心法收集细胞。将细胞植入营养培养基,使细胞在培养基中增殖到覆盖瓶壁表面,用酶把细胞从瓶壁上消化下来,再接种到若干培养瓶中进行扩大培养。将培养所得的细胞"种子"冷藏于液氮中,从液氮中取出一部分细胞"种子"进行解冻、复活培养。进行扩大培养以获得足够的细胞量,将细胞接种于大规模生物反应器中进行大规模培养,按照产物的不同形式进行产物分离纯化。

对于积累在细胞内的产物,可通过收集细胞后进行破胞,再经过分离纯化获得产物;对于由细胞分泌到培养液中产物,可以通过浓缩、纯化培养液来获得产品;而对于那些必须加入诱导剂进行培养或病毒感染培养才能得到产物的细胞,可加入上述诱导剂诱导或病毒感染后收集细胞,再经分离纯化得到产物。

② 动物细胞大规模培养的方法。根据细胞生长特性,动物细胞可采用贴壁培养、固定化培养和悬浮培养等三种培养方法进行大规模培养。

动物细胞工程要得到产品还需要按以下操作进一步制备及质控。

A. 动物细胞工程产品制备。动物细胞工程产品是在动物体内或生物反应器中产生的,因此这种生物大分子都需要经过各种方法的提取和分离纯化,从复杂的混合体系中得到所需的目的产物。细胞工程产品的分离纯化方法,一般可分为初级分离和精细纯化两大部分。

初级分离:初级分离的任务是将目标产物与生产过程中的菌体、细胞、细胞碎片、培养及成分,以及大量杂蛋白等物质分离,浓缩富集含有目标产物的液体。所采用的方法有离心、超滤、扩张柱床吸附和溶剂沉淀处理等。

精细纯化:精细纯化是在初级纯化分离的基础上,用高效的分离手段,将在理化性质上与目标产物相近的各种杂质分离,以达到实验室与临床治疗等不同应用所要求的质量标准。常用的精细分离方法有各种常压、中压和高效液相色谱法。

总之,细胞工程产品的下游纯化工艺可以分为:培养液固-液分离、目标产物初步分离、目标产物精细纯化及最终产品加工等。

B. 动物细胞工程产品质量控制。目标产品的质量控制主要包括:生产环节的条件控制、工艺路线及原材料、中间体、半成品和成品质量的全面验证、分析、检测和管理。一般质量控制的内容包括:纯度分析、含量测定、分子量测定、生物大分子的稳定性实验、安全性评价以及生物大分子的生物活性测定。

二、植物细胞工程

早在 1902 年,德国植物学家哈贝兰特依据细胞学说认为,高等植物的器官和组织可以分离成单个细胞,而每一个分离出来的细胞都具有进一步分裂和发育的能力。1904 年,亨宁(Henning)成功地进行了胡萝卜和辣菜根的离体胚的生长。1927 年,温特(Went)发现了生长素吲哚乙酸(IAA)能促进细胞的生长。20 世纪 30 年代,人们发现通过细胞或组织培养可使植物再生。1939 年,高特里特(Gautheret)、诺伯科特(Nobercourt)和怀特(White)分别成功地培养了烟草、萝卜和杨树等细胞,并形成部分组织。至此,植物细胞培养才真正开始。1956 年,Roetier 等首先申请了用植物细胞培养生产生物化学物质的专利。20 世纪 70 年代后,引入外源基因的植物细胞可以产生人们所需要的产物。20 世纪 70 年代末到 80 年代初,优化细胞生长和次级代谢产物形成的研究能产生大量植物次生代谢产物,如培养红豆杉细胞生产的抗癌新药紫杉醇。植物细胞技术在当今的医药领域应用越来越广泛,随着植物细胞培养、植物基因工程等生物技术的发展,它被赋予了新的内容和广阔的发展前景。

植物就像天然化工厂，可为我们提供除粮食、纤维、油脂外，还有食品添加剂、香料、杀虫剂等。植物更是人类获取药物的重要资源。人类所用药物的四分之一来源于植物，如治疗疟疾的奎宁、治疗高血压的利血平、作为麻醉剂的可待因以及治疗癌症的长春碱。人们不仅从植物中获取治疗用的药物，还可以提取保健药物，如人参提取物可以作药物，也可以作为保健品的原料。目前，人类正在不断地从植物中寻找新的药物，以战胜癌症、艾滋病等严重危害人类健康的疾病。

然而，许多药用植物的资源缺乏且含量低，产量难以满足人类的需求；加之近年来，由于现代工艺的发展，将自然环境逐渐破坏而缩小，使得高经济价值的天然药物的发现和利用更加困难，使人们开始研究采用植物细胞或组织培养的方法来生产那些珍贵的植物药物。而植物组织和细胞培养技术解决了这一问题。

植物细胞工程涉及诸多理论原理及实际操作技术，首当其冲的自然是培养技术，也就是将植物的器官、组织、细胞甚至细胞器进行离体的、无菌的培养。它是对细胞进行遗传操作及细胞保藏的基础。此类技术发展起步较早，相对而言已比较成熟，各种培养基制备及很多操作方法已经基本规范化。

针对植物的培养主要有植物组织培养、植物细胞培养、花药及花粉培养、离体胚培养以及原生质体培养这几个大类，每一种都还可以继续细分为更具体的小类。

（1）组织培养　首先是将外植体分离出来，然后在无菌及适当条件下培养以诱导出愈伤组织。另外在愈伤组织随外植体生长一段时间后，还需要进行继代培养，以避免代谢产物积累及水分散失等因素的影响。

（2）细胞培养　可分为悬浮细胞培养、平板培养、饲养层培养和双层滤纸植板几类。它们都是将选定的植物细胞于适当的条件下进行培养，以得到大量基本同步化的细胞，为遗传操作提供材料。

（3）花粉及花药培养　主要是使花粉改变正常发育途径，而转向形成胚状体和愈伤组织，从而产生单倍体植株。

（4）离体胚培养　有幼胚与成熟胚培养两类。通过使用相应的培养基使离体胚正常地萌发生殖，以供研究和操作使用。

（5）原生质体培养　是一切利用原生质体进行遗传操作的基础。它是将取得的植物细胞去除细胞壁形成原生质体后进行培养。具体方法与细胞培养有一定的相似之处。

作为后继操作的基础，培养技术的选择是非常重要的。采用适当的培养方法可以更好地进行遗传操作和保存细胞。而错误的选择有可能影响结果，甚至导致试验和生产失败，造成时间和金钱的浪费。

植物细胞培养技术有很多优越性。其不受环境因素影响，如气候、季节、土壤病虫害等的影响；能在地球上任何地方与任何时候进行生产，且能使培养物的生长期整齐一致；能缩短繁殖和引种栽培的时间；可人工控制有毒药物的扩散和使用；大量工业化生产而无需占用耕地，且因生产周期短而能够在人工的控制之下，采用科学方法提高产量和质量。现在人参、西洋参、长春花、紫草、黄连、红豆杉等许多重要药物的植物细胞培养都十分成功。

【项目思考】

① 动物细胞工程的内容是什么？
② 植物细胞工程的内容是什么？

【项目实施】

任务一　骨髓瘤细胞 SP2/0 的传代培养

一、任务目标

① 掌握动物细胞培养前的准备工作。
② 掌握动物细胞的传代培养技术。
③ 了解动物细胞的原代培养。

二、必备基础

1. 动物细胞培养技术的重要性

动物培养技术也叫"动物克隆技术",通过动物细胞的培养技术可获取大量同种类型的细胞和其代谢的产物,对整个生物工程技术来说是一个必不可少的过程,也是生物技术中最为核心和最为基础的部分。

2. 动物细胞的培养条件及营养需求

动物细胞体外培养的条件和营养需求直接关系动物细胞培养的成败。培养条件需满足以下要求。

细胞传代

(1) 无菌、无污染　无污染环境体外生长的细胞对微生物及一些有害、有毒物质没有抵抗能力,因此培养基应达到无化学物质污染、无微生物污染(如细菌、真菌、支原体、病毒等)、无其他对细胞产生损伤作用的生物活性物质污染(如抗体、补体)。对于天然培养基,污染主要来源于取材过程及生物材料本身,应当严格选材、严格操作。对于合成培养基,污染主要来源于配制过程,配制所用的水、器皿应十分洁净,配制后应严格过滤除菌。

(2) 温度、湿度和光　哺乳动物及人源细胞的最适培养温度为 35~37℃,对低温耐受力比高温强。39℃以上受损死亡;不低于 0℃时(0~34℃),细胞能生存,但代谢降低、分裂延缓。放培养相对湿度应控制在 95%。细胞培养需避光,紫外线或可见光可造成核黄素、酪氨酸、色氨酸等产生有毒的光产物,抑制细胞生长,降低其贴壁能力。

(3) 渗透压　细胞必须生活在等渗环境中,大多数培养细胞对渗透压有一定耐受性。人血浆渗透压 290mOsm/kg·H_2O,可视为培养人体细胞的理想渗透压;鼠细胞渗透压在 320mOsm/kg·H_2O 左右。对于大多数哺乳动物细胞,渗透压在 260~320mOsm/kg·H_2O 都适宜。

(4) pH 和气体　pH、气体也是细胞生存的必需条件之一,所需气体是氧和二氧化碳。氧参与三羧酸循环,产生能量供给细胞生长、增殖以及合成各种成分。一些细胞在缺氧情况下,借糖酵解也可获取能量,但多数细胞缺氧不能生存。在开放培养时,一般置细胞于 95% 空气加 5% 二氧化碳的混合气体环境中培养。二氧化碳既是细胞代谢产物,也是细胞所需成分,它主要与维持培养基的 pH 有直接关系。动物细胞大多数需要轻微的碱性条件,pH 在 7.2~7.4。在细胞生长过程中,随细胞数量的增多和代谢活动的加强,二氧化碳不断被释放,培养液变酸,pH 发生变化。由于 $NaHCO_3$ 容易分解为二氧化碳,很不稳定,致使缓冲系统难以精确地控制,故这一缓冲系统适合密闭培养。羟乙基哌嗪乙硫磺酸(HEPES)结合碳酸氢钠使用,可提供更有效的缓冲体系,主要是防止 pH 迅速变动,但最大缺点是在开放培养或观察时难以维持正常的 pH。

(5) 营养成分

维持细胞生长的营养条件。一般包括以下几个方面。

① 氨基酸。氨基酸是细胞的氮源,是细胞合成蛋白质的原料。所有细胞都需要 8 种必需氨基酸:缬氨酸、亮氨酸、异亮氨酸、苏氨酸、赖氨酸、色氨酸、苯丙氨酸、蛋氨酸、组氨酸、酪氨酸、精氨酸、胱氨酸。此外还需要谷氨酰胺,它在细胞代谢过程中有重要作用,所含的氮是核酸中嘌呤和嘧啶合成的来源,同样也是合成三磷酸腺苷(ATP)、二磷酸腺苷(ADP)、一磷酸腺苷(AMP)所需要的基本物质。体外培养的各种培养基内都含有必需氨基酸。

② 单糖。单糖为细胞的碳源,细胞利用其进行有氧与无氧酵解,六碳糖是主要能源。此外六碳糖也是合成某些氨基酸、脂肪、核酸的原料。细胞对葡萄糖的吸收能力最高,半乳糖最低。体外培养动物细胞时,几乎所有的培养基或培养液中都以葡萄糖作为必含的能源物质。

③ 维生素。维生素主要起辅酶、辅基的作用,必不可少。生物素、叶酸、烟酰胺、泛酸、吡哆醇、核黄素、硫胺素、维生素 B_{12} 都是培养基常有的成分。

④ 无机离子与微量元素。细胞生长除需要钠、钾、钙、镁、氮和磷等基本元素,还需要微量元素,如铁、锌、硒、铜、锰、钼、钒等。

⑤ 生长因子与各种激素。生长因子对于维持细胞的功能、保持细胞的状态(分化或未分化)具有十分重要的作用。有些激素对许多细胞生长有促进生长作用,如胰岛素能促进细胞利用葡萄糖和氨基酸;有些激素对某一类细胞有明显促进作用,如氢化可的松可促进表皮细胞的生长、泌乳素有促进乳腺上皮细胞生长作用等。

3. 动物细胞传代培养前的准备

(1) 培养用液的配置

① 平衡盐溶液(BBS)。平衡盐溶液主要由无机盐和葡萄糖组成,主要作用是维持渗透压稳定,调节酸碱平衡,提供细胞所需能量和无机离子等成分;还可以洗涤组织细胞,作为配制各种培养液的基础溶液。溶液内含少量酚红指示 pH 的变化:溶液变酸时呈黄色,溶液变碱时呈红色,中性时呈桃红色。常用的 BBS 有 Hanks 液、PBS 液和 D-Hanks 液等。

② 消化液。消化液常在贴附型细胞原代培养或传代培养过程中用来分散组织或细胞团,以达到离散细胞、获得细胞悬液的目的。目前常用的消化液主要有胰蛋白酶消化液、胶原酶消化液以及乙二胺四乙酸二钠(EDTA·2Na)液。其中,胰蛋白酶溶液是使用范围最广的消化液;EDTA 由于消化能力较弱,常与胰蛋白酶混合使用;胶原酶则多于原代培养中,将特殊组织的细胞与胶原成分离散开来。一般来说,这些消化液可以单独使用,也可以按一定比例混合使用,这主要取决于处理的细胞类型。

③ 培养基。动物细胞的培养基应能满足细胞对营养成分、促生长因子、激素、渗透压、pH 等诸多方面的要求。目前常用的培养基可分为天然培养基、合成培养基和无血清培养基。

A. 天然培养基。天然培养基是指来自动物体液或利用组织分离提取的一类培养基,如血浆、血清、淋巴液、鸡胚浸出液等。组织培养技术建立早期,体外培养细胞都是利用天然培养基,但是由于天然培养基制作过程复杂、批间差异大,因此逐渐被合成培养基所替代。

目前广泛使用的天然培养基是血清,另外各种组织提取液、促进细胞贴壁的胶原类物质在培养某些特殊细胞也是必不可少的。其优点是营养成分丰富、培养效果好;缺点是成分复杂、个体差异大、来源有限。天然培养基的种类主要包括生物性体液(如血清)、组织浸出液(如胚胎浸出液)、凝固剂(如血浆)、水解乳蛋白等。

B. 合成培养基。组成稳定,可大量生产供应。成分为氨基酸、维生素、糖类(碳源)、无机盐、其他（前体和氧化还原剂）。合成培养基中除了各种营养成分外，还需添加5%～10%的小牛血清，才能使细胞很好地增殖。血清主要作用是提供基本营养物质、提供激素和各种生长因子、提供结合蛋白、提供促接触和伸展因子使细胞贴壁免受机械损伤、对培养中的细胞起到某些保护作用。

合成培养基是根据天然培养基的成分，用化学物质对细胞体内生存环境中已知物质在体外人工条件的模拟，经过反复试验筛选、强化和重新组合后形成的培养基。合成培养基既能给细胞提供一个近似于体内的生存环境，又便于控制和提供标准化体外生存环境。

C. 无血清培养基。无血清培养基在天然或合成培养基的基础上添加激素、生长因子、结合蛋白、贴附和伸展因子及其他元素。该类培养基提高了细胞培养的可重复性，避免了血清差异所带来的细胞差异；减少了由血清带来的病毒、真菌和支原体等微生物污染的危险；供应充足、稳定；细胞产品易于纯化；避免了血清中某些因素对有些细胞的毒性；减少了血清中蛋白对某些生物测定的干扰，便于结果分析。

（2）培养用品的无菌处理　动物细胞体外培养需要无菌环境，因为在动物细胞培养过程所用的培养器皿和培养用液都需要无菌处理。

① 培养器皿的无菌处理。玻璃制品、塑料制品、橡胶制品以及金属器械都需要清洗干净后包扎。采用高温、高压湿热灭菌的方法灭菌，晾干备用。实验室使用的塑料器皿，如塑料平皿、塑料细胞培养瓶、多孔培养板等，是一种已经消毒、灭菌后密封包装好的一次性商品，用时只要打开包装即可。必要时，用完后经过无菌处理，尚可反复使用2～3次，但不宜过多，再用时仍然需要清洗和灭菌处理。

② 培养用液的灭菌处理。大多数培养用液，如人工合成培养液、血清、酶溶液等，在高温、高压下会发生变性，失去其功能，不适宜用前面介绍的方法进行灭菌，必须采用滤过法除菌。其基本原理是利用细菌等微生物在滤过时不能通过滤膜的微孔而与培养用液分离，达到除菌的目的。某些培养用液（主要是一些不含对高温、高压敏感成分的培养用液）等都可用此方法消毒灭菌。

4. 动物细胞传代培养的方法

培养细胞传代，根据不同细胞采取不同的方法。

① 贴壁细胞的传代培养。贴壁生长的细胞用消化法传代，部分轻微贴壁生长的细胞用直接吹打即可传代。常用胰蛋白酶对贴壁细胞进行消化传代，它可以破坏细胞与细胞、细胞与培养瓶之间的细胞连接或接触，从而使它们间的连接减弱或完全消失。经胰蛋白酶处理后的贴壁细胞，在外力（如吹打）的作用下可以分散成单个细胞，再经稀释和接种后就可以为细胞生长提供足够的营养和空间，达到细胞传代培养的目的。

② 悬浮细胞的传代培养。悬浮生长的细胞可以采用直接吹打或离心分离后传代，或用自然沉降法吸除上清后，再吹打传代。

三、任务实施

（一）实施原理

细胞培养是指从体内组织取出细胞，在体外模拟体内环境下，使其生长繁殖并维持其结构和功能的一种培养技术。动物细胞体外培养对培养环境和营养条件近乎苛刻的要求，需要实验人员在正式进行体外培养实验之前，做好充分、细致的实验准备工作，尽可能地为动物细胞的生长提供一个营养合理、无其他微生物污染的生长环境。

原代培养又称为"初代培养"，即是第一次培养，指从体内取出组织接种培养一直到第一次传代阶段。原代培养是建立各种细胞系的第一步。组织细胞经过原代培养，细胞分裂繁殖，培养物逐渐增多长满培养空间，继而相互间接触发生接触性抑制，生长速度逐渐减慢甚至停止。此时需将培养物从原来的培养瓶中分装再进行一次培养，此过程即为"传代"一次。传代培养可获得大量的同种细胞。

(二) 实施条件

1. 实验器材

烧杯、量筒、容量瓶、玻璃棒、冰箱、高压灭菌锅、滤器、细胞培养瓶、胶头滴管、血清瓶、水浴锅、烘箱。

2. 试剂和材料

NaCl、KCl、$MgSO_4 \cdot 7H_2O$、$CaCl_2$、$Na_2HPO_4 \cdot 2H_2O$、KH_2PO_4、葡萄糖、酚红、胰蛋白酶、HCl、青霉素、链霉素、小牛血清、NaOH、1640固体培养基、DMEM液体培养基。

(三) 方法与步骤

1. 传代前准备

① 培养器皿的无菌处理。细胞培养所使用塑料平皿、塑料细胞培养瓶、多孔培养板等，为已经消毒、灭菌并密封包装好的一次性商品，用时只要打开包装即可。分装灭菌处理溶液体所用的血清瓶采用高温、高压湿热灭菌处理后备用。

② Hanks液的配制和无菌处理。按照表3-1的配方配置100mL的Hanks溶液。然后，以 $0.22\mu m$ 微孔滤膜过滤除菌后分装，4℃冰箱内保存；或者先分装后，以8磅10min高压蒸汽灭菌，贴上标签，4℃冰箱内保存。

表 3-1　Hanks 液的配方

成分	含量/(g/L)	成分	含量/(g/L)
$Na_2HPO_4 \cdot 2H_2O$	0.06	葡萄糖	1.00
KH_2PO_4	0.06	NaCl	8.00
KCl	0.4	$CaCl_2$	0.14
$MgSO_4 \cdot 7H_2O$	0.20		

③ D-Hanks液的配制和无菌处理。按照表3-2的配方配置100mL的D-Hanks溶液。经高压蒸汽锅中10磅20min高压灭菌，贴上标签，4℃冰箱内保存。

表 3-2　D-Hanks 液的配方

成分	含量/(g/L)	成分	含量/(g/L)
$Na_2HPO_4 \cdot 2H_2O$	0.06	KCl	0.4
KH_2PO_4	0.06	NaCl	8.00

④ 血清的灭活处理。选用与血清瓶同规格的对照瓶一个，加入与血清等体积的水，插入温度计，放入水浴锅中，使温度计温度保持在56℃。然后，将装有血清的血清瓶放入水浴锅中，56℃恒温30min。抽样做无菌实验后，-20～-70℃保存。

⑤ 0.25%胰蛋白酶液的配制和无菌处理。准确称取胰蛋白酶干粉250mg于无菌烧杯中，用灭菌的D-Hanks溶解，调节pH到7.2，定容至100mL，过滤除菌，分装到50mL的血清瓶中，4℃冰箱保存备用。

⑥ DMEM培养基的配制和无菌处理。按照说明书配置200mL的DMEM培养基，调节pH到7.2。过滤除菌后分装到血清瓶中，置于4℃冰箱保存备用。

⑦ 完全培养基的配制。无菌操作，取90mL的DMEM培养基，加入10mL灭活的小牛血清，混匀。置于4℃冰箱保存备用。

2. SP2/0 细胞的传代培养

① 无菌操作，将需要传代培养的 SP2/0 细胞收集到 10mL 的离心管中。

② 1000r/min 离心 10min，无菌操作弃掉旧的培养液。

③ 用 Hanks 溶液重新悬浮收集的 SP2/0 细胞，重复此步骤 2～3 次。吹打勿用力过猛，以免伤害细胞。

④ 用 5mL 新鲜配制的完全培养基将清洗收集好的 SP2/0 细胞重悬制成细胞悬液。

⑤ 将步骤④制备的细胞悬液按 1∶2 或 1∶3 的比例分配，重新接种到 2～3 个无菌处理的细胞培养瓶内，再向各瓶补加培养液到 10mL，做好标记后置于二氧化碳培养箱中 37℃ 培养。此后每天观察并记录细胞的生长状况，待细胞长到瓶底的 80％ 左右时，按照以上的方法再次进行细胞的传代培养。

（四）结果与讨论

① 传代培养前的准备工作有哪些？

② 如何成功获得传代培养的动物细胞？

任务二 SP2/0 细胞传代培养的常规检测

一、任务目标

① 掌握动物细胞培养检测的项目。

② 掌握动物细胞培养检测的方法。

二、必备基础

1. 细胞培养检测的常规项目

细胞一经培养，就需随时进行观察。一般应每日观察 1 次，及时记录细胞的生长状态。在条件允许的情况下，最好通过照相来记录细胞的生长情况，发现异常情况要采取相应措施进行处理。细胞的常规观察主要检查培养液的变化、细胞生长情况、细胞形态及有无微生物污染等。

① 培养液的颜色以及清亮度。细胞培养液中含有酚红指示剂，其在 pH 大约为 7.2～7.4 的时候呈桃红色，因此一般细胞培养液肉眼观察为透亮的桃红色。当细胞在其中生长时，由于细胞代谢产生酸性产物，使培养液 pH 下降而颜色变浅、变黄。一旦发现培养液变黄，说明培养液中代谢产物已堆积到一定量，需换液或传代处理。一般正常情况下，生长稳定的细胞需 2～3 天换液 1 次；生长慢的细胞需 3～4 天换液 1 次。目前细胞培养多采用 CO_2 温箱，这样可使 pH 相对稳定，利于细胞生长。传代和换液后，如果发现培养液很快变黄，可能由以下因素造成：有细菌污染发生；培养器皿没有洗干净，有残留物；细胞接种数量较大。

② 微生物的污染。微生物污染主要包括细菌、霉菌、酵母菌、支原体的污染。细菌、霉菌、酵母菌污染最典型的表现为培养液混浊，液体内漂浮菌丝或细菌。支原体污染时则不同，对于传代稳定、生长规律的细胞系，往往表现为培养条件没有改变而细胞生长却明显变缓、胞质内颗粒增多、有中毒表现，但培养液多不发生混浊，即可考虑为支原体污染。细菌和霉菌的污染多发生在传代、换液和加药等操作之后，因而在进行上述操作后 24～48h 要密切注意是否有污染发生。

③ 细胞的生长状况。新种入培养瓶的细胞，绝大多数并不马上开始增殖，都经历一段适应或潜伏期，其时间长短不同。原代培养潜伏期较长，从几天到数周不等；细胞系细胞一

般时间很短,多为24h以内;一般胚胎组织细胞生长的潜伏期较短,而成年组织细胞和部分癌组织潜伏期较长。原代培养中最先可见从组织块边缘"长出"细胞,这些细胞通常并不是增殖产生,而是从原代组织块中游走出来的,因而原代早期较少见到分裂细胞。成纤维细胞是最易生长的细胞,生长速度快、适应性强,故最早游出的细胞多以成纤维细胞为主。

细胞传代后,经过悬浮、贴壁伸展进入潜伏期,然后开始生长进入对数生长期,细胞开始大量繁殖,逐渐相连成片而长满瓶底后进行平台期,生长受到抑制。贴壁生长的细胞在长满瓶底80%就应及时传代,否则细胞可由于营养物质缺乏和代谢产物的堆积进入平台期并衰退。这时细胞轮廓增强,细胞变得粗糙,胞内常出现颗粒状堆积物。严重时,细胞甚至可从瓶壁脱落。悬浮生长的细胞当增长显著、培养液开始变黄时,也应及时传代。

④ 细胞的形态变化。生长状况良好的细胞,镜检观察时透明度大、边缘整齐、折光性强、轮廓不清;用相差显微镜观察能看清部分细胞的细微结构。细胞处于对数生长期时,可以见到很多分裂期细胞。细胞生长状态不良时,细胞折光性变弱、轮廓增强、边缘不整齐、细胞发暗,胞质中常出现空泡、脂滴、颗粒样物质,细胞之间空隙加大,细胞变得不规则、失去原有特点。上皮样细胞可能变成纤维样细胞的形状,有时细胞表面和周围出现丝絮状物,如果情况进一步严重,可以出现部分细胞从瓶壁脱落、死亡、崩解、漂浮。只有生长状态良好的细胞才适合进一步传代和实验。对生长状态不良的细胞首先要查明原因,采取相应措施进行处理,如换液、排除污染、废弃等。

2. 微生物污染的检测方法

检测所培养的细胞是否被微生物污染,可以通过目测、显微镜观察、电镜观察、特殊的染色鉴定、微生物培养实验、免疫学和分子生物学等方法进行确定。由于各类微生物之间大小差别很大、生长繁殖方式各异,因此在判断培养细胞是否被污染时,应根据不同类型的微生物特点和实验室条件,有侧重地选择上述某种方法进行检测。

(1) 细菌的污染及检测

细菌是一种原核细胞微生物,在细胞培养中较多见的是大肠埃希菌、白色葡萄球菌、假单胞菌等。在细菌污染细胞的初期,由于受培养基中抗生素的作用,其繁殖受到抑制,而细胞生长不受影响,这种情况不易检测。如果怀疑有细菌污染时,可将10mL左右的细胞悬液以1000r/min离心5min,再用无菌的PBS洗涤2次,接种到无抗生素的培养基并置于培养箱中,在37℃条件下培养24h。如培养物真的受到污染,可见细菌生长。当污染的菌量较大或细菌繁殖到一定程度时,培养几小时之后增殖的细菌即可导致培养基外观混浊,在倒置相差显微镜下,可见培养基中有大量的细菌颗粒漂浮。

细菌的污染多在传代、换液、加样等开放性操作后发生,由于细菌增生迅速,一般在污染后48h以内即可表现明显。因此,要在培养的最初两天密切观察实验样本是否有污染发生,这样可以及时采取措施加以补救或排除。

(2) 真菌的污染及检测

真菌是一种真核细胞微生物,比细菌大几十倍,种类繁多。污染培养系统的主要是烟曲霉、黑曲霉、毛霉菌、孢子菌、白念珠菌、酵母菌等。污染了真菌的培养系统,在倒置相差显微镜下可见丝状或树枝状的菌丝。这些菌丝呈白色丝状团块,如棉絮状,悬浮在培养基中或附着在培养器皿、培养物的表面。真菌污染常见于在潮湿环境下使用的培养板和培养皿等开放性培养系统。培养器皿外的污染物需及时用酒精棉球擦洗,以防止其传入培养系统内。

(3) 支原体的污染及检测

支原体是一种大小介于细菌和病毒之间并能独立生活的原核微生物,无细胞壁、具有高度可变形性、可以穿过常规细菌过滤器。支原体污染是一个常见的问题。据报道,目前世界上30%～50%的细胞系（株）已受支原体污染。支原体附着在培养细胞表面，与细胞竞争培养基中的单糖、氨基酸、核酸等物质而繁殖生长。受支原体污染的培养系统在显微镜下观察，不发生混浊，也无其他特殊的外观表现，因此在支原体污染的早期发现和处理是相当困难的。如果在培养过程中用显微镜观察发现许多细胞发生破碎，而且培养细胞需频繁改变培养环境才能长期传代时，应怀疑培养系统是否受到支原体污染。

为确定有无支原体污染，可用以下方法进行检测。

① 聚合酶链式反应（PCR）方法。PCR方法是模拟自然状态下DNA分子的复制方式，在体外实现DNA扩增。利用事先设计好的对支原体特异的rRNA基因引物或rRNA基因间隔区的引物，可以检测到培养系统中极其微量的支原体DNA，其敏感度非常高。

② 荧光染色法。荧光染色是用能与DNA相结合的荧光染料对细胞进行染色。无支原体污染时，DNA只存在于培养细胞的核内；而污染了支原体的细胞，由于支原体附着在细胞的外表面，所以在荧光显微镜下可见细胞周围或附着于细胞表面的绿色小亮点，而且亮点密度和支原体污染程度呈正比。因而，可据此检测是否有支原体污染以及污染的程度。

③ 相差显微镜观察法。在培养器皿中事先放置一个盖玻片，把培养细胞接种于其上，24h后取出。将有细胞的一面朝下覆盖在载玻片上，用相差显微镜的油镜观察。在细胞表面和细胞之间的暗色微小颗粒，即为支原体。

④ 免疫学方法。利用人工制备的针对各类支原体的单克隆抗体，与培养细胞表面的支原体结合，再用荧光或酶标记的针对支原体单克隆抗体的抗体（此抗体为以免疫球蛋白作为抗原的抗体，因此可以与支原体单克隆抗体进行结合），当用间接免疫细胞化学染色法染色，阳性（有荧光或颜色变化）者即可认定存在支原体污染。

⑤ 电镜观察。取培养细胞，用扫描电镜或透射电镜观察，此方法既简便又快捷。污染的细胞培养系统以及我们采取的排除污染的措施都将对培养细胞造成严重的影响，使实验结果不可靠。因此，不是具有非常重要价值的培养细胞，一旦发现被污染应立即销毁，以防止污染扩大并影响其他细胞。

3. 预防污染

为了使细胞培养顺利进行，预防污染尤为关键，目前一般采用以下措施。

(1) 培养操作前的准备

① 把新配制的或新购入的培养基，取样检菌，一周后确认无菌方可使用。
② 培养系统中使用的培养器皿应是经过灭菌的，或是使用一次性无菌器皿。
③ 应按要求定期更换或清洗超净工作台的空气滤网，定期检查超净工作台的空气净化标准；操作前提前半小时打开超净工作台中的紫外线灯消毒。
④ 定期清洗培养箱，用消毒剂擦拭以防止和消除微生物的生长。
⑤ 对新引进的细胞株应密切观察，防止外来污染源。
⑥ 新购入的未灭活血清用56℃水浴30min灭活其中的补体和支原体。
⑦ 操作者事先应清洗双手，如有呼吸道感染应戴口罩。

(2) 培养操作过程中应注意的问题

① 操作时不要交谈、咳嗽、打喷嚏，以防止唾液和气流中的微生物造成的污染。
② 吸取培养基及细胞悬液时，应专管专用，防止污染扩大或交叉污染。
③ 使用培养基前，不要过早开瓶；开瓶后的培养基应保持斜立，不要直立。
④ 用完后应立即封口。培养的细胞在处理前不要过早地暴露于空气中。
⑤ 在安装吸管帽、开启或封闭瓶口时，要经过火焰烧灼，并在火焰附近操作。
⑥ 在超净工作台放置的所有培养器皿的口，不要与超净工作台的风向相逆。

⑦ 不要用手触及培养器皿的无菌部分。
⑧ 操作完毕后，应整理好工作面，并用消毒剂擦拭，关闭超净工作台。

三、任务实施

（一）实施原理

由于细胞小而复杂，培养细胞后，需要借助显微镜等方法来进行检测，以及时地了解细胞生长状态、数量改变、细胞形态、细胞有无移动、污染、培养基 pH 是否变酸、培养基变黄是否需要更换等。

（二）实施条件

1. 实验器材

倒置显微镜。

2. 试剂和材料

传代培养 3 天的 SP2/0 细胞培养物。

（三）方法与步骤

1. pH 的检查

将待检测的传代培养细胞从二氧化碳培养箱中取出，观察记录培养基的颜色变化。

2. 培养液浊度的检查

① 打开风光光度计预热半个小时后，以加入 10％小牛血清的 DMEM 培养基为对照进行调零。

② 无菌操作取 3mL 细胞传代培养物，在 600nm 调节下测定 OD 值，重复 3 次。

3. 细菌污染的检查

① 将细胞培养瓶置于倒置显微镜下，先在 10 倍放大倍数下观察，找到视野后调到高倍镜下仔细观察，并记录观察结果。

② 无菌操作取少许细胞培养物，涂布于细菌生长培养基中，置于 37℃ 培养箱中培养，3 天后观察培养结果。

4. 真菌污染的检查

① 霉菌污染时易于发现，用肉眼观察即可见到生长的霉菌菌落。菌落大多为白色或浅黄色小点，漂浮于培养液表面，有的散在生长。

② 镜检时可见纵横交错的丝状、瘤状或树枝状菌丝，穿行于细胞之间。念珠菌或酵母菌形态呈卵圆形，散在于细胞周边和细胞之间。

③ 无菌操作取少许细胞培养物，涂布于细菌生长培养基中，置于 37℃ 培养箱中培养，3 天后观察培养结果。

5. 健康细胞与衰老死亡的观察

通过倒置显微镜观察，生长状态良好的细胞，表现为均质、明亮、透明度大、折光性强；生长状态不好、衰老的细胞，细胞质中常出现黑色颗粒、空泡或脂滴，细胞间空隙加大，细胞形态变得不规则、边缘不整齐、发暗或失去原有特性，严重时只剩下细胞碎片。

（四）结果与讨论

① 培养细胞的常规检测包括哪些方面？怎样检测？
② 微生物污染主要包括哪些方面？怎样判断培养细胞污染了何种微生物？

任务三　抗人血蛋白杂交瘤细胞系的建立

一、任务目标

① 了解杂交瘤细胞系的建立。
② 掌握动物细胞的融合技术。

二、必备基础

1. 动物细胞融合的概念

动物细胞融合即动物细胞杂交，指的是不同来源的两个或两个以上的细胞融合为一个细胞的过程。融合后形成的具有原来两个或多个细胞遗传信息的单核细胞为杂交细胞。利用细胞融合技术制备单克隆抗体是动物细胞工程的一个重要应用分支，目前这一技术已经非常成熟。

2. 细胞融合技术的发展历史

19 世纪 30 年代，科学家们相继在肺结核、天花、水痘、麻疹等疾病患者的病理组织中观察到多核细胞。19 世纪 70 年代，科学家们在蛙的血细胞中也看到了多核细胞的现象，但是由于受当时科学技术发展水平的限制，人们对这一现象并没有给予足够的重视。1958 年，日本科学家岗田用灭活的仙台病毒诱导人的腹水癌细胞融合成功。后来科学家们又成功地诱导了不同种动物的体细胞融合，并且能将杂种细胞培养成活。1975 年 8 月 7 日，Kohler 和 Milstein 在英国《自然》杂志上发表了题为"分泌具有预定特异性抗体的融合细胞的持续培养"的著名论文。他们大胆地把以前不同骨髓瘤细胞之间的融合延伸为将丧失合成次黄嘌呤鸟嘌呤磷酸核糖转移酶（hypoxanthine-guanine phosphoribosyltransferase，HGPRT）的骨髓瘤细胞与经绵羊红细胞免疫的小鼠脾细胞进行融合。融合由仙台病毒介导，杂交细胞通过在含有次黄嘌呤（hypoxanthine，H）、氨基蝶呤（aminopterin，A）和胸腺嘧啶核苷（thymidine，T）的培养基（HAT）中生长进行选择。在融合后的细胞群体里，尽管未融合的正常脾细胞和相互融合的脾细胞是 HGPRT$^+$，但不能连续培养，只能在培养基中存活几天。而未融合的 HGPRT$^-$ 骨髓瘤细胞和相互融合的 HGPRT$^-$ 骨髓瘤细胞不能在 HAT 培养基中存活，只有骨髓瘤细胞与脾细胞形成的杂交瘤细胞因得到分别来自亲本脾细胞的 HGPRT 和亲本骨髓瘤细胞的连续继代特性，而在 HAT 培养基中存活下来。实验的结果完全像起始设计的那样，最终得到了很多分泌绵羊红细胞抗体的克隆化杂交瘤细胞系。

杂交瘤技术建立不久后，在融合剂和所用的骨髓瘤细胞系等方面即得到改进。最早仙台病毒被用作融合剂，后来发现聚乙二醇（PEG）的融合效果更好，且避免了病毒的污染问题，从而得到广泛的应用。随后建立的骨髓瘤细胞系如 SP2/0-Ag14，X63-Ag8.653 和 NSO/1 都是既不合成轻链又不合成重链的变种，所以由它们产生的杂交瘤细胞系，只分泌一种针对预定抗原的抗体分子，克服了骨髓瘤细胞 MOPC-21 等的不足。再后来又建立了大鼠、人和鸡等用于细胞融合的骨髓瘤细胞系。目前，此技术已经非常成熟，而且用于多种单克隆抗体的大规模生产中。

3. 杂交瘤技术制备单克隆抗体的原理

利用聚乙二醇作为细胞融合剂，使免疫的小鼠脾细胞与具有在体外不断繁殖能力的小鼠骨髓瘤细胞融为一体，在 HAT 选择性培养基的作用下，只让融合成功的杂交瘤细胞生长。经过反复的免疫学检测筛选和单个细胞培养（克隆化），最终获得既能产生所需单克隆抗体，又能不断繁殖的杂交瘤细胞系。将这种细胞扩大培养，接种于小鼠腹腔，在其产生的腹水中即可得到高效价的单克隆抗体。

4. 杂交瘤技术制备单克隆抗体的主要过程

杂交瘤技术制备单克隆抗体工艺流程如下。

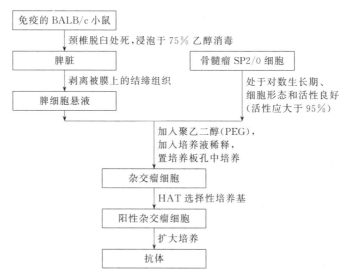

（1）动物免疫　动物免疫目的是使 B 淋巴细胞在抗原刺激下分化、增殖，有利于细胞融合形成杂交瘤细胞，并增加获得分泌特异性抗体的杂交瘤细胞的频率。

（2）细胞、骨髓瘤细胞及饲养细胞的制备

① 脾细胞的制备。取免疫的 BALB/c 小鼠，眼球摘除放血，分离血清供阳性抗体用。将小鼠颈椎脱臼处死，浸泡于 75% 乙醇消毒，移入超净工作台内，无菌取出脾脏，剥离被膜上的结缔组织，用针头将脾脏一端刺孔，用一次性无菌注射器吸取基础培养液，从脾脏一端缓慢注入，使液体从脾脏另一端针孔流出，流出液体即为脾细胞悬液。另外一种制备脾脏的方法为：剥离脾脏的结缔组织后将脾脏置于灭菌铜网上，用无菌注射器内芯挤压研磨脾脏，并用不完全培养液轻轻冲洗铜网，使脾细胞全部通过网孔压挤到溶液中。

② 骨髓瘤细胞的制备。融合前两周从液氮中取出骨髓瘤 SP2/0 细胞进行培养，待细胞处于对数生长期、细胞形态和活性（活性应大于 95%）良好时即可用于融合。

（3）细胞融合和杂交瘤细胞的筛选

① 细胞融合。简单地说，细胞融合就是两个或两个以上的细胞合并成一个细胞的过程。细胞融合是杂交瘤技术的中心环节，基本步骤是将脾细胞和骨髓瘤细胞混合后加入聚乙二醇（PEG）使细胞彼此融合。然后用培养液稀释 PEG，消除 PEG 的作用，再将融合后的细胞适当稀释，置培养板孔中培养。

② HAT 筛选杂交瘤细胞。细胞融合培养时加入 HAT 选择系统，目的是保证只有杂交瘤细胞的生长。HAT 培养基是含次黄嘌呤（H）、胸腺嘧啶核苷（T）及氨基蝶呤（A）的一种选择性培养基，这三种成分与细胞 DNA 合成有关。氨基蝶呤可阻断细胞利用正常途径合成 DNA，细胞在含有氨甲蝶呤的培养基中不能通过正常途径合成 DNA。这时正常细胞可以通过"补救途径"，由胸腺嘧啶激酶（TK）和次黄嘌呤鸟嘌呤磷酸核糖转移酶（HGPRT）利用胸苷和次黄嘌呤合成核酸而繁殖。

（4）阳性杂交瘤细胞的筛选　通过选择性培养而获得的杂交瘤细胞系中，仅少数能分泌针对免疫原的特异性抗体。一般在杂交瘤细胞布满孔底 1/10 面积时,即可在无菌条件下取细胞培养上清液开始检测特异性抗体,筛选出所需要的阳性杂交瘤细胞系。

(5) 阳性杂交瘤细胞的克隆及其检测　经过抗体测定为阳性的孔内细胞,可以扩大培养,进行克隆。因为阳性孔内不能保证只有一个克隆。在实际工作中,可能会有数个甚至更多的克隆,可能包括非抗体分泌细胞、所需要的抗体(特异性抗体)分泌细胞和其他无关抗体分泌细胞。要想将这些细胞彼此分开,就需要克隆化。克隆化的原则是,对于检测抗体阳性的杂交克隆应尽早进行克隆化,否则抗体分泌的细胞会被非抗体分泌的细胞所抑制,因为非抗体分泌细胞的生长速度比抗体分泌的细胞生长速度快,二者竞争的结果会使分泌抗体的细胞丢失。即使克隆化过的杂交瘤细胞也需要定期地再克隆,以防止杂交瘤细胞的突变或染色体丢失,从而丧失产生抗体的能力。克隆化的方法很多,而最常用就是有限稀释法和软琼脂平板法。

(6) 杂交瘤细胞株的冻存和单克隆抗体的大量制备　筛选出的阳性细胞株应及早进行抗体制备,因为融合细胞随培养时间延长,发生污染、染色体丢失和细胞死亡的概率会增加。单克隆抗体的大量制备普遍采用的是小鼠腹腔接种法。具体方法为:选用 6～8 周龄的 BALB/c 小鼠或其亲代小鼠,先用降植烷或液体石蜡进行小鼠腹腔注射以使小鼠致敏,一周后将杂交瘤细胞接种到小鼠腹腔中去。接种细胞的数量应适当,一般为 1×10^5～5×10^5 个/鼠,可根据腹水生长情况适当增减。通常在接种一周后可见小鼠腹部明显增大,即有腹水产生,每只小鼠可收集 5～10mL 的腹水,有时甚至超过 40mL。该法制备的腹水抗体含量高,每毫升可达数毫克甚至数十毫克水平。此外,腹水中的杂蛋白也较少,便于抗体的纯化。

(7) 单克隆抗体的纯化　单克隆抗体的纯化方法同多克隆抗体的纯化方法一致,腹水特异性抗体浓度比抗血清中的多克隆抗体高,纯化效果好。可按所要求的纯度不同,采用相应的纯化方法。一般采用盐析、凝胶过滤和离子交换色谱等步骤达到纯化目的,也有采用较简单的酸沉淀方法。

三、任务实施

(一) 实施原理

利用聚乙二醇(PEG)作为细胞融合剂,使免疫的小鼠脾细胞与具有在体外不断繁殖能力的小鼠骨髓瘤细胞融为一体。在 HAT 选择性培养基的作用下,只让融合成功的杂交瘤细胞生长,经过反复的免疫学检测筛选和单个细胞培养(克隆化),最终获得既能产生所需单克隆抗体,又能不断繁殖的杂交瘤细胞系。将这种细胞扩大培养,在其细胞培养物种中即可得到高效价的单克隆抗体。

(二) 实施条件

1. 实验器材

低速离心机、冰箱、超净台、细胞培养箱、水浴锅、显微镜、无菌眼科剪刀,无菌眼科小镊子(直、弯),无菌止血钳、无菌的尖嘴吸管,无菌的刻度吸管(1mL、5mL、10mL)、细胞计数板、96(24)空培养板、0.22μm 滤器、消毒滤纸、细胞培养瓶、90～100 目不锈钢网或尼龙纱网、无菌注射器芯、无菌 7 号针头注射器、50mL 离心管。

2. 试剂和材料

小鼠骨髓瘤细胞 SP2/0、小鼠脾淋巴细胞、小鼠胸腺细胞(小鼠腹腔细胞)。

含有高糖的 DMEM 培养液、无血清培养液、次黄嘌呤、胸苷、氨基蝶呤、PEG 4000、台盼蓝染液。

(三) 方法与步骤

1. SP2/0 细胞的准备

选择任务 1 中传代培养生长状态良好的 SP2/0 细胞（浑圆透亮、大小均一、边缘清晰、排列整齐、呈半致密分布），弃上清，用不完全培养基洗涤一次后，用 10mL 不完全培养基将骨髓瘤细胞 (SP2/0) 悬浮，调节细胞浓度。

2. 脾淋巴细胞的准备

① 取加强免疫后 3 天的小鼠，摘除眼球。

② 颈脱位将小鼠致死，用 75% 乙醇消毒体表 5min，随即放入超净台内小鼠解剖板上，左侧卧位，用 7 号针头固定四肢。

③ 无菌打开腹腔取出脾脏，用基础培养基洗涤，并仔细去掉周围附着的结缔组织。

④ 随后将脾脏转移到另一个盛有 DMEM 的平皿中，以弯头针头压住脾脏，用小针头在脾脏上插孔，并用镊子挤压，使脾细胞充分释放，制成脾细胞悬液。

⑤ 按 1∶5 或 1∶10 混合脾细胞和骨髓瘤细胞后，离心弃去上清，并以消毒滤纸吸净多余上清。

3. 细胞融合

① 将上述制备的骨髓瘤细胞与脾细胞混合于一支 50mL 的带盖的离心管中，1000r/min 离心 10min，上清要充分吸净，以免影响 PEG 的作用。

② 将融合管置于手掌中，轻轻振荡底部，务必使两种细胞充分混匀。

③ 用 1mL 吸管将预热的 PEG 在 45~60s 内缓慢加到融合管中，边加边轻轻摇匀。

④ 立即滴加 37℃ 预热的 DMEM，使 PEG 稀释而失去作用。具体加法是用吸管在第一分钟内加 1mL 预热的不完全培养基，第二分钟内加 2mL，第三分钟加 8mL（遵照"先慢后快"的原则），37℃ 静置 10min，1000r/min 离心 10min，弃上清。

⑤ 加入 5mL 的 HAT 培养基，轻轻悬浮沉淀细胞，最后补加 HAT 至 50mL 左右。

⑥ 分装于 96 孔细胞培养板，然后将培养板置于 37℃、5% 的 CO_2 培养箱内培养。

⑦ 5 天后用 HAT 培养基换出一半培养基。

⑧ 观察杂交瘤细胞的生长情况，待其细胞培养上清变黄或克隆分布至孔底面积的 1/10 以上时，吸取适量细胞上清进行抗体检测。

4. 阳性子的克隆化培养

① 制备有饲养细胞底层的细胞培养板。

② 收集细胞、计数阳性培养细胞。

③ 细胞悬液调至每毫升 5~10 个细胞。

④ 96 孔板中每孔加 0.1mL。

⑤ CO_2 温箱培养一周后，半量换液，继续培养。

⑥ 适时检测每孔培养上清，挑选呈阳性培养孔的细胞继续进行有限稀释，直至确信孔中细胞为单克隆为止。

(四) 结果与讨论

① 如何提高细胞融合率？

② 如何快速实现阳性克隆子的筛选？

任务四　杂交瘤阳性克隆子的保藏

一、任务目标

① 掌握保藏的方法。
② 掌握动物细胞复苏的方法。
③ 了解动物细胞活性的检测。
④ 掌握细胞的计数方法。

二、必备基础

1. 动物细胞的冻存

（1）细胞冻存的意义　制备单克隆抗体时，在没有建立一个稳定分泌抗体的细胞系的时候，细胞的培养过程中随时可能发生细胞的污染、分泌抗体能力的丧失等。为了保证杂交瘤细胞不致因传代污染或因变异而丢失，杂交瘤细胞株一经建立，应及时冻存原始孔的杂交瘤细胞、每次克隆化得到的亚克隆细胞，特别是每次克隆化的同时或稍后，均应冻存阳性克隆子，而不要长期培养于培养液中。

（2）细胞冻存的原理　为了最大限度地保存细胞活力，细胞冻存基本原则是慢冻，所以冻存细胞时要缓慢冷冻。主要原因是细胞在不加任何保护剂的情况下直接冷冻时，细胞内、外的水分会很快形成冰晶，冰晶的形成将引起一系列的不良反应。首先是细胞因脱水而使局部电解质浓度增高，pH 发生改变，部分蛋白因此而变性。细胞内冰晶的形成和细胞膜上蛋白质、酶的变性可损伤溶酶体膜，释放的溶解酶可破坏细胞内的结构成分，并且使线粒体肿胀、功能丧失，导致细胞能量代谢障碍。另一方面胞膜上的类脂蛋白复合体在冷冻中易发生破坏，引起胞膜通透性改变，使细胞内容物流失。位于细胞核内的 DNA 也是冷冻时易受损伤的部分，如细胞内冰晶形成较多时，随冷冻时温度的降低，冰晶体积膨胀易造成 DNA 的空间构型发生不可逆的损伤性变化，引起细胞死亡。

细胞冻存

（3）细胞低温冷冻储存　已成为细胞培养室的常规工作和通用技术。通常培养细胞存储在液氮中，液氮温度低至 $-196℃$，能长时间保存细胞活力。理论上在液氮内细胞的储存时间是无限的，细胞冷冻储存在 $-70℃$ 冰箱中可以保存一年之久。为了减少细胞内冰晶的形成对细胞造成的伤害，通常在保存液中加入一定浓度的冷冻保护剂。目前多采用甘油或二甲基亚砜（DMSO）作保护剂。这两种物质对细胞无明显毒性，且分子量小、溶解度大、易穿透细胞，可以使冰点下降，提高胞膜对水的通透性；加上缓慢冷冻方法可使细胞内的水分渗出细胞外，在胞外形成冰晶，减少细胞内冰晶的形成，从而减少由于冰晶形成造成的细胞损伤。细胞冻存时，二甲基亚砜使用浓度在 5%～15%，常用 10% 的浓度。

2. 细胞的复苏

细胞复苏与冻存的要求相反，应采用快速融化的手段。复苏时融解细胞速度要快，使之迅速通过细胞最易受损的 $-5～0℃$。这样可以保证细胞外结晶在很短的时间内融化，避免由于缓慢融化使水分渗入细胞内形成胞内再结晶对细胞造成损害，以防细胞内形成冰晶引起细胞死亡。

动物复苏的一般步骤：冻存细胞自液氮中小心取出后迅速放置于 37℃ 水浴中，低速离心弃上清液后移入含培养液的培养瓶内,置 37℃、5% CO_2 温箱中培养,培养几天后细胞大部分可贴壁生长并增殖。

3. 细胞活性检查

细胞活性检查是细胞培养的基本技术。在细胞冻存和复苏过程中,由于细胞遭受非生理性的低温打击等,不可避免地对细胞产生影响,引起部分细胞活力下降或死亡,通过细胞活性检查可快速检验细胞冷冻效果。细胞活性检查常用以下两种方法。

(1) 染色法　细胞损伤或死亡时,某些染料可穿透变性的细胞膜,与解体的 DNA 结合,使其着色。而活细胞能阻止这类染料进入细胞内,因此可以鉴别死细胞与活细胞。常用的染料有台盼蓝、苯胺黑、结晶紫。

(2) 四唑盐(MTT)比色法　四唑盐(MTT)商品名为噻唑蓝,化学名为 3-(4,5-二甲基-2-噻唑)-2,5-二苯基溴化四唑。四唑盐比色法的原理是活细胞中脱氢酶能将四唑盐还原成不溶于水的蓝色产物——甲瓒,并沉淀在细胞中,而死细胞没有这种功能。二甲亚砜(DMSO)能溶解沉积在细胞中蓝紫色的结晶物,溶液颜色的深浅与所含甲瓒量呈正比。再用酶标仪测定 OD 值。MTT 法简单快速、准确,该方法已广泛用于一些生物活性因子的活性检测、大规模的抗肿瘤药物筛选、细胞毒性试验以及肿瘤放射敏感性测定等。具有灵敏度高、经济等特点。

细胞 MTT 活力检测

4. 细胞计数

细胞计数法是细胞学实验的一项基本技术。在细胞培养过程中,加入培养瓶的细胞数量都应在一定的范围内,细胞才能达到其最佳生长状态。常用的细胞计数有血细胞计数板计数法。

计数板是一块特制的长方形厚玻璃板,板面的中部有 4 条直槽,内侧两槽中间有一条横槽把中部隔成两个长方形的平台。此平台比整个玻璃板的平面低 0.1mm,当放上盖玻片后,平台与盖玻片之间的距离(即高度)为 0.1mm。平台中心部分各以长 3mm、宽 3mm 精确地划分为 9 个大方格,称为"计数室",每个大方格面积为 $1mm^2$,体积为 $0.1mm^3$。用倒置显微镜观察计数板四角的大方格,可见每个大方格又分为 16 个中方格,适用于细胞计数。

细胞培养液滴入计数室后,须静置 2~3min,然后在低倍镜下计数。在显微镜下,用 10× 物镜观察计数板四角大方格中的细胞数。计数时应循一定的路径,对横跨刻度上的细胞,依照"数上不数下,数左不数右"的原则进行计数,即细胞压中线时,只计左侧和上方的细胞,不计右侧和下方的细胞。计数细胞时,数四个大方格的细胞总数。

$$每毫升原液的细胞数 = (4 个大格细胞数之和/4) \times 10^4$$

若原液稀释一定倍数后,再进行细胞计数,则:

$$原液中细胞密度(细胞数/毫升) = (4 个大格细胞数之和/4) \times 10^4 \times 稀释倍数$$

若已知 4 个大方格的细胞数为 160 个,试计算原液中的细胞密度(细胞数/毫升原液)。

三、任务实施

(一) 实施原理

细胞低温冷冻储存已成为细胞培养室的常规工作和通用技术。通常培养细胞存储在液氮中,为了减少细胞内冰晶的形成对细胞造成的伤害,通常在保存液中加入一定浓度的冷冻保护剂。目前多采用甘油或二甲基亚砜(DMSO)作保护剂。细胞复苏与冻存的要求相反,应采用快速融化的手段。

(二) 实施条件

1. 实验器材

冷冻管、胶头滴管、超净台、二氧化碳培养箱、血细胞计数板、离心机、水浴锅、细胞培养瓶、显微镜、盖玻片、液氮罐。

2. 试剂和材料

杂交瘤细胞阳性克隆子。

台盼蓝、二甲基亚砜、液氮。

(三) 方法与步骤

1. 细胞的冻存

① 无菌操作收集传代培养的对数生长期阳性克隆子细胞液于离心管中，在1000r/min条件下，离心10min。

② 加入用含有10%二甲基亚砜的DMEM培养基重悬细胞，计数后调整冻存液中细胞的最终密度为$5\times10^6 \sim 1\times10^7$/mL。

③ 取约1mL的细胞悬液于2mL的冻存管中，用厚毛巾包好后，放入做好标记的支架中后移入液氮容器中保藏。

2. 细胞的复苏

用镊子将要复苏的细胞的冻存管从液氮罐中取出，将细胞冻存管立即放入38~40℃水浴中，轻摇至完全融化。将融化好的细胞冻存管放入离心机中，1000r/min离心10min。无菌操作倒弃上清液，用毛细管吸适量营养液加入细胞冻存管中，并轻轻吹吸数次，将下沉的细胞吹散悬浮后吸入加有适量营养液的细胞培养瓶中，做好标记，置5% CO_2、37℃孵箱培养。

3. 细胞活性的检测

配制0.4g台盼蓝加热溶于100mL Hanks液或BSS液中，贴标签。取少量细胞悬液，按1∶1量加入0.4%台盼蓝溶液，充分混匀，静置1~2min。用胶头滴管吸取细胞悬液，从计数板边缘缓缓滴入，使之充满计数板和盖玻片之间的空隙，1min后用10×物镜移动视野观察，计数100~200个细胞。活细胞圆形透明，死细胞染成蓝色，用活细胞占计数细胞中的百分比表示细胞活力。

(四) 结果与讨论

① 如何对贴壁细胞和悬浮细胞进行保藏？

② 如何对液氮保藏细胞进行复苏？

任务五 杂交瘤阳性克隆子的微载体培养

一、任务目标

① 掌握动物细胞大规模培养的设备。

② 掌握动物细胞的微载体培养技术。

二、必备基础

1. 动物细胞大规模培养技术

动物细胞大规模培养技术是在人工条件（除满足培养过程必需的营养要求外，还要进行

pH 和溶氧的最佳控制)下,在细胞生物反应器中高密度、大量培养动物细胞用于生产生物制品的技术。

2. 动物细胞大规模培养的方法

根据动物细胞的生长特点可将其分为三类:悬浮生长的细胞、贴壁细胞和兼性贴壁细胞。根据动物细胞的培养特性不同,可采用贴壁培养、固定化培养和悬浮培养等三种培养方法进行大规模培养。

(1) 悬浮培养 悬浮培养是指让细胞在生物反应器中自由悬浮生长增殖的培养方法。它是在微生物发酵的基础上发展起来的,但由于没有细胞壁保护,不能耐受剧烈的搅拌和通气,因此在许多方面又与经典的微生物发酵有所不同。悬浮培养适用于少数非贴壁依赖型细胞的培养(如杂交瘤细胞等),也适用于兼性贴壁细胞,但不能应用于贴壁依赖型细胞的培养。

悬浮培养的优点是操作简便,培养条件比较均一,传质和传氧效果比较好,容易扩大培养规模。在培养设备的设计和实际操作中可以借鉴许多细菌发酵的经验。其缺点是不能采用灌流培养,导致细胞密度较低。另外只有少数细胞适合悬浮培养。

大规模动物细胞培养中,用于悬浮培养的设备主要是搅拌罐式生物反应器和气升式生物反应器,如英国 Celltech 公司在培养杂交瘤细胞生产单克隆抗体时,采用的是 2000L 的气升式生物反应器。

(2) 贴壁培养 贴壁培养是指细胞贴附在一定的固相表面进行的培养。在动物细胞大规模培养中,能为细胞提供贴附表面培养基质的目前主要有旋转瓶、中空纤维、细胞工厂和微载体等。其中微载体培养兼具悬浮培养和贴壁培养的优点,是目前公认的最有发展前途的一种动物细胞大规模培养技术。

① 微载体培养。微载体培养是在培养容器内加入培养液及对细胞无害的颗粒——微载体,作为载体,使细胞在微载体表面附着并呈单层生长繁殖。通过持续搅动(为避免剪切力对细胞的影响,搅拌速度一定要慢)使微载体始终保持悬浮状态的培养方法。这种细胞培养方法由 Van Wezel 于 1967 年首先创立,是一种适用于培养贴壁依赖型细胞的大规模培养方法。经过三十多年的发展,该技术目前已日趋完善和成熟,并成为目前公认的最有发展前途的一种动物细胞大规模培养技术。现在,微载体培养已广泛用于培养各种类型细胞,生产疫苗、蛋白质产品,如 293 细胞、成肌细胞、Vero 细胞、CHO 细胞等。

② 旋转瓶培养。培养贴壁依赖型细胞最初采用转瓶系统培养。转瓶培养一般用于小量培养到大规模培养的过渡阶段,或作为生物反应器接种细胞准备的一条途径。旋转瓶培养时,细胞接种在圆筒形培养器——转瓶中,然后将转瓶放在旋转架上缓慢转动。培养过程中转瓶不断旋转,使细胞交替接触培养液和空气,从而提供较好的传质和传热条件。

③ 中空纤维培养。中空纤维培养技术是模拟细胞在体内生长的三维状态,利用一种人工的"毛细血管"即中空纤维来给培养的细胞提供物质代谢条件而建立的一种大规模培养方法。中空纤维是一种细微的管状结构,外径一般在 $100\sim500\mu m$ 不等,管壁厚度约 $50\sim75\mu m$,其构造类似于动物组织的毛细血管。一般是用乙酸纤维素、聚氯乙烯-丙烯复合聚合物、多聚碳酸硅或者聚砜等材料制成。中空纤维的管壁为极薄的半透膜,能截留相对分子量为 10000、50000、100000 的物质,但水分子、小分子营养物质和气体可通过。中空纤维的管壁表面有许多海绵状多孔结构,细胞能在上面贴壁生长。

④ 细胞工厂培养。细胞工厂是由一组长方形培养皿样的培养小室组成,这些培养小室通过两条垂直的管道(供应管)分别在两个相邻角处互相连接,培养液可在各培养小室之间流动。将细胞工厂转动 90°,沿短轴放平,且供应管处在顶部时,每个培养小室的液体将被

分隔开，但气相仍可通过供应管到达各个培养小室。

（3）固定化培养　固定化培养是将动物细胞与水不溶性载体结合起来，再进行培养的方法。悬浮培养适用于非贴壁依赖型细胞，贴壁培养适用于贴壁依赖型细胞，而固定化培养对上述两大类细胞都适用。固定化培养具有细胞生长密度高、抗剪切力和抗污染能力强等优点，细胞易与产物分开，有利于产物分离纯化。制备固定化细胞的方法很多，在动物细胞培养中要考虑使用较温和的固定化方法，如吸附法、包埋法和微囊法。

3. 动物细胞生物反应器

动物细胞生物反应器是整个动物细胞大规模培养过程的关键设备，它可为动物细胞的生长代谢提供一个最优化的环境，从而使其在生长代谢过程中产生出量足质优的所需产物。目前广泛使用的细胞反应器有搅拌罐式生物反应器，气升式生物反应器，中空纤维生物反应器。此外，流化床生物反应器、Petri 碟式生物反应器、脉动式生物反应器、摇床式生物反应器、填充床生物反应器等也有一些应用。

4. 动物细胞培养的操作方式

无论培养何种细胞，就操作方式而言，深层培养可分为分批式、流加式、半连续式、连续式和灌注式五种发酵工艺。

5. 动物细胞大规模培养的应用

如今，动物细胞大规模培养已成功用于生产疫苗、蛋白质因子、免疫调节剂及单克隆抗体等产品。同时动物细胞大规模培养也是生物工业中大量增殖新型有用细胞不可缺少的技术，一些培养细胞甚至还可用于治疗等。

（1）生产疫苗　目前，通过动物细胞大规模培养已实现商业化的疫苗产品有：口蹄疫疫苗、狂犬病疫苗、牛白血病病毒疫苗、脊髓灰质炎病毒疫苗、乙型肝炎疫苗、疱疹病毒疫苗、巨细胞病毒疫苗等。1983 年，英国 Wellcome 公司就已能够利用动物细胞进行大规模培养，生产口蹄疫疫苗。美国 Genentech 公司应用 SV40 病毒为载体，将乙型肝炎病毒表面抗原基因插入哺乳动物细胞内进行高效表达，生产出乙型肝炎疫苗。

（2）生产多肽和蛋白质类药物　许多人用和兽用的重要蛋白质药物，尤其对那些相对较大、较复杂或糖基化的蛋白质来说，动物细胞培养是首选的生产方式。目前，通过动物细胞大规模培养生产的多肽和蛋白质类药物有：凝血因子Ⅷ和凝血因子Ⅸ、促红细胞生成素、生长激素、IL-2、神经生长因子等。

（3）生产免疫调节剂及单克隆抗体　利用动物细胞大规模培养生产的免疫调节剂主要有：α-干扰素、β-干扰素、γ-干扰素和免疫球蛋白 G、免疫球蛋白 A、免疫球蛋白 M。20 世纪 80 年代以来，人们逐渐开始以生物反应器大规模培养杂交瘤细胞代替抽取鼠腹水的方法获得单克隆抗体。

三、任务实施

（一）实施原理

微载体培养技术是一种适合于贴壁依赖型细胞大规模培养的方法。在培养容器中加入培养液和对细胞没有毒害的微载体颗粒，细胞会在微载体颗粒表面生长，通过慢速的搅动使细胞始终处于悬浮生长的状态。

（二）实施条件

1. 实验器材

方瓶、二氧化碳培养箱、超净台、转瓶机、转瓶、磁力搅拌器、高压蒸汽灭菌锅。

2. 试剂和材料

5%二氯二甲硅烷的三氯甲烷溶液、微载体、0.25%的胰蛋白酶溶液、0.05mol/LPBS (pH 7.2)、酒精、葡萄糖、DMEM 培养基。

(三) 方法与步骤

1. 方瓶传转瓶

① 在倒置显微镜下,仔细观察方瓶内的细胞生长状况,待方瓶中的细胞达到贴壁面80%以上时,即可进行传代操作。

② 在局部 A 级操作台内,向无菌转瓶中加入 200mL 种子培养基。

③ 从二氧化碳培养箱中拿出方瓶,对方瓶表面进行酒精消毒后,放入局部 A 级操作台内。

④ 打开瓶盖,倒掉方瓶内的培养基。

⑤ 用 10mL 玻璃吸管向方瓶中加入胰蛋白酶溶液 3～5mL,拧紧瓶盖。

⑥ 先用手摇动方瓶,使胰蛋白酶溶液湿润全部细胞,盖上瓶盖。再置二氧化碳培养箱内 1min。

⑦ 将方瓶转移至局部 A 级操作台内,用手轻轻拍打瓶壁,使细胞脱落并分散成单个细胞。

⑧ 加入 10mL 的种子培养基终止消化,用 10mL 玻璃吸管从方瓶中吸出细胞悬液接入一个转瓶中,拧紧瓶盖。置转瓶机上,转速 17r/min,培养温度 36.5℃,培养 2～4 天。

2. 转瓶扩大培养

① 培养设备的准备。细胞悬浮培养瓶如图 3-3 所示进行安装。

(a)　　　　　　(b)

图 3-3　细胞悬浮培养瓶

(a) 搅拌瓶;(b) 放在磁力搅拌器上的搅拌瓶

将玻璃容器浸泡于 5%二氯二甲硅烷的三氯甲烷溶液中 1min,室温干燥后蒸馏水冲洗,再干燥备用。

② 微载体的处理。称取 1.5g 微载体,倒入 1000mL 硅化过的玻璃容器中,加 0.05mol/L PBS (pH 7.2) 至 500mL,搅拌 3h,弃掉原 PBS,用新鲜 PBS 清洗 3～4 遍,至 pH 为 7.2,用 PBS 定容 250mL,115℃灭菌 30min,4℃保存待用。

③ 细胞培养。灭菌后的微载体弃去 PBS,用 DMEM 生长液清洗后,加入 200mL DMEM 生长液。将微载体和生长液一起加入 500mL 灭菌搅拌瓶中。将培养瓶中长至单层的杂交瘤细胞消化后接种到微载体搅拌罐中,细胞接种浓度为 20 万～40 万/mL。将搅拌罐中的生长液加至 500mL,搅拌瓶放置于磁力搅拌器上,转速 50r/min,置 37℃培养箱中培养。

每天取样观察微载体上细胞吸附和生长情况,进行细胞计数,按以下量换液,补加葡萄糖。

培养天数	1	2	3	4	5
换液	0	20%	40%	60%	80%
补加20%葡萄糖	0	1mL	1.5mL	1.5mL	1.5mL

以此类推,直到扩大到30~40个转瓶,足够上一个细胞罐为止。

(四) 结果与讨论

微载体培养的细胞得率如何?

任务六　西洋参植物细胞的培养

一、任务目标

① 掌握植物细胞培养前的准备工作。
② 掌握植物细胞的培养技术。
③ 了解植物细胞的大规模培养技术。

二、必备基础

1. 植物细胞培养技术的重要性

人类从植物中得到药物已有很长的历史。在当今的医药领域中,植物细胞技术应用越来越广泛,植物细胞的大量培养是利用植物细胞体系通过现代生物工程手段进行的工业规模生产。

植物细胞培养是在离体条件下,将愈伤组织或其他易分散的组织置于液体培养基中进行振荡培养,得到分散成游离的悬浮细胞,再通过继代培养使细胞增殖,从而获得大量细胞群体的一种技术。随着植物细胞培养、植物基因工程等生物技术的发展,它被赋予了新的内容和广阔的发展前景。直接提取有用化合物或者以植物提取物为底物合成其结构类似物成为人们治疗疾病的重要方法。研究植物次级代谢,可进一步提高细胞培养过程中细胞生长的速率及选育出稳定高产的优良细胞系,是提高植物细胞生产目标化合物效率的重要途径。

植物细胞培养技术现已发展成为一门精细的实验科学,在材料消毒、接种培养、继代保存、分离鉴定等方面建立了一套系统的操作程序,在今后的医药领域将有更广阔的天地。

2. 植物细胞培养条件及营养需求

(1) 植物细胞培养条件　植物细胞培养环境受到温度、光照、湿度、气体、pH等各种因素的影响。

① 温度。培养温度对植物细胞生长以及二次代谢产物生成有着重要的影响。离体培养条件下,培养温度与植物细胞的脱分化、细胞分裂和再分化有着密切的关系。喜温植物的培养温度一般控制在26~28℃,凉性植物的培养温度控制在18~22℃。

② 光照。光照是对植物细胞生长相当重要的环境因子。光照调节着细胞中的关键酶的活性,有时能大大促进代谢产物的生成,有时却起着阻害作用。离体培养的条件下,光照的影响包括光的周期、光量和光质等。大多数植物的光照要求为12~16h。光照强度的高低直接影响器官分化的频率,光照一般为2000~3000lx。根、芽等不同组织依赖的光谱成分不同,一般采用白炽荧光灯进行光照。

③ 湿度。周围环境的相对湿度低于60%时,培养基容易干涸,培养基渗透压改变,影响培养组织或细胞的脱落分化、分裂和再分化;湿度过高,细菌和霉菌容易滋生。周围环境

较为适宜的相对湿度一般为70%~80%。

④ 气体。在植物培养容器中的气体成分主要指的是氧气、二氧化碳和乙烯,其中氧气在植物细胞生长中起着重要的作用。悬浮培养中植物组织的旺盛生长必须有良好的通气条件,当氧气浓度低于10%时,培养器中的细胞生长会停止。在小量悬浮培养时,常用转动或振荡来起到通气和搅拌的作用;大量培养时,采用专门的通气和搅拌装置。二氧化碳对细胞的增殖和分化的作用目前还在争论。乙烯能抑制生长和分化,趋于使培养细胞无组织结构增殖。

⑤ pH。植物细胞的生长和次生代谢产物的积累都要求有合适的pH。细胞膜进行的H^+传递,对细胞的生育环境、生理活性来说无疑是重要的。植物细胞生长的最适宜pH为5~6.5。在培养过程中pH可发生变化,加入磷酸氢盐可起到稳定pH的作用。

此外,在植物细胞反应器中培养细胞,细胞的细胞龄以及接种量对细胞的生长和次生代谢产物的积累也是很重要的因素。在培养过程的不同时期,细胞的生理状况、生长与物质生产能力差异显著。而且,使用不同细胞龄的种细胞,其后代的生长与物质生产状况也会大不一样。通常,使用处于对数生长期后期或稳定期前期的细胞作为接种细胞较合适。在再次培养中,往往取前次培养液的5%~20%作为种液,也以接种细胞湿重为基准,其接种浓度为15~50g(湿细胞)/L。由于接种量对细胞产率及二次代谢物质的生产有一定影响,故应根据不同的培养对象进行试验,确定其最大接种量。

(2) 植物细胞培养的培养基　培养基是植物细胞培养中很重要的部分。培养基的组分对植物细胞的生长和代谢产物的积累影响极大。

培养基的主要成分包括以下几部分。

① 无机盐。根据工作浓度差异又分为大量元素(N、P、K、Ca、Mg、S)和微量元素(Fe、Mn、Zn、Cu、Mo)。

② 碳源。蔗糖、葡萄糖、果糖等。

③ 有机氮源。虽然植物细胞在培养过程中能合成氨基酸,但加入某些氨基酸效果更好。

④ 生长调节素。植物生长素、细胞激动素、赤霉素和脱落酸(赤霉素和脱落酸对某些细胞起促进作用,而对另一些细胞则起抑制作用,所以不常用)。

⑤ 维生素。维生素B_1、维生素B_3、维生素B_6、维生素C、生物素、叶酸、泛酸等。

根据培养基配方中无机盐的含量可将培养基分为四类:一是含盐较高的培养基,典型代表是MS培养基;二是硝酸钾含量较高的培养基,如N6培养基、SH培养基;三是无机盐中等含量的培养基,常用的是NN培养基;四是低盐浓度的培养基,如White培养基。

根据培养基态相的不同,分为固体培养基和液体培养基。固体培养基是加了琼脂的培养基,其为固态,主要用于组织、愈伤组织等的培养;液体培养基能大量提供比较均匀的植物细胞,而且细胞繁殖速度快,一般用于植物细胞、原生质体的培养。

3. 植物细胞培养前准备

(1) 植物细胞培养基的配制　在植物组织培养工作中,配制培养基是日常必备的工作。在配制培养基之前,通常会将大量元素、微量元素、有机物、调节植物生长物质等分别配成母液,这样不但可以保证各物质用量准确、使用方便,而且还便于低温保存。

(2) 培养用品的无菌处理　植物细胞培养和动物细胞培养一样,都需要体外无菌的环境,因此植物细胞培养过程所用的培养器皿和培养用液都需要无菌处理。

4. 植物细胞培养技术

(1) 单细胞培养　从愈伤组织、叶片组织和原生质体得到的单细胞,在特定的条件下可以形成具有不同性状的愈伤组织(细胞系),也可以发育成完整的植株。

(2) 悬浮细胞培养 悬浮培养是指单细胞和小细胞聚集成团块悬浮于液体培养基中进行生长的过程,这些细胞不发生分化。悬浮培养细胞较在固定培养基上生长的愈伤组织生长和代谢速度快,通过对培养基和培养条件的控制可进行更有效的操作,如加入前体可进行多种生物转化反应、加入中间体可提高次生代谢产物的产量、筛选细胞系可产生完整植株中不存在的化合物等。

(3) 大规模培养 植物细胞大规模培养的目的是要获得大量的植物细胞和代谢产物(初级代谢产物和次级代谢产物),这也是实现植物细胞产业化的必要途径。植物细胞对溶氧变化敏感,生长周期长,一般需2~3周,因此要控制溶氧量,防止染菌。

(4) 固定化培养 植物细胞生长后期,生长速度降低,有利于细胞分化及次生物质积累,与完整植株相似,因而提出植物细胞固定化培养技术。制备固定化细胞的方法大多是将其包埋于高分子化合物(如海藻盐、卡拉胶等)网络中。固定化培养的优点有细胞位置固定、易获得高密度细胞群体及建立细胞间物理和化学联系、利于细胞组织化、易于控制培养条件及获得代谢产物。

三、任务实施

(一) 实施原理

西洋参是一味名贵的中药,有降血脂、镇静、造血以及健胃等功效。其主要有效成分是皂苷,此成分目前尚不能人工合成。利用植物细胞培养技术可获得大量的西洋参植物细胞,由此可获取一定量的皂苷。

(二) 实施条件

1. 实验器材

50mL量筒、1000mL有刻度烧杯、吸球、电炉各1个,5mL移液管9支,50mL三角瓶20个,pH计,高压灭菌锅,3L三角瓶若干,10L发酵罐,电子天平,摇床,光照培养箱。

2. 试剂和材料

乙醇、次氯酸钠、2.5mg/L 2,4-二氯苯氧乙酸、0.8mg/L KT、0.7mg/L LH、蔗糖、NH_4NO_3、KNO_3、$CaCl_2 \cdot H_2O$、KH_2PO_4、$MgSO_4 \cdot 7H_2O$、$MnSO_4 \cdot 4H_2O$、$ZnSO_4 \cdot 4H_2O$、H_3BO_3、KI、$Na_2MoO_4 \cdot 2H_2O$、$CuSO_4 \cdot 5H_2O$、$CoCl_2 \cdot 6H_2O$、Na_2EDTA、$MgSO_4 \cdot 7H_2O$、甘氨酸、硫胺素、烟酸、盐酸吡哆醇、肌醇、琼脂。

(三) 方法与步骤

西洋参细胞培养工艺流程如下。

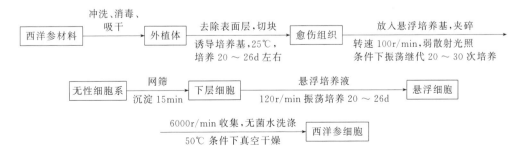

1. 植物细胞培养前准备

① 培养基的配制。母液按照表3-3的配方进行配制,并于4℃冰箱中保存。

表 3-3　MS 培养基母液配方

成分	储备液(100×)
大量元素	含量/(mg/L)
NH_4NO_3	165000
KNO_3	19000
$CaCl_2 \cdot H_2O$	44000
KH_2PO_4	17000
微量元素	含量/(mg/L)
$CoCl_2 \cdot 6H_2O$	2.5
$CuSO_4 \cdot 5H_2O$	2.5
$Na_2MoO_4 \cdot 2H_2O$	25
KI	83
H_3BO_3	620
$ZnSO_4 \cdot 4H_2O$	860
$MnSO_4 \cdot 4H_2O$	2230
$MgSO_4 \cdot 7H_2O$	37000
铁盐	含量/(mg/L)
Na_2EDTA	3725
$MgSO_4 \cdot 7H_2O$	2785
有机物	含量/(mg/L)
甘氨酸	200
硫胺素	400
烟酸	50
盐酸吡哆醇	50
肌醇	10000

② 按照以下配方配制 1000mL 诱导愈伤组织的培养基。

基本培养基 (MS)＋2.0mg/L 2,4-D＋0.7g/L LH＋3％蔗糖，琼脂浓度为 0.7％。

③ 按照以下配方配制 1000mL 悬浮培养的培养基。

基本培养基 (MS)＋1.0mg/L 2,4-D＋0.1mg/L KT＋0.5mg/L NAA＋0.5mg/L IBA＋700mg/L LH＋3％蔗糖。

④ 配用用品的无菌处理。将上述配制的好的培养基于 115℃ 高温、高压灭菌 15min，60℃ 烘箱干燥后备用。培养皿、解剖刀、镊子等玻璃器皿和金属器皿包扎好后，以 121℃ 高温、高压灭菌 20min，60℃ 烘箱干燥后备用。

2. 愈伤组织的诱导

① 外植体的制备。流水冲洗材料，最后一遍用蒸馏水冲洗，再用无菌纱布或滤纸将材料上的水分吸干。在无菌环境中，将材料放入 70％ 酒精中浸泡 10～30s，无菌水冲洗 3～4 次，再将材料移入 0.1％～0.2％ 升汞溶液 (10～15min) 或 1％～2％ 次氯酸钠溶液 (5～30min) 中消毒。消毒后的材料，用无菌水漂洗 3 次以上，每次 3min 以上，无菌滤纸吸干，备用。

② 愈伤组织的诱导。把洗净的材料用烧过的镊子夹到盛有滤纸的培养皿里，去除表面一层，然后切成约 7mm×5mm×5mm 的块。把切好的材料，用烧过的镊子夹到含有愈伤组织诱导培养基的锥形瓶里，3～5 块/瓶，3 个重复，置于 25℃ 的光照培养箱中培养。培养 20～26 天左右观察愈伤组织的生长情况。

③ 愈伤组织的继代培养。选择分散性好、生长旺盛的愈伤组织放入配制好的愈伤组织悬浮培养基中，用镊子轻轻夹碎愈伤组织（无菌操作），置于转速为 100r/min、弱散射光照条件下振荡培养。在继代培养的最初几代要勤换液，一般 2～3 天更换一次培养液。2 周后可恢复正常的继代频率。每次继代培养要用宽口的吸管来筛选细胞团，留下生长旺盛的小细

胞团，弃掉大的细胞团，如此反复 20～30 次继代培养，可得到西洋参愈伤组织无性细胞系。

3. 西洋参细胞悬浮培养

① 无菌操作，将以上获得的西洋参无性细胞系通过网筛流入无菌烧杯中，沉淀 15min，弃去上清液。

② 将下层细胞约 5g 倒入含有 1L 悬浮培养液的 3L 培养瓶中，3 个重复，在 120r/min 振荡培养 20～26 天后即可获得大量的细胞悬浮培养的西洋参细胞。

4. 细胞的收获和干燥

① 无菌操作，6000r/min 收集细胞，用无菌水洗涤细胞 3 次。

② 在 50℃条件下真空干燥获得西洋参细胞。

（四）结果与讨论

① 悬浮培养西洋参细胞的得率如何？

② 如何提高西洋参细胞的得率？

参 考 文 献

[1] 张卓然. 实用细胞培养技术. 北京：人民卫生出版社，1999.
[2] 程宝鸾. 动物细胞培养技术. 广州：中山大学出版社，2006.
[3] R.I. 弗雷谢尼. 动物细胞培养：基本技术指南. 章静波，徐存拴等译. 第 5 版. 北京：科学出版社，2008.
[4] 周珍辉. 动物技术培养技术. 北京：中国环境科学出版社，2006.
[5] 李志勇. 细胞工程. 第 2 版. 北京：科学出版社，2010.
[6] 刘玉堂. 动物细胞工程. 哈尔滨：东北林业大学出版社，2003.
[7] 王捷. 动物细胞培养技术与应用. 北京：化学工业出版社，2004.
[8] 徐永华. 动物细胞工程. 北京：化学工业出版社，2003.
[9] 郝素珍，王桂琴. 实用医学免疫学. 北京：高等教育出版社，2005.
[10] 董志伟，王琰. 抗体工程. 第 2 版. 北京：北京医科大学出版社，2002.
[11] Heddy Zola. 单克隆抗体技术手册. 周宗安等译. 南京：南京大学出版社，1991.
[12] 王晓利. 生物制药技术. 北京：科学出版社，2006.
[13] 朱至清. 植物细胞工程. 北京：化学工业出版社，2003.
[14] 郭勇. 植物细胞培养技术与应用. 北京：化学工业出版社，2004.
[15] 曹春英，丁雪珍. 植物组织培养. 第 2 版. 北京：中国农业出版社，2014.
[16] 元英进. 植物细胞培养工程. 北京：化学工业出版社，2004.
[17] 周维燕. 植物细胞工程原理和技术. 北京：中国农业大学出版社，2001.
[18] 郭勇. 植物细胞培养技术与应用. 北京：化学工业出版社，2003.
[19] 谢从华，柳俊. 植物细胞工程. 北京：高等教育出版社，2004.
[20] 王素芳，王志林. 植物细胞悬浮培养. 中国生物制品学杂志，2002，15（6）：381-383.

项目四　酶工程制药

【项目介绍】

1. 项目背景

酶是由生物体活细胞产生的具有特殊催化功能的一类蛋白质，也被称为生物催化剂（biological catalyst）。酶工程（enzyme engineering）则是酶学和工程学相互结合、发展而形成的一门新的科学技术。它是从应用的目的出发，研究酶、应用酶的特异性催化功能，并通过工程化将相应原料转化成有用物质的技术。其主要应用于医药工业、食品工业和轻工业等领域。

酶工程制药的应用表现在两个方面：其一为治疗用的药用酶类；其二是酶作为生物催化剂在传统化学合成制药中的应用，这些应用主要集中在降血压药物和降血脂药物或其中间体、半合成抗生素、转化甾体、合成氨基酸等。

以药用酶制剂为例，在早期主要用于治疗消化道疾病、烧伤及感染引起的炎症等，现在国内、外已广泛应用于多种疾病的治疗，其制剂品种已超过 700 余种。酶工程具有技术先进、投资小、工艺简单、能耗量低、产品收率高、效率高、效益大和污染小等优点，成为医药工业应用方面的主力军。以往采用化学合成、微生物发酵及生物材料提取等传统技术生产的药品，皆可通过现代酶工程生产，甚至可以获得传统技术不可能得到的昂贵药品，如人胰岛素、6-APA 及 7-ADCA 等。

本项目以企业的生产实例为线索，以胃蛋白酶、门冬酰胺酶、糖化酶、胰蛋白酶等常用的酶类药物为载体，设计了 6 个教学任务。学生主要从中学习酶的分离和纯化、酶的固定化、酶活力测定等关键技术。

2. 项目目标

① 熟悉酶的分类、特点、活性及酶反应动力学基础知识。
② 熟悉酶工程制药的发展史及应用。
③ 熟悉常用药用酶制剂的生产方法。
④ 掌握常用药用酶制剂的制备、纯化方法及酶活力的评价方法。
⑤ 掌握常用酶类药物固定化的方法、原理及评价指标。
⑥ 掌握酶类药物亲和色谱的纯化方法。

3. 思政与职业素养目标

① 学习酶的发现及应用史，学习追求真理、勇于创新的科学精神。
② 学习肝药酶的故事，学习创新思维及攻坚克难的科学家精神。
③ 掌握生物酶的制备工艺，学习严谨的科研态度。

4. 项目主要内容

本项目中首先利用提取、发酵的方法生产酶，并利用相应分离纯化方法对产品进行分离纯化，随后进行酶固定化操作，最后对酶活力进行测定。项目的主要学习内容见图 4-1。

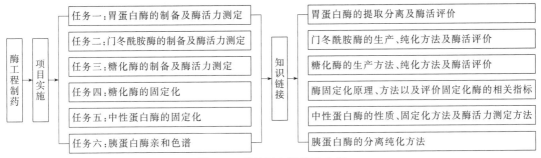

图 4-1 项目四主要学习内容

【相关知识】

一、酶的基本知识

酶作为一种高效生物催化剂，具有高度的特异立体选择性及区域选择性，并在常压、常温和 pH 中性附近条件下具有十分高效的催化活力。利用酶的高效选择性催化作用可制造出种类繁多的目的产物，避免了化学法合成中的许多不足。酶工程在制药领域的应用主要体现在酶的固定化、酶的催化及酶的化学修饰。

应用固定化酶技术可用于治疗一些代谢障碍疾病。已知人类关于新陈代谢的疾病已有 120 余种，很多病因归结为人体缺乏某种酶的活性，一种可能的治疗方法就是通过某种方式给患者提供其所缺乏的酶。提供的方式主要有：①将固定化酶用于体内作为治疗药物；②将固定化酶组装成体外生物反应器，通过体外循环作为临床治疗剂。将固定化酶用于临床诊断的例子很多，如各种酶测试盒层出不穷，采用固定化酶柱反应器的 FIA（流动注射法）可用于临床诊断检测尿酸、葡萄糖、氨、尿素、胆甾醇、谷氨酸、乳酸、无机磷等。

应用酶催化技术可以生产许多成品药及医药中间体。它是通过制造初级代谢产物、中间代谢产物、次级代谢产物及催化转化和拆分等形式来进行的。这已成为当今新药开发和改造传统制药工艺的重要手段，特别在手性药物及中间体的生产中更有广泛的应用前景。

应用酶的化学修饰技术可以提高医用酶的稳定性，延长其在体内的半衰期，抑制免疫球蛋白的产生，降低或消除酶分子的免疫原性，确保其生物活性的发挥。

目前，酶催化技术在医药方面的应用是当前最为关注的领域之一，这主要是因为医药产品一般附加值高，且大多是光学活性物质。作为十分优良的手性催化剂，酶用于多种高效手性药物的合成及制备将十分有效，潜力巨大。

1. 酶的分类

1961 年根据国际酶学会议规定，按催化的化学反应类型，对所有的酶分成以下六大类。

① 氧化还原酶（oxido-reductases）。可催化氢原子或电子的转移，或在基质分子中加入氧原子，或导入羟基的反应。包括脱氢酶、还原酶、氧化酶、过氧化物酶、加氧酶、羟化酶等。

② 转移酶（transferases）。可催化将原子团由一个基质转移到另一个基质的反应。转移的基团有氨基、羧基、甲基、酰基、磷酸基等。

③ 水解酶（hydrolases）。可催化由于水分子的介入使基质的共价键水解的反应。切断的键有酯键、糖苷键、醚键、肽键等。

④ 裂解酶（lyase）。可催化用水解以外的方法使原子团和基质分离，在基质上生成双键的反应；或者相反，催化将这些原子团加到双键上的反应。

⑤ 异构酶（isomerases）。可催化不伴有基质分子的分解、转位、氧化还原的分子异构

反应。

⑥ 连接酶（ligases）。连接酶又叫合成酶，可催化将 ATP 或类似的三磷酸化合物的焦磷酸键切断，使两个分子连接起来的反应。

2. 酶的特点

酶作为生物催化剂，其与一般催化剂相比有下列几个特点。

① 催化效率高。酶的催化效率是一般无机催化剂的 $10^6 \sim 10^{13}$ 倍。

② 专一性强。酶对底物有严格的选择性。某一种酶往往只能对某一类物质或某一种物质起催化作用，促进一定的反应，生成一定的产物。

③ 反应条件温和。酶可在常温、常压下进行催化作用。

④ 酶的活性是受调节控制的。在生物体内，酶的调节和控制方式是多种多样的，有通过酶原的激活调节酶的活性，还有通过同工酶、多酶复合体等进行调节控制。

3. 酶的活性

酶一般可分为单纯酶和结合酶两类。单纯酶的催化活性仅由它们的酶蛋白部分决定，而结合酶的催化活性，除酶蛋白部分以外，还需要金属离子或其他小分子有机化合物作为酶的辅助因子。结合酶也称"全酶"，它由酶蛋白和辅助因子两部分组成。辅助因子包括金属离子、辅酶或辅基。辅酶与辅基差别不大，如与酶蛋白结合不牢，易用透析等方法去掉的为辅酶，反之为辅基。酶催化的高效性与其结构有密切的关系，酶蛋白的一级结构决定酶的空间构象，而酶特定的空间构象又是其功能表达的基础。与酶活性表达有关的区域称酶的"活性中心"，是酶分子中与底物结合并进行催化反应的场所。

就酶功能而言，酶活性中心的若干个氨基酸侧链基团又可分为底物结合部位和催化部位。底物结合部位是酶与底物特异性结合的有关部位，也叫做"专一性决定部位"。催化部位直接参与催化，底物的敏感键在此部位被作用形成相应的产物。酶的专一性主要是由结合部位决定的，而催化部位是在催化反应中直接参与电子授受关系的部位。一般来讲，不需要辅酶的酶蛋白的催化部位，仅仅与一些特定的氨基酸残基有关。需要辅酶的酶，辅酶往往直接参与质子或电子的授受。与辅酶结合有关的氨基酸残基当然也是不可缺少的。有些酶含有某种金属离子，有些金属离子与催化反应直接有关，这类酶往往也是通过酶蛋白的特定氨基酸侧链与金属离子的相互作用，参与催化反应中的电子授受。

酶分子体现活性是以其完整的结构为基础的，某些酶除活性中心外，还有别构位点（allosteric site）。这些酶多是代谢中具有调节功能的酶，它们是易发生构象变化的寡聚蛋白质。别构位点是调节酶上结合效应物的位点，它不同于活性中心。活性中心的功能是结合配体（底物）并催化转化配体，而别构位点虽然亦是一个结合配体的部位，但结合的不是底物，而是别构配体，即"效应物"。别构位点结合的别构配体在反应过程中本身并不发生任何化学变化，只是间接地影响酶活性。

4. 酶反应动力学

酶反应动力学主要是研究各种因素对酶催化反应速度的影响。这些因素包括底物浓度、酶浓度、pH、温度、产物、抑制剂和激活剂等，现分述如下。

① 底物浓度。在恒定的温度、pH 及酶浓度条件下，底物浓度对酶催化反应速度有一定影响。当底物浓度很低时，反应速度随底物浓度的增加而迅速增加，而后底物浓度继续增加时，反应速度的增加率就比较小。当底物浓度增加至某种程度时，反应速度达到一个极限值。此后如再增加底物浓度，反应速度保持此值不再增加。

② 酶浓度。当底物浓度一定时，反应速度正比于酶浓度。

③ pH。大部分酶活性受其环境 pH 的影响。在一定 pH 条件下，酶反应具有最大速度。高于或低于此值，反应速度下降，通常称此 pH 为酶反应的"最适 pH"。

④ 温度。温度对酶反应的速度也有很大影响。当温度升高时，反应速度加快；另一方面，随着温度升高而使酶蛋白逐步变性，反应速度随之下降。

⑤ 产物。产物对酶反应的抑制是比较常见的。在酶反应中，产物在释出之前可以和酶以复合物形式存在，也就是说，产物也可以占领酶分子上的特殊位点，导致酶的催化速度下降。

⑥ 抑制剂。能降低酶催化反应速度的作用通常分为失活作用和抑制作用两类。失活作用是指由于一些物理因素和化学试剂部分或全部破坏了酶的三维结构，即引起酶蛋白变性，导致酶部分或全部丧失活性。抑制作用是指在酶不变性的情况下，由于必需基团或活性中心化学性质的改变而引起的酶活性的降低或丧失。导致抑制作用产生的物质称为酶的"抑制剂"。

⑦ 激活剂。是指能加快某种酶反应速率的物质。它们的作用与抑制剂相反，其中大部分是离子或简单的有机化合物。

二、酶工程的基本知识

酶工程的名称出现在 20 世纪 20 年代初。在当时，主要是指自然酶制剂在工业上的大规模应用。1953 年，Grubhoger 和 Schleith 首先将羧肽酶、淀粉糖化酶、胃蛋白酶和核糖核酸酶等，用重氮化聚氨基聚苯乙烯树脂进行固定，提出了酶的固定化技术。1969 年，日本科学家首先应用固定化酶技术成功地拆分了 DL-氨基酸。第一届国际酶工程会议于 1971 年在美国召开。当时提出的酶工程的内容主要是：酶的生产、分离、纯化，酶的固定化，酶及固定化酶的反应器，酶与固定化酶的应用。近年来，由于酶在工业、农业、医药和食品等领域中应用的迅速发展，酶工程也在不断地增添新内容。

从现代观点来看，酶工程主要有以下几个方面的研究内容。

① 酶的分离、提纯、大批量生产及新酶和酶的应用开发。
② 酶和细胞的固定化及酶反应器的研究（包括酶传感器、反应检测等）。
③ 酶生产中基因工程技术的应用及遗传修饰酶（突变酶）的研究。
④ 酶的分子改造与化学修饰以及酶的结构与功能之间关系的研究。
⑤ 有机相中酶反应的研究。
⑥ 酶的抑制剂、激活剂的开发及应用研究。
⑦ 抗体酶、核酸酶的研究。
⑧ 模拟酶、合成酶及酶分子的人工设计与合成的研究。

酶工程技术和应用研究的深入，使其在工业、农业、医药和食品等方面发挥着极其重要的作用。

酶工程制药的应用表现在两个方面，其一为治疗用的药用酶类；其二是酶作为生物催化剂，近年来在传统化学合成制药中发展较快、应用面较广的应用。

药用酶是指可用于预防、治疗和诊断疾病的一类酶制剂。生物体内的各种生化反应几乎都是在酶的催化作用下进行的，所以酶在生物体的新陈代谢中起着至关重要的作用。一旦酶的正常生物合成受到影响或酶的活力受到抑制，生物体的代谢受阻就会出现各种疾病。此时若给机体补充所需的酶，可使代谢障碍得以解除，从而达到治疗和预防疾病的目的。

三、药用酶的生产方法

酶的制备主要有两种方法，即直接提取法和微生物发酵生产法。早期酶制剂是以动、植物作为原料从中直接提取的。由于动、植物生长周期长,又受地理、气候和季节等因素的影响,因此原料的来源受到限制,不适于大规模的工业生产。目前,人们正越来越多地转向以微生物作为酶制备的主要来源。

药用酶的发酵生产方法有固体发酵和液体发酵,利用发酵法生产药用酶的工艺过程,同其他发酵产品相似,其技术关键在于高产菌株的选育。菌种是工业发酵生产酶制剂的重要条件,优良菌种能够提高酶制剂产量和发酵原料的利用率,缩短生产周期,改进发酵和提炼工艺。

1. 高产菌株的选育

菌种是工业发酵生产酶制剂的重要条件。优良菌种不仅能提高酶制剂产量和发酵原料的利用率,而且还与增加品种、缩短生产周期、改进发酵和提炼工艺条件等密切相关。目前,优良菌种的获得有三条途径:①从自然界分离筛选;②用物理或化学方法处理、诱变;③用基因重组与细胞融合技术,构建性能优良的工程菌。

2. 发酵工艺的优化

优良的生产菌株只是酶生产的先决条件,要有效地进行生产还必须探索菌株产酶的最适培养基和培养条件。首先要合理选择培养方法、培养基、培养温度、pH和通气量等。在工业生产中还要摸索一系列工程和工艺条件,如培养基的灭菌方式、种子培养条件、发酵罐的形式、通气条件、搅拌速度、温度和pH调节控制等,还要研究酶的分离、纯化技术和制备工艺。这些条件的综合结果将决定酶生产本身的经济效益。

3. 药用酶的培养方法

目前药用酶生产的培养方法主要有固体培养法和液体培养法。

① 固体培养法。固体培养法亦称"麸曲培养法"。该法是利用麸皮或米糠为主要原料,另外还需要添加谷糠、豆饼等,加水拌成含水适度的固态物料作为培养基。目前我国酿造业用的糖化曲,普遍采用固体培养法。固体培养法根据所用设备和通气方法又可分为浅盘法、厚层通气法等。固体培养法,除设备简陋、劳动强度大外,且因麸皮的热传导性差,微生物大量繁殖时放出的热量不能迅速散发,造成培养基温度过高,抑制微生物繁殖。此外,培养过程中对温度、pH的变化、细胞增殖、培养基原料消耗和成分变化等的检测十分困难,不能进行有效调节,这些都是固体培养法的不足之处。

② 液体培养法。液体培养法是利用液体培养使微生物生长繁殖和产酶。根据通气(供氧)方法的不同,又分为液体表面培养和液体深层培养两种。其中液体深层通气培养是目前应用最广的方法。

4. 影响酶产量的因素

菌种的产酶性能是决定发酵产量的重要因素,但是发酵工艺条件对产酶量的影响也是十分明显的。除培养基组成外,其他如温度、pH、通气、搅拌、泡沫、湿度、诱导剂和阻遏剂等必须配合恰当,才能得到良好的效果。

① 温度。发酵温度不但影响微生物生长繁殖和产酶,也会影响已形成酶的稳定性,要严格控制,一般发酵温度比种子培养时略高些,对产酶有利。

② 发酵的pH。如果pH不适,不但妨碍菌体生长,而且还会改变微生物代谢途径和产物性质。控制发酵液的pH,通常可通过调节培养基原始pH,掌握原料的配比,保持一定的C/N比,或者添加缓冲剂使发酵液有一定的缓冲能力等,也可通过调节通气量等方法来实现。

③ 通气和搅拌。迄今为止,用于酶制剂生产的微生物基本上都是好氧微生物。不同的菌种在培养时对通气量的要求也各不相同,为了精确测定,现在普遍采用溶氧仪精确测定培养液中的溶解氧。

好氧微生物在深层发酵中除不断通气外,还需搅拌。搅拌能将气泡打碎增加气液接触面积,加快氧的溶解速度。由于搅拌使液体形成湍流,延长了气泡在培养液中的停留时间,减少液膜厚度,提高空气的利用率。搅拌还可加强液体的湍流作用,有利于热交换和营养物质与菌体细胞的均匀接触,同时稀释细胞周围的代谢产物,有利于促进细胞的新陈代谢。

④ 泡沫和消泡剂。发酵过程中,泡沫的存在会阻碍 CO_2 排除,直接影响氧的溶解,因而将影响微生物的生长和产物的形成。同时泡沫层过高,往往造成发酵液随泡沫溢出罐外,不但浪费原料,还易引起染菌。又因泡沫上升,发酵罐装料量受到限制,降低了发酵罐的利用率,因此,必须采取消泡措施,进行有效控制。常用消泡剂有天然油类、醇类、脂肪酸类、胺类、酰胺类、磷酸酯类、聚硅氧烷等,其中以聚二甲基硅氧烷为最理想的消泡剂。我国酶制剂工业中常用的消泡剂为甘油聚醚(聚氧丙烯甘油醚)或泡敌(聚环氧丙烷环氧乙烷甘油醚)。

⑤ 添加诱导剂和抑制剂。某些诱导酶,在培养基中不存在诱导物质时,酶的合成便受到阻碍;而当有底物或类似物存在时,酶的合成就顺利进行。白地霉菌合成脂肪酶就是一个典型例子。在有蛋白胨、葡萄糖和少量无机盐组成的培养基中加入橄榄油,才能产生脂肪酶。有趣的是,油脂与菌的生长毫无关系。而且能诱导产生脂肪酶的物质并不是所有的油脂,而是该酶的作用底物或者与其类似的脂肪酸。另外添加诱导剂的时间与菌龄有关。白地霉菌合成脂肪酶时,在培养 8h 时添加诱导剂最为理想,而在 23h 时则几乎不产酶。用一种酶的抑制剂促进另一种酶的形成也是目前研究的课题之一。据报道,在多黏芽孢杆菌的培养过程中添加淀粉酶抑制剂,能增加 β-淀粉酶的产量。若把蛋白酶抑制剂乙酰缬氨酰-4-氨基-3-羟基-6-甲基庚酸添加到枝孢霉(*Cladosporium*)的培养液中,则酸性蛋白酶的产量约可增加 2 倍。此外,在某些酶的生产中有时加入适量表面活性剂,也能提高酶制剂的产量,用得较多的是 Tween-80 和 Triton-X。

【项目思考】

① 简述酶的分类及特点。
② 简述常用药用酶类药物的生产方法。
③ 提高酶类药物产量的方法及途径有哪些?

【项目实施】

任务一 胃蛋白酶的制备及酶活力测定

一、任务目标

① 熟悉胃蛋白酶的常用提取、分离、纯化方法。
② 了解胃蛋白酶的酶活力测定方法。

二、必备基础

1. 胃蛋白酶的组成、性质与保存

① 胃蛋白酶的组成与性质。药用胃蛋白酶(pepsin)是胃液中多种蛋白水解酶的混合物,含有胃蛋白酶、组织蛋白酶等,为粗制的酶制剂。临床上主要用于因食蛋白性食物过多所致的消化不良及病后恢复期消化功能减退等。胃蛋

胃蛋白酶的鉴别

白酶广泛存在于哺乳类动物的胃液中，药用胃蛋白酶系从猪、牛、羊等家畜的胃黏膜中提取。

药用胃蛋白酶制剂，外观为淡黄色粉末，具有肉类特殊的气味及微酸味，吸湿性强，易溶于水，水溶液呈酸性，可溶于70%乙醇和pH为4的20%乙醇中。难溶于乙醚、三氯甲烷等有机溶剂。

胃蛋白酶能水解大多数天然蛋白质底物，如鱼蛋白、黏蛋白、精蛋白等，尤其对两个相邻芳香族氨基酸构成的肽键最为敏感。它对蛋白质水解不彻底，产物为胨、肽和氨基酸的混合物。

② 胃蛋白酶的保存。胃蛋白酶应保存在低温环境中（−20～−80℃），以防止其发生自降解。储存于pH大于11的溶液中或对其进行还原性甲基化也可以有效防止自降解的发生；当pH回到6时，胃蛋白酶的活性即可恢复。

干燥的胃蛋白酶较稳定，100℃加热10min不会被破坏。在水中，于70℃以上或pH 6.2以上开始失活，pH 8.0以上呈不可逆失活。在酸性溶液中较稳定，但在2mol/L以上的盐酸中也会慢慢失活。最适pH在1.5～2.0。

2. 酶活力测定方法

（1）按反应时间分类

20世纪50年代以前大都使用固定时间法。这种方法是以酶催化反应的平均速度来计算酶的活性，现多已不用。20世纪50年代中期开始采用连续监测法。这种方法用自动生化分析仪完成，可以测酶反应的初速度，其结果远比固定时间法准确，在高浓度标本尤为明显。但本法也受到反应时间、反应温度、试剂等的影响，应加以注意。

胃蛋白酶活力测定

① 定时法（两点法）。是通过测定酶反应开始后某一时间段内（t_1～t_2）产物或底物浓度的总变化量，来求取酶反应初速度的方法。其中t_1往往取反应开始的时间。

酶与底物在一定温度下作用一段固定的时间，通过加入强酸、强碱、蛋白沉淀剂等，使反应完全停止（也叫"中止反应法"）。加入试剂进入化学反应，呈色测出底物和产物的变化。

该法最基本的一点是停止反应后才测定底物或物的变化。

优点：简单易行，对试剂要求不高。

缺点：难保证测定结果的真实性。

难以确定反应时间段酶促反应是否处于线性期。随着保温时间的延续，酶变性失活加速。

② 连续监测法。又称为"动力学法""速率法"或"连续反应法"。在酶反应过程中，用仪器监测某一反应产物或底物浓度随时间变化所发生的改变，通过计算，求出酶反应的初速度。

连续监测法根据连续测得的数据，可选择线性期的底物或产物变化速率，用于计算酶活力。因此连续监测法测定酶活性比定时法更准确。

实际工作中，采用工具酶的酶偶联法已经成为最广、最频繁测酶活性浓度的方法。

③ 平衡法。是通过测定酶反应开始至反应达到平衡时产物或底物浓度总变化量来求出酶活力的方法，又叫"终点法"。

（2）按检测方法分类　可分为：①分光光度法；②旋光法；③荧光法；④电化学方法；⑤化学反应法；⑥核素测定法；⑦量热法。

三、任务实施

（一）实施原理

药用胃蛋白酶系直接从猪、牛、羊等家畜的胃黏膜中提取得到，通过酸解的方法提取，再经过脱脂、去杂质等纯化得到胃蛋白酶液，最后浓缩、干燥得到胃蛋白酶酶粉。胃蛋白酶酶粉的活力主要采用分光光度法,以血红蛋白为底物,酪氨酸为对照进行测定。

(二) 实施条件

1. 实验器材

夹层锅、恒温水浴锅、搅拌器、布氏漏斗、纱布、旋转蒸发器、干燥箱、球磨机、天平、量筒、比色管、秒表。

2. 试剂与材料

猪胃黏膜。

盐酸、三氯甲烷、供试品溶液(精密称取胃蛋白酶适量,加盐酸溶液稀释制成每 1mL 中约含 0.2~0.4U 的溶液)、对照品溶液(精密称取酪氨酸对照品适量,加盐酸溶液稀释制成每 1mL 中约含 0.5mg 的溶液),5%三氯乙酸溶液,血红蛋白试液。

(三) 方法与步骤

1. 工艺过程

$$猪胃黏膜 \xrightarrow[45\sim48℃,3\sim4h]{[酸解]、[过滤] \atop H_2O,HCl} 酸解液 \xrightarrow[24\sim28h]{[脱脂、除杂质] \atop 三氯甲烷或乙醚} 酶液 \xrightarrow[40℃以下]{[浓缩、干燥]} 成品(胃蛋白酶)$$

2. 控制要点

① 酸解、过滤。在夹层锅内预先加水 1L 及盐酸,加热至 50℃时,在搅拌下加入 2kg 猪胃黏膜,快速搅拌使酸度均匀,45~48℃,消化 3~4h。用纱布过滤除去未消化的组织,收集滤液。

② 脱脂、去杂质。将滤液降温至 30℃以下,用三氯甲烷提取脂肪,水层静置 24~48h。使杂质沉淀,分出弃去,得脱脂酶液。

③ 浓缩、干燥。取脱脂酶液,在 40℃以下浓缩至原体积的 1/4 左右,真空干燥,球磨,即得胃蛋白酶粉。

④ 胃蛋白酶活力测定。取试管 6 支,其中 3 支各精确加入对照品溶液 1mL,另 3 支各精确加入供试品溶液 1mL,摇匀,并准确计时,在 (37±0.5)℃水浴中保温 5min。精确加入预热至 (37±0.5)℃的血红蛋白试液 5mL,摇匀,并准确计时,在 (37±0.5)℃水浴中反应 10min。立即精确加入 5%三氯乙酸溶液 5mL,摇匀,滤过,弃去初滤液,取滤液备用。另取试管 2 支,各精确加入血红蛋白试液 5mL,置 (37±0.5)℃水浴中,保温 10min,再精确加入 5%三氯乙酸溶液 5mL,其中 1 支加盐试品溶液 1mL,另一支加酸溶液 1mL 摇匀,过滤,弃去初滤液。取续滤液,分别作为对照管。按照分光光度法,在波长 275nm 处测吸收度。

(四) 结果与讨论

① 胃蛋白酶的制备方法。

② 胃蛋白酶活力的计算:

$$每克含蛋白酶活力单位 = (A \times W_S \times n)/(A_S \times W \times 10 \times 181.19)$$

式中　A——供试品的平均吸收值;

A_S——对照品的平均吸收值;

W——供试品取样量,g;

W_S——对照品溶液中含酪氨酸的量,$\mu g/mL$;

n——供试品稀释倍数。

在上述条件下,每分钟能催化水解血红蛋白生成 1μmol 酪氨酸的酶量,为 1 个蛋白酶活力单位。

任务二 门冬酰胺酶的制备及酶活力测定

一、任务目标

① 熟悉门冬酰胺酶的常用生产方法及分离纯化方法。
② 能够按照标准操作规程,利用发酵法制备门冬酰胺酶,并对发酵产品进行分离纯化。
③ 了解门冬酰胺酶的酶活力测定方法。

二、必备基础

1. 门冬酰胺酶的性质与用途

门冬酰胺酶(asparaginase)是酰胺基水解酶。不同类型的门冬酰胺酶被用于不同的用途。

(1) 门冬酰胺酶的物理性质 呈白色粉末状,微有湿性,溶于水。不溶于丙酮、三氯甲烷、乙醚及甲醇。

20%水溶液室温储存 7 天或 5℃储存 14 天均不减少酶的活力。干品 50℃、15min 酶活力降低 30%,60℃、1h 内失活。最适 pH 8.5,最适作用温度 37℃。

(2) 门冬酰胺酶的用途

① 作为食品加工助剂。门冬酰胺酶常在食品工业用作商品名为 Acrylaway 和 PreventASe 的食品加工助剂。它能够减少淀粉类食品(如饼干和薯片)中致癌物丙烯酰胺的含量。

在烘烤或煎炸含淀粉食物的时候(尤其是高温情况下),这类食物中天然存在的氨基酸天冬酰胺会与淀粉发生美拉德反应,而该反应使得淀粉类食物变脆且呈现出独特的色泽、气味。然而,反应同时还会产生致癌物丙烯酰胺。

通过在烘烤或煎炸食物之前加入门冬酰胺酶,天冬酰胺被水解成为天冬氨酸和氨。这使得天冬酰胺无法继续参与美拉德反应,从而显著减少食品加工时产生的丙烯酰胺量。门冬酰胺酶能够最多将各种淀粉类食品中的丙烯酰胺含量减少 90%,同时不影响产品的味道与外观。

② 作为药物。门冬酰胺酶的抗癌效应最早是在 1953 年被发现的,科学家观察到大鼠和小鼠的淋巴瘤在用豚鼠的血清治疗后发生了退化,之后研究者发现使肿瘤退化的不是血清本身,而是其中的门冬酰胺酶。随后在 1966 年和 1967 年对其进行了一系列的临床试验,并逐渐将其投入治疗急性淋巴细胞白血病。

在比较不同类型的门冬酰胺酶后,人们发现由大肠埃希菌(Escherichia coli)和菊欧文菌(Erwinia chrysanthemi)产生的酶具有最好的抗癌能力。大肠埃希菌产生的酶(即 Elspar)因为除了效果好还容易做到大量生产,所以成了目前门冬酰胺酶的主要来源。菊欧文菌产生的酶则采用另一个商品名 Crisantaspase,或是在英国销售时的商品名 Erwinase。

不过由于其他无天冬酰胺参与的反应也能产生少量的丙烯酰胺,目前生产上仍未能够做到完全杜绝这种致癌物。另一种商品名为 Elspar 的门冬酰胺酶则在临床上与其他药物联合用于治疗急性淋巴细胞白血病及某些淋巴瘤与肥大细胞瘤等癌症。不同于大部分的其他化疗药物,门冬酰胺酶可通过静脉注射、肌内注射或皮下注射给药而无须担心对周围组织的刺激与损害。

2. 酶的微生物发酵生产

(1) 微生物发酵生产法的优点

① 酶的品种齐全。微生物种类繁多，目前已鉴定的微生物约有 20 万种，几乎自然界中存在的所有酶都可以在微生物中找到。

② 酶的产量高。微生物生长繁殖快、生活周期短，因而酶的产量高。许多细菌在合适条件下 20min 左右就可繁殖一代，为大量制备酶制剂提供了极大的便利。

③ 生产成本低。培养微生物的原料大部分比较廉价，与从动、植物体内制备酶相比要经济得多。

④ 便于提高酶制品获得率。由于微生物具有较强的适应性和应变能力，可以通过适应、诱变等方法培育出高产量的菌种。另外，结合基因工程、细胞融合等现代化的生物技术手段，可以完全按照人类的需要使微生物产生出目的酶。

正是由于微生物发酵生产具有这些独特的优点，因此目前工业上得到的酶，绝大多数来自微生物，如淀粉酶类的 α-淀粉酶、β-淀粉酶、葡萄糖淀粉酶以及异淀粉酶等都是从微生物中生产的。

（2）微生物发酵生产法中尚待解决的问题　尽管微生物发酵法生产酶制剂存在上述优点，但仍存在一些问题需要解决。

① 消除毒性。微生物发酵法生产的酶制品中会带入一些细菌自身的生理活性物质，这些生理活性物质往往对人体有害，因此进行毒性实验是必需的。

② 优良产酶菌种的筛选、培育。目前，大多数工业微生物制酶生产采用的菌种较少，仅局限于 11 种真菌、8 种细菌和 4 种酵母菌。只有不断寻找更多的、适用的产酶菌种，才可能使越来越多的酶采用微生物发酵法进行工业化生产。

（3）微生物发酵生产法的条件控制　微生物酶的发酵生产是在人为控制的条件下有目的地进行的，因此条件控制是决定酶制剂质量好坏的关键因素。条件控制包括以下几个方面。

① 优良菌种的筛选。酶产量高低的关键在于得到产酶性能优良的菌种，这也是发酵生产法的首要环节。菌种必须具有繁殖快、培养基成分经济、产酶性能稳定、酶粗品易于分离纯化等特性。

② 培养基。培养基可提供微生物生长、繁殖和代谢以及合成酶所需要的营养物质。由于大多数酶是蛋白质，酶的合成也是蛋白质合成的过程，因此，培养基的 pH、营养物质的成分和比例等条件必须有利于蛋白质的合成。

③ 碳源。碳源是微生物细胞结构以及生命活动的物质基础，是合成酶的主要原料之一。微生物的营养类型不同，对碳源的要求也不同。工业上考虑到价格及来源等因素，常使用各种淀粉及其水解物（如糊精、葡萄糖等）作为碳源。

④ 氮源。氮源是组成蛋白质和核酸的主要元素，是微生物必不可少的重要原料。有机氮主要有豆饼、花生饼料等农副产物以及蛋白胨等；无机氮主要有硫酸铵、氯化铵、硝酸铵、尿素等。

⑤ 无机盐类。无机盐类是构成微生物细胞的重要成分，起着调节微生物生命活动的作用，主要有磷、硫、镁、钾、钙、铜、铁、锰等。这些金属离子对菌种生理活动的影响与浓度有关，低浓度常常起刺激作用，高浓度常产生抑制。例如，对于需要金属离子的酶类来说，在发酵生产中应注意在培养基中加入一定量的低浓度无机盐。

⑥ 生长因子。生长因子是指调节微生物代谢活动的微量有机物，如维生素、氨基酸、嘌呤碱、嘧啶碱等。在酶生产中，适量地添加生长因子可以显著提高产量。

⑦ pH。适宜的酸碱度是微生物正常生长以及产酶的必需条件。培养基的 pH 应根据微生物的需要来调节。一般来说，多数细菌、放线菌生长的最适 pH 为中性至微碱性，而霉菌、酵母则偏好微酸性。

(4) 酶的微生物发酵生产方式　酶的微生物发酵生产方式有两种，一种是固体发酵法，另一种是液体发酵法。

① 固体发酵。固体发酵法是以麸皮和米糠为主要原料，添加谷糠、豆饼等，加水搅拌成半固体状态，供微生物生长和产酶。主要用于真菌来源的商业酶的生产。其中用米曲霉生产淀粉酶以及用曲霉和毛霉生产蛋白酶，在中国和日本已有悠久的历史。固体发酵法操作简单，但条件不容易控制。

② 液体发酵法。液体发酵法又分液体表面发酵法和液体深层发酵法两种。其中液体深层发酵法是现在普遍采用的方法。我国酶制剂、抗生素、氨基酸、有机酸和维生素等发酵产品均采用此种方法。

三、任务实施

（一）实施原理

门冬酰胺酶（asparaginase）是酰胺基水解酶，是从大肠埃希菌菌体中提取分离的酶类药物。本实验采用大肠埃希菌发酵生产门冬酰胺酶，首先是菌种的活化，接着转接到三角瓶直接发酵，再转接到发酵罐进行发酵；通过对发酵液进行提取、沉淀、热处理等制备得到粗酶液，粗酶液经过精制、干燥得到门冬酰胺酶成品酶制剂。

（二）实施条件

1. 实验器材

摇床、发酵罐、三角瓶、布氏漏斗、滤布、旋转蒸发器、干燥箱、天平、量筒、高压灭菌锅、pH试纸或酸度计、恒温水浴锅、垂熔漏斗。

2. 试剂与材料

大肠埃希菌菌种。

普通牛肉膏培养基、玉米浆培养基（16%玉米浆）、丙酮、0.01mol/L pH 8.3的硼酸缓冲液、5mol/L乙酸、0.3%甘氨酸溶液、0.01mol/L pH 8 磷酸缓冲液、50%聚乙二醇、0.05mol/L pH 6.4磷酸缓冲液、0.5mol/L pH 8.4的硼酸缓冲液、奈斯勒试剂。

（三）方法与步骤

1. 工艺过程

大肠埃希菌 $\xrightarrow[\text{肉汤培养基}]{[\text{菌种培养}]}$ 肉汤菌种 $\xrightarrow[\text{玉米浆}]{[\text{种子培养}]}$ 种子液 $\xrightarrow[\text{玉米浆}]{[\text{发酵}]}$ 发酵液
$\qquad\qquad\quad$ 37℃,24h $\qquad\qquad\quad$ 37℃,4~8h $\qquad\qquad$ 37℃,6~8h

干菌体 $\xrightarrow[\text{pH 8.3,37℃}]{[\text{提取}]\text{硼酸缓冲液}}$ 提取液 $\xrightarrow[\text{pH 4.2~4.4}]{\text{乙酸}}$ 粗酶 $\xrightarrow[\text{60℃,30min}]{\text{甘氨酸}}$ 酶溶液 $\xrightarrow[\text{不同pH处理}]{[\text{精制}]\text{聚乙二醇}}$

无热原酶液 $\xrightarrow{\text{无菌包装}}$ 门冬酰胺酶冻干制剂

2. 控制要点

① 菌种培养。采取大肠埃希菌 Asl-375，普通牛肉膏培养基，接种后于37℃培养24h。

② 种子培养。16%玉米浆，接种量1%~1.5%，37℃，通气搅拌培养4~8h。

③ 发酵罐培养。玉米浆培养基，接种量8%，37℃通气搅拌培养6~8h，离心分离发酵液，得菌体，加2倍量丙酮搅拌，压滤，滤饼过筛，自然风干成菌体干粉。

④ 提取、沉淀、热处理。每千克菌体干粉加入 0.01mol/L pH 8.3的硼酸缓冲液 10L，37℃保温搅拌1.5h。降温到30℃以后，用5mol/L乙酸调节pH 4.2~4.4进行压滤，滤液中加入2倍体积的丙酮，放置3~4h，过滤，收集沉淀，自然风干，即得粗制酶。

取粗制酶，加入 0.3% 甘氨酸溶液，调节 pH 至 8.8，搅拌 1.5h，离心，收集上清液，加热到 60℃，30min 后进行热处理。离心弃去沉淀，上清液加 2 倍体积的丙酮，析出沉淀，离心，收集酶沉淀，用 0.01mol/L、pH 8 磷酸缓冲液溶解，再离心弃去不溶物，得上清酶溶液。

⑤ 精制、冻干。取上述酶溶液调节 pH 至 8.8，离心弃去沉淀，清液再调 pH 至 7.7 加入 50% 聚乙二醇，使浓度达到 16%。在 2~5℃ 放置 4~5 天，离心得沉淀。用蒸馏水溶解，加 4 倍量的丙酮，沉淀，同法反复 1 次，沉淀用 pH 6.4、0.05mol/L 磷酸缓冲液，在无菌条件下用 6 号垂熔漏斗过滤，分装，冷冻干燥制得注射用门冬酰胺酶成品，每支 10000U 或 20000U。

⑥ 酶活测定。门冬酰胺酶催化天冬酰胺水解，释放游离氨。奈斯勒试剂与氨反应后形成红色配合物，可借比色进行定量测定。取 0.04mol/L 的 L-天冬酰胺 1mL、0.5mol/L pH 8.4 的硼酸缓冲液、0.5mL 细胞悬浮液或酶液，于 37℃ 水溶液中保温 15min，加 15% 三氯乙酸 0.5mL，以终止反应。沉淀细胞或酶蛋白，离心，取上清液 1mL。加 2mL 奈斯勒试剂和 7mL 蒸馏水，15min 后，于 500nm 波长处比色测定产生的氨（每分钟催化天冬酰胺水解 1μmol 氨的酶量定为一个活力单位）。

（四）结果与讨论

① 门冬酰胺酶的微生物发酵生产方法有哪些？
② 门冬酰胺酶的酶活力测定方法是什么？

任务三　糖化酶的制备及酶活力测定

一、任务目标

① 熟悉糖化酶的常用生产方法及分离纯化方法。
② 能够按照标准操作规程利用发酵法制备糖化酶，并对发酵产品进行分离纯化。
③ 了解糖化酶的酶活力测定方法。

二、必备基础

糖化酶，又称葡萄糖淀粉酶［glucoamylase，(EC. 3.2.1.3.)］，是由曲霉优良菌种（Aspergilusniger）经深层发酵提炼而成。它能把淀粉从非还原性末端水解 α-1,4-葡萄糖苷键产生葡萄糖，也能缓慢水解 α-1,6-葡萄糖苷键转化为葡萄糖。糖化酶广泛用于生产白酒、黄酒、酒精、啤酒；用于以葡萄糖作发酵培养基的各种抗生素、有机酸、氨基酸、维生素的发酵；还大量用于生产各种规格的葡萄糖。总之，凡对淀粉、糊精必须进行酶水解的工业上，都可适用。

1. 糖化酶的特性

① 作用方式。糖化酶的底物专一性较低。它除了能从淀粉链的非还原性末端切开 α-1,4-葡萄糖苷键，也能缓慢切开 α-1,6-葡萄糖苷键。因此，它能很快地把直链淀粉从非还原性末端依次切下葡萄糖。在遇到 α-1,6-键分割时，先将 α-1,6-葡萄糖苷键分割，再将 α-1,4-葡萄糖苷键分割，从而使支链淀粉水解成葡萄糖。

② 作用条件。本品随作用的温度升高活力增大，超过 65℃ 又随温度升高而活力急剧下降。本品的最适作用温度是 60~62℃，最适作用 pH 在 4.0~4.5。

2. 糖化酶的产品规格

固体糖化酶为米黄色粉末，液体糖化酶为棕红色液体。

酶活力定义：1g 酶粉或 1ml 酶液在 40℃、pH 4.6 条件下，1h 水解可溶性淀粉产生 1mg 葡萄糖的酶量为 1 个酶活力单位（U）。

固体型糖化酶：50000U/g；100000U/g。

液体型糖化酶：50000U/mL；100000U/mL；86000U/mL。

3. 糖化酶的使用方法和参考用量

① 酒精工业。原料经蒸煮冷却到 60℃，调 pH 至 4.0～4.5，加糖化酶，参考用量为 80～200U/g 原料，保温 30～60min，冷却后进入发酵。

② 淀粉糖工业。原料经液化后，调 pH 到 4.0～4.5，冷却到 60℃，加糖化酶，参考用量为 100～300U/g 原料，保温糖化。

③ 啤酒工业。生产"干啤酒"时，在糖化或发酵前加入糖化酶，可以提高发酵度。

④ 酿造工业。在白酒、黄酒、曲酒等酒类生产中，以酶代曲可以提高出酒，并应用于食醋工业。

⑤ 其他工业。在味精、抗生素、柠檬酸等其他工业应用时，淀粉液化冷却到 60℃，调 pH 至 4.0～4.5，加糖化酶，参考用量 100～300U/g 原料。

4. 使用糖化酶的优点

① 糖化酶对设备没有腐蚀性，使用安全。使用糖化酶工艺简单、性能稳定、有利于各厂的稳定生产。

② 使用糖化酶对淀粉水解比较安全，可提高出酒率，麸曲法能减少杂菌感染，节约粮食可降低劳动强度，改善劳动条件。

③ 使用糖化酶有利于生产机械化，有利于实现文明生产。

5．糖化酶使用注意事项

本品使用时最适 pH 为 4.0～4.5，淀粉糖和味精生产时应先调 pH，后加酶糖化。用酶量随原料、工艺不同而变化，要缩短糖化时间需增加用量。

淀粉质原料必须与酶充分接触，接触面积大，时间长，效果好。间歇糖化要搅拌充分，连续化必须流量均匀。温度需严格控制在 60～62℃，保温时温度均匀，严禁短期高温。

6. 糖化酶的运输与储存

本品对温度、光线、湿度都很敏感，运输储存时尽可能做到避免曝晒、高温、潮湿、保持清洁、阴凉和干燥，能低温保存更好。

三、任务实施

(一) 实施原理

糖化酶也叫葡萄糖淀粉酶，是国内酶制剂中产量最大的品种。其作用是从非还原性末端切开 α-1,4-葡萄糖苷键，也能切开 α-1,3-葡萄糖苷键和 α-1,6-葡萄糖苷键，生成葡萄糖。生产糖化酶所常用的菌种是黑曲霉。本实验将活化好的黑曲霉制成孢子悬浮液，转接到三角瓶直接发酵，再转接到发酵罐进行糖化酶发酵；然后除去发酵液中的悬浮固形物，获得澄清的酶液。对酶液进行浓缩后，用乙醇沉淀法提取酶制剂，干燥、磨粉，获得粉状酶制剂。

(二) 实施条件

1. 实验器材

摇床、发酵罐、三角瓶、布氏漏斗、滤布、旋转蒸发器、干燥箱、天平、量筒、高压灭菌锅、pH 试纸或酸度计、恒温水浴锅、比色管、秒表。

2. 试剂与材料

黑曲霉菌种。

查氏培养基、发酵培养基（玉米粉 60g/L、豆饼粉 20g/L、麸皮 10g/L）、盐酸、无水乙醇、硫酸铵、乙酸-乙酸钠溶液（称取乙酸钠 6.7g，溶于水中，冰醋酸 2.6mL，用水定容至 1000mL，用 pH 计校正到 pH 4.6）、0.05mol/L 硫代硫酸钠溶液、0.1mol/L 碘溶液、0.1mol/L 和 5mol/L 氢氧化钠溶液、2mol/L 硫酸溶液、20g/L 可溶性淀粉溶液、10g/L 淀粉指示液。

（三）方法与步骤

糖化酶的制备工艺流程如下。

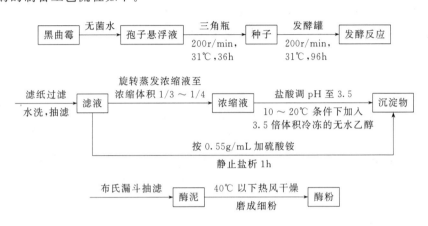

1. 种子培养

取 6 支 500mL 三角瓶，分别加入发酵培养基 100mL、150mL 各三瓶。配培养基时先按比例加入固体物料，再加水后稍微摇动，使原料浸湿，浸入水中。用 8 层纱布包扎瓶口，再加牛皮纸包扎。置灭菌锅中，于 0.1MPa 下灭菌 40min，取 10mL 无菌水注入生长良好的黑曲霉查氏培养基斜面，振荡成孢子悬浮液。分别将孢子悬浮液接入三角瓶，接种量为 2mL，标好记号。将三角瓶固定在摇床上，转速为 200r/min，31℃，培养时间 36h。

2. 发酵培养

按照 10% 接种量将种子接入发酵罐，搅拌速度 200r/min，31℃，培养时间 96h。每隔 96h 镜检菌丝状态，测定发酵液的浓度和酶活力。

3. 过滤

取发酵液 200mL，在漏斗中用滤纸过滤除去菌体。菌体用 1000mL 水洗涤，抽滤。合并清液，记录总体积，测定酶活力。

4. 浓缩和沉淀

将总滤液放于旋转蒸发器中浓缩到总体积的 (1/3)～(1/4)，测定酶活。将浓缩液一分为二，一份用盐酸调节 pH 到 3.5。在 10～20℃ 条件下加入 3.5 倍体积冷冻的无水乙醇，边加边搅拌，即可发现酶的沉淀现象。沉淀物用布氏漏斗抽滤，称取酶的质量，测定酶活力。另一份按 0.55g/mL 加硫酸铵，静止盐析 1h。沉淀物用布氏漏斗抽滤，称取酶的质量，测定酶活力。

5. 干燥与加工

将上述步骤中得到的酶泥放入干燥箱，在 40℃ 以下热风干燥。将干燥的制品磨成细粉即得成品。将成品称重并测定酶活。

6. 酶活力的测定

① 待测酶液的制备。称取酶粉1~2g，精确至0.0002g（或吸取液体酶1.00mL），先用少量的乙酸缓冲液溶解，并用玻璃棒捣研，将上清液小心倒入容量瓶中。沉渣部分再加入少量缓冲液，如此捣研3~4次，最后全部移入容量瓶中，用缓冲液定容至刻度，摇匀。通过4层纱布过滤，滤液供测定用。

② 测定酶活力。于甲、乙两只50mL比色管中，分别加入可溶性淀粉25mL及缓冲液5mL，摇匀后，于55℃恒温水浴中预热5min。在甲管中加入待测酶液2mL，立刻摇匀，在此温度下准确反应30min，立刻各加入5mol/L氢氧化钠溶液2mL，摇匀，将两管取出迅速冷却并于乙管（空白）中，补加待测酶液2mL。吸取上述反应液与空白液各5mL，分别置于碘量瓶中，准确加入碘溶液10mL，再加0.1mol/L氢氧化钠溶液15mL，摇匀，密闭于暗处反应15min，取出，加硫酸溶液2mL，立即用硫代硫酸钠标准溶液滴定，直至蓝色刚好消失为其终点。

（四）结果与讨论

① 酶活力的计算

$$酶活力 = (A-B) \times 90.05 \times (32.3/5) \times 1/2 \times n \times 2 = 579.9 \times (A-B)c \times n$$

式中　A——空白消耗硫代硫酸钠溶液的体积，mL；

　　　B——样品消耗硫代硫酸钠溶液的体积，mL；

　　　c——硫代硫酸钠标准溶液的浓度，mol/L；

　90.05——与1mL硫代硫酸钠标准溶液（1mol/L）相当的以"克"表示的葡萄糖的质量；

　32.3——反应液的总体积，mL；

　　　5——吸取反应液的体积，mL；

　　1/2——吸取酶液2 mL换算为1mL；

　　　n——稀释倍数；

　　　2——反应30min，换算成1h的酶活力系数所得的结果表示至整数。

② 实验结果记录

项目		单位	实验结果
发酵液	发酵液体积	mL	
	酶活性	U/mg	
	总活性	$\times 10^4$U	
过滤液	滤液总体积	mL	
	滤液活性	U/mg	
	总活性	$\times 10^4$U	
浓缩液	浓缩液总体积	mL	
	酶活性	U/mg	
	总活性	$\times 10^4$U	
	浓缩液收率	%	
酶泥	湿酶质量	g	
	湿酶活性	U/mg	
	总活力	$\times 10^4$U	
	沉淀收率(对浓缩液)	%	
干燥酶粉	干燥酶粉质量	g	
	干酶活性	U/mg	
	总活力	$\times 10^4$U	
	干酶收率(对沉淀)	%	

任务四 糖化酶的固定化

一、任务目标

① 熟悉糖化酶常用固定化方法的原理及工艺要点。
② 能够按照标准操作规程对糖化酶进行固定化。
③ 了解固定化糖化酶的特点以及相关应用。

二、必备基础

1. 固定化酶的概念

固定化酶是 20 世纪 60 年代开始发展起来的一项新技术。最初主要是将水溶性酶和不溶性载体结合起来，成为不溶于水的酶的衍生物，所以也叫过水不溶酶和固相酶，但是后来发现，也可以将酶包埋在凝胶内或置于超滤装置中。高分子底物与酶在超滤膜一边，而反应产物可以通过膜逸出，在这种情况下，酶本身仍是可溶的，只不过被固定在一个有限的空间内不再自由流动罢了。因此，用水不溶酶或固相酶的名称就不恰当了。在 1971 年第一届国际酶工程会议上，正式采用固定化酶（immobilized enzyme）的名称。制备固定化酶的过程称为"酶的固定化"。固定化所采用的酶，可以是经提取分离后得到有一定纯度的酶，也可以是结合在菌体（死细胞）或细胞碎片上的酶或酶系。

2. 固定化酶的实验技术

酶的固定化，就是通过载体等将酶限制或固定于特定的空间位置，使酶变成不易随水流失即运动受到限制，而又能发挥催化作用的酶制剂。自 20 世纪 60 年代以来，科学家们一直就对酶和细胞的固定化技术进行研究，虽然具体的固定化方法达百种以上，但迄今为止，几乎没有一种固定化技术能普遍适用于每一种酶，所以要根据酶的应用目的和特性，来选择其固定方法。通常有 4 种方法用于酶的固定化，它们分别是吸附法、共价偶联法、交联法和包埋法（图 4-2）。

（1）吸附法　指利用各种固体吸附剂将酶或含酶菌体吸附在其表面上（或与酶表面的次级键相互作用）而使酶达到固定化的方法。根据吸附剂的特点又分为两种：物理吸附法和离子交换吸附法。

① 物理吸附法。各种物理吸附法使用的吸附剂通常都有巨大的比表面积，能够吸附其他物质，其中包括酶。这种吸附作用选择性不强，吸附不牢。

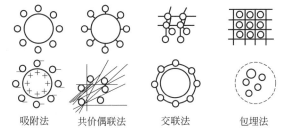

图 4-2　酶固定化的 4 种方式

常用于酶固定化的吸附剂有：无机吸附剂，如活性氧化铝、活性炭、皂土、硅藻土、高岭土、多孔玻璃、硅胶、二氧化肽等；有机吸附剂，如面筋、淀粉、纤维素、胶原、硝酸纤维素塑料（俗称"赛璐珞"）和火胶棉等。无机吸附剂的吸附容量一般很低，常小于 1mg/g（蛋白/吸附剂），少数有达 7mg 者，如氧化钛包被的不锈钢粒（直径 100～200μm）吸附 β-半乳糖苷酶即是。有机吸附剂的吸附容量要高一些，常达数 10mg/g（蛋白/吸附剂），如火胶棉吸附木瓜蛋白酶、碱性磷酸酯酶等可达 70mg/cm^2（蛋白/膜），每 1g 胶原膜可吸附溶菌酶、脲酶、葡萄糖氧化酶 50mg 之多。国产微孔玻璃载体吸附葡萄糖淀粉酶,得到 4%~8% 的蛋白含量,是一种优良的吸附剂。

无机吸附剂在固定化之后,常引起吸附变性,损失活力回收率。有研究者将糖化酶与阴离子表面活性剂反应后,再用活性炭吸附,酶活力高且长期稳定。用多孔硅（CPG100,100nm）固定 α-淀粉酶和糖化酶时,添加钛盐所制备的固定化酶,其活力比用戊二醛交联法制备高 2 倍。这说明无机吸附剂配合其他方法使用,可能更好。

② 离子交换吸附法。离子交换吸附法是指在适宜的 pH 和离子强度条件下,利用酶的侧链解离基团和离子交换基间的相互作用而达到酶固定化的方法。这是一种电性吸附。

常用的吸附剂有:DEAE-纤维素、CM-纤维素、DEAE-葡聚糖凝胶,还有 TEAE-纤维素、ECTEDLA-纤维素、Amberlite IRA-93、Amberlite IRA-410、Amberlite IRA-900、纤维素-柠檬酸盐、IR-50、IR-120、IR-200、Dowex-50 等。离子交换吸附剂的吸附容量一般大于物理吸附剂,这类吸附剂一般每克可吸收 50~150mg 蛋白。第一批商品固定化酶就是将氨基酸酰化酶吸附于 DEAE-纤维素和 DEAE-葡聚糖做成的。工业生产上用 DEAE-葡聚糖凝胶固定化氨酰化酶,其制备方法如下。

将 100L DEAE-Sephadex A-25（预先用 0.1mol/L、pH 7.0 的磷酸缓冲液洗滤）与 1100~1700L 氨基酰化酶（33400 万 U）水溶液混合。于 35℃搅拌 10h,过滤,所得 DEAE-Sephadex-氨基酰化酶复合物用水和 0.2mol/L 乙酰-DL-蛋氨酸溶液洗涤,即得固定化酶。它的活力为 $1.67\times10^5\sim2\times10^5$U/L,活力回收率达 50%~60%。

其他的商品固定化酶还有如 DEAE-纤维素吸附的 α-淀粉酶、蔗糖酶等。

吸附法的优点是:操作简便、条件温和、吸附剂可再反复使用。但是,酶和吸附剂的吸附力比较弱,容易在不适宜的 pH、高盐浓度、高底物浓度以及高温条件下解吸脱落,因此必须控制好吸附与操作条件。

开发新的吸附剂是解决上述缺点的一种重要途径。例如,开发的 N-烃基琼脂糖衍生物能牢固地吸附如黄嘌呤氧化酶、尿酶等多种等电点处于酸性区的酶,这种吸附借助静电力和疏水键等多种因素协同发挥作用,因此结合十分牢固,甚至可经受 1mol/L NaCl 的洗脱。又如,现在广泛使用的一些亲和吸附剂,像 Con A-葡聚糖等,能专一而强力地吸附糖蛋白,包括蛇毒外切核酸酶和 5′-核苷酸酶等。

(2) 包埋法 将酶分子包埋于凝胶的网眼（lattice）中或半透性的聚合物膜腔中,以达到固定化之目的的方法,称为包埋法。因为酶本身不参与结合反应,故而一般比较安全。但在化学聚合过程中,由于自由基的产生、放热以及酶和试剂间可能发生化学反应等,也往往会导致酶失活,所以在选择包埋方法和控制反应条件时仍需注意。包埋法主要有以下几种类型:胶格包埋、微囊包埋和脂质体包埋。胶格包埋是将酶分子分散包埋在聚合的胶格中;微囊包埋是将一定量的酶溶液包在半透性的微孔膜内;而脂质体包埋是将酶包在质双层结构中。

① 胶格包埋法。最常用的包埋剂有聚丙烯酰胺凝胶,其他还有硅橡胶、卡拉胶,还有研究者用过大豆蛋白、合成纤维。以聚丙烯酰胺（PAG）包埋法为例：聚丙烯酰胺凝胶是以丙烯酰胺为单体,N,N'-甲叉双丙烯酰胺为交联剂聚合而成。其方法为:将 1mL 溶于适当缓冲溶液的酶液,加于 3mL 含 750mg 丙烯酰胺单体和 40mg N,N'-甲叉双丙烯酰胺的溶液中,再加 0.5mL、15% 的二甲氨基丙腈和 1% 的过硫酸钾作为加速剂和引发剂,混匀保温（23℃）10min,即成含酶凝胶。此胶孔径 1.0~4.0nm,底物和产物可进出凝胶网眼,而酶分子不透出。PAG 的包埋容量一般很大 [10~100mg/g（蛋白/单体）]。改变单体与交联剂的比例可控制凝胶孔径的分布范围,从而能改善酶的持留与底物和产物的扩散转移状况。改

变单体的性质，还能调整固定化酶的亲水与亲脂特性。由于孔径分布范围广，聚丙烯酰胺胶包埋可能存在渗漏问题，这一缺点通过升高单体浓度能部分解决；但单体浓度过高，譬如大于15%时丙烯酰胺本身将导致酶失活，显著降低包埋酶的活力。

除了聚丙烯酰胺凝胶外，还有某些天然物质也可用于酶的包埋，如胶原、K-角叉菜胶、海藻酸和琼脂胶等。在制备固定化酶时，可先将这些多聚物溶于含水介质，然后再和酶溶液混合，最后分别通过各种办法使之胶化，形成胶包埋的固定化酶。对于胶原可以添加水不混溶的有机溶剂，如丁醇；对于角叉菜胶可以添加氯化钾溶液，然后冷却；对于海藻酸可添加氯化钙溶液，使之作为胶的形式沉淀下来。

② 微囊包埋法。本法是用直径几十微米到几百微米、厚约25nm的半透膜将酶分子进行包埋固定化的方法，大多用于医疗。例如天冬氨酰酶，就可以做成囊型酶使用。微囊包埋法按制作特征可分为界面聚合法、液体干燥法和分相法三种。

A. 界面聚合法。是将疏水和亲水单体在界面进行聚合，使酶包被其中而成。具体方法：将酶的水溶液和亲水单体用一种与水不混合的有机溶剂做成乳化液，再将溶于同一有机溶液的疏水单体溶液，在搅拌下加入上述乳化液中。在乳化液中的水相和有机溶剂相之间的界面发生聚合反应，这样，水相中的酶即包被于聚合膜内。例如，将亲水单体乙二醇或多酚与疏水单体多异氰酸结合而成聚脲膜；用聚脲膜制备过天冬酰胺酶、脲酶等微囊。

B. 液体干燥法。是将一种聚合物溶于一种沸点低于水且不与之混合的溶剂中，加入酶的水溶液，并且用油溶性表面活性剂为乳化剂，制成乳化液。此为"水在油中"乳化液，把它分散于含有明胶（或丙烯醇）和表面活性剂的水溶液中，形成第二乳化液。在不断搅拌下真空干燥，即成含酶微囊。常用的聚合材料为乙基纤维素、聚苯乙烯、氯橡胶等。常以苯、环己烷和三氯甲烷为溶剂。

此法曾制备过氧化氢酶、脂肪酶等的乙基纤维素和聚苯乙烯微囊，微囊制备的酶几乎不失活，但很难完全除去残留的有机溶剂。囊的直径在几十到几百微米，膜厚约25nm，大小可由聚合物浓度、乳化速度和保护性胶的选择任意调制。

C. 分相法（又称界面凝聚法）。是利用某些高聚物在水相和有机相界面上有极低溶解度，因而易形成皮膜将酶包被的方法。例如将含酶水溶液在含有硝酸纤维素的乙醚溶液中乳化分散，然后一边搅拌一边滴加能和乙醚互溶但不能溶解硝酸纤维素的另一有机溶剂苯甲酸丁酯。这时乳化液滴周围的硝酸纤维素凝聚成膜囊，而将酶的水溶液包围其中。以乙基纤维素为材料，则用四氯化碳溶解，而用石油醚使乳滴凝聚成囊。

③ 液膜法（或称脂质体法）。是由磷脂分散于酶水溶液而形成脂质囊包埋酶液的方法。此法的最大特征是底物和（或）产物穿过液膜时，与膜的孔径无关，而与其对膜组分的溶解度有关。根据制备方法和大小结构的不同，大体可分为以下几种类型：多层囊泡结构，这是通过机械振动脂类溶液制成的脂质体，特点是不经过超声波等处理，包裹效率较高，但俘获体积大小不一；单层小囊泡，通常由多层囊泡结构经超声波处理制成，脂质体小，包裹效率低；单层大囊泡，包裹效率很高，是较常用的脂质体。

脂质体的特点是，具有一定的机械性能，能定向将酶等被包裹物质携带到体内特定部位，然后在那里将被包裹物质释放。特别是现在已经发展了酸敏脂质体、免疫脂质体和酸敏免疫脂质体，这样，其运转具有更大的定向性，因此在药物应用方面受到了人们的重视。

(3) 载体偶联法（共价偶联法） 此法是将酶分子的必需基团经共价键与载体结合的方法。就蛋白而言，可供反应的非必需侧链基团有—NH_2、—OH、—$COOH$、—SH_2、酚环、咪唑基和吲哚基等。就载体而言，常用的载体有多羟基聚合物（如纤维素、葡萄糖凝胶和琼脂糖等）和多氨基聚合物（如聚丙烯酰胺凝胶、多聚氨基酸），还有一些其他的载体（如聚苯乙烯、尼龙和多孔玻璃等）。这些载体的功能基团有芳香氨基、羟基、羧基、羧甲基和氨基等。

酶分子侧链基团与载体功能基之间往往不能直接反应，因而反应前必须事先将载体功能基团加以活化，然后与酶分子反应而固定化。活化和偶联反应多种多样，这里择要介绍几种。

① 溴化氰-亚氨碳酸基反应。含羟基的载体，如纤维素、葡聚糖和琼脂糖，在碱性条件下与溴化氰反应，生成极活泼的亚氨碳酸基。它在弱碱中可直接与酶的氨基反应，生成共价结合的固定化酶，其反应如下。

通过此法得到的固定化酶相对活力一般较高，而且相当稳定，同时操作简便，故受到普遍欢迎。

② 重氮化法。这是一类应用较广的方法，适用于多糖类的芳香族氨基衍生物、氨基酸共聚物、聚苯乙烯、聚丙烯酰胺、乙烯二马来酸共聚物和多孔玻璃等载体。载体先用亚硝酸处理，生成重氮盐衍生物，然后在温和条件下与酶分子的酚基、咪唑基或氨基反应而成键。

③ 芳香烃基化反应。含烃基载体在碱性条件下，均与三氯三嗪等反应，导入活泼的卤素基，然后与酶的氨基、酚羟基或疏水基等偶联。

三氯三嗪等容易大量制备。它们和羟基载体反应后产物带正电荷，有利于和中性或碱性酶偶联固定。另一方面它们几乎可和所有的亲核基反应，因而反应选择性差；但如果三嗪环核的取代基增加时，剩下的氯原子反应性能会降低，情况可能改善。

双功能团试剂氨基-4,6-三氯三嗪极易大量制备，而且偶联于多糖载体后，产物带正电荷，因而有利于中性或碱性的酶偶联固定，其表现活力也较高。此法用于制备酶纸、酶布，可能有利于工业化生产之用。将几种不同的酶布叠加组合成"多酶反应器"可以完成复杂的反应。

④ 与戊二醛的反应偶联法。双功能试剂戊二醛最初作为分子间交联使用，现在广泛用于酶在各种载体上的固定化。戊二醛与含伯胺基的聚合物反应，可以生成具有醛基功能的衍生物，然后与酶反应偶联。用于这种反应的载体，除上式中的二乙基纤维素外，还有 DEAE-纤维素、琼脂糖的氨基衍生物、部分脱乙醇壳质、氨基乙基聚丙烯酰胺和多孔玻璃的氨基硅烷衍生物等。这种固定化方法，还可以与吸附法相结合。先将酶吸附于多孔物质（如玻

璃珠、二氧化硅、氧化铝、二氧化钛）等物质上，然后用戊二醛处理，即成固定化酶。

⑤ 肽键结合法。这是在酶分子与载体间形成肽键而固定化的方法。主要是含羧基的载体转变为酰基叠氮氯化物、异氰酸盐等活化形态的衍生物，然后与酶的游离氨基反应，而形成肽键。

偶联法的化学反应一般比较激烈，制备过程必须严格控制反应条件，提高反应的专一性。有时为了保护酶的活性中心，可以用酶的可逆抑制剂或底物封闭或牵制酶的活性中心与必需基团，完成固定化反应后，再除去以恢复催化活性。

（4）交联法 利用双功能或多功能试剂在酶分子之间、酶分子与惰性蛋白之间或酶分子与载体之间进行交联反应，以共价键制备固定化酶的方法，此即交联法。双功能和多功能试剂功能基团相同的，例如戊二醛、二重氮联苯胺-2,2′-二磺酸、4,4′-二氟-3,3′-二硝基二苯砜等，为"同型"双（多）功能试剂。功能基团不相同者，如 1,5-氟-2,4-二硝基苯、三氯-O-三丫嗪、甲苯-2-异氰酸-4-异硫氰酸盐等，为"杂型"双（多）功能试剂。戊二醛是应用最广的双功能试剂，它与酶的游离氨基反应，形成 Schiff 碱而使酶分子交联。

$$CHO-(CH_2)_3-CH\underset{|}{=}\overset{CHO}{C}-(CH_2)_2-CH\underset{|}{=}\overset{CHO}{C}-(CH_2)_2-CHO$$

$$\downarrow \text{E}-NH_2$$

$$CHO-(CH_2)_3-CH\underset{|}{=}\overset{CH=N-\text{E}}{C}-(CH_2)_2-CH\underset{|}{=}\overset{CH=N-\text{E}}{C}-(CH_2)_2-CHO$$

交联法单用时所得到的固定化酶，颗粒小、机械性能差、酶活性低，故常与吸附法或包埋法联合使用。例如使用明胶（蛋白质）包埋，再用戊二醛交联，或先用尼龙（聚酰胺类）膜或碳、Fe_2O_3 等吸附后再交联。如武汉生物制品研究所生化室用氨基乙基纤维素和戊二醛结合法，制备固定化胰蛋白酶及胃蛋白酶；吉鑫松等用明胶戊二醛法制备了脲酶固定化酶。

各种固定化方法的优、缺点可概括如表 4-1 所示，选择方法时要考虑各种方法的特点，更重要的是应根据具体情况进行测定后作出分析。

表 4-1 各种固定化方法的比较

方法	优点	缺点
吸附法	制作条件温和、简便，成本低，载体再生、可反复使用	结合力弱，对 pH、离子强度、温度等因素敏感，酶易脱落，酶装载容量一般较小
载体偶联法	载体与偶联方法可选择性大，酶结合力强，非常稳定	偶联反应激烈，易引起酶失活，成本高，某些偶联试剂有一定的毒性
交联法	可用的交联试剂多，技术简易	交联反应较激烈，机械性能较差
包埋法	酶结合力弱，稳定性较高，包埋材料、包埋方法可选余地大，固定化酶的适用面广，包埋条件温和	仅可用于低相对分子质量的底物，不适用于柱系统，常有扩散限制问题，不是所有单体材料与试剂都适用于各种酶

3. 固定化酶的应用

（1）固定化酶在工业生产中的应用 固定化酶最早是应工业生产的需求而产生的，到目前为止其最大的应用范围还是在工业生产上。其中，固定化葡萄糖异构酶是世界上生产规模最大的一种，它可以用来催化玉米糖浆生产高甜度的高果糖糖浆。自 1972 年这项技术产生以来，科学家已经固定了几种从芽孢杆菌和链霉菌中提取的葡萄糖异构化酶，并大量应用于工业生产中。从目前的资料分析，不论是在我国还是在国际上，今后几十年中它还将是应用最广、市场份额最大的固定化酶。

固定化酶的另一个巨大市场是用来生产工业、医学等领域的一些纯度要求较高的制剂。这其中有最早生产的氨基酸，还有抗生素、核酸、蛋白质抗体、高纯度的蛋白酶等。

(2) 固定化酶在生物传感器和环境保护中的应用　生物传感器是由生物活性物质与换能器组成的分析系统，可以简便、快速地测定各种特异性很强的物质，在临床分析、工业监测等方面有着重要的意义。

固定化葡萄糖氧化酶传感器是其中应用最为广泛的一种。制药厂将葡萄糖氧化酶、过氧化氢酶和一种显色剂一起固定在试纸上，制成检验妇女是否妊娠的试纸。只要将该试纸浸入被检尿样中几秒钟，就可以马上检测出尿样的葡萄糖是否超标，从而断定该妇女是有血糖、尿糖还是妊娠。这种检测技术十分简单，操作十分方便，应用极为广泛。用聚丙烯酰胺包埋葡萄糖氧化酶与氧电极组装成酶电极也可用来进行临床的血糖检测，血糖线性范围为 $0\sim300\text{mg}/\text{dL}$，并且可连续测定 1000 次血糖样品。酶样低温存放 180 天仍可保持 90% 的原酶活力。

生化分析中最常用的 H 电极也绝大多数是固定化酶产品。青霉素酶电极就是其中的一种，经过固定化处理的酶电极与 pH 电极一起浸入含青霉素的溶液时，青霉素酶即催化青霉素水解，使溶液中的氢离子浓度增加，通过 pH 电极测出溶液中 pH 的增加，从而计算出溶液中的青霉素浓度。

在废水处理中，固定化酶也受到了越来越多科学家的关注。生活污水和工业废水中有害成分主要是氯酚，将辣根过氧化物酶大量吸附在磁石上，可以保证其 100% 的活力，并且比粗酶有了 20 倍以上的净化效果。

4. 固定化酶的研究前景

固定化酶有许多粗酶液没有的特点，但制备固定酶首先要经过大量复杂的分离、纯化工作，而且一种固定化酶只能用于特定的单步反应。应这种要求，工业生产中越来越多地应用了固定化细胞技术。这样就省去了酶分离纯化的时间和费用，并可同时进行多酶反应，而且可以保持酶在细胞中的原始形态，增加了酶的稳定性。

生物催化是在单一系统或混合系统将底物转化成有用产物的过程。像在别的化学过程一样，从反应混合体中分离产物和酶的再利用是重要的步骤，往往这一步骤是工业生产中耗费最多的一步。单步反应需高能量、高频启动和关闭，每批反应过后还需要经过酶的再利用、准备酶。膜反应器融酶促转化、产品分离、酶剂再利用为一体，是将来酶固定的主要方法。

三、任务实施

(一) 实施原理

酶的固定化方法通常按照用于结合的化学反应类型进行分类，大致可分为非共价结合(包括结晶法、分散法、物理吸附法和离子结合法)、化学结合 (包括共价结合法和交联法) 和包埋法 (包括微囊法和网格法)。本实验采用柱式固定化酶工艺，以离子交换树脂为载体，应用离子交换结合法制备固定化糖化酶。本法操作简便，处理条件温和，酶的高级结构和活性中心的氨基酸残基不易被破坏，酶的活性回收率高，可反复连续生产，对稀酶液有浓缩作用，载体可再生使用。但载体和酶的结合力较弱，容易受缓冲液种类或 pH 的影响。在高离子强度下进行反应时，酶易从载体上脱落。

酶固定化的基本流程如下。

阴离子交换剂→湿法装柱→无水乙醇浸泡→自来水冲洗→2mol/L NaOH 处理→去离子水洗至 pH 6.5~7.0→2mol/L HCl 处理→去离子水洗至 pH 为 6.0→合格载体

糖化酶液→下行流经反应柱→固定化酶实验→去离子水冲洗酶柱→除去未结合的游离酶→甩干→固定化酶→置密封容器 4℃保存

(二) 实施条件

1. 实验器材

玻璃色谱柱（2cm×12cm）、蠕动泵、乳胶管、量筒、烧杯、玻璃棒。

2. 试剂与材料

糖化酶液。

GF-201 大孔强碱阴离子交换剂、葡萄糖、氢氧化钠、盐酸、无水乙醇。

(三) 方法与步骤

1. 试剂配制

① 糖化酶液。市售糖化酶液（10 万 U/mL），用去离子水稀释 8 倍后作为上柱酶液，用前现配。

② 2mol/L NaOH 溶液。称取 8g 固体 NaOH，用去离子水溶解并定容至 100mL。

③ 2mol/L 盐酸溶液。用量筒量取 17mL 浓盐酸，去离子水稀释定容至 100mL。

2. 载体的预处理

① 装柱。采用自然沉降法装柱，首先检查反应柱是否与水平面垂直。反应柱中预先加入约半柱高的去离子水，称取 15g 阴离子交换剂放入 50mL 烧杯中，加约 30mL 的去离子水，用玻璃棒边搅边缓缓将离子交换剂注入反应柱中，同时若柱中水量过多，可从柱底部阀门排出少量水。控制柱底部排水口中流速，使整个装柱过程始终保持液面 20mm 以上。装柱完毕，继续用 2~3 倍柱体积的去离子水冲洗平衡柱子，排出多余去离子水，使液面高于固体床层表面约 5mm。关闭下水口阀门，检查柱中离子交换剂床层装填是否均匀、是否有气泡，备用。

装柱工艺是非常重要的一道工序，它直接关系到料液流通过程中，固体床层中的每个横截面受料是否均匀，料液是否以活塞流形式通过反应柱而没有产生沟流，从而进一步对载体的预处理、酶的固定化以及连续糖化工艺带来影响。

② 乙醇处理。向上述装有离子交换剂的反应柱中注入约 2 倍柱体积（约 50mL）的无水乙醇。操作时从反应柱上方缓缓加入乙醇，同时柱下端排出水。注意控制流体的流速，以保持液面高于固体床层。当流出无水乙醇时，关闭下口阀门，用无水乙醇浸泡离子交换剂约 12h，过滤，然后用去离子水连续冲洗反应柱，洗除无水乙醇。

本道工序是为了除去新离子交换剂在合成后残留的某些微量有机高分子材料，它们会对酶的活性、固定化及糖液的质量等产生影响。然而，这些有机高分子材料可溶于乙醇而被除去。因此，对于再生后使用的旧载体可省略此操作。

③ 碱处理。用 2 倍柱体积（约 50mL）的 2mol/L NaOH 溶液处理阴离子交换剂，使碱液以下行的方式流经反应柱，流量约为 3mL/min。然后，再以相同的流量用离子冲洗至 pH 为 6.0~7.0。

④ 酸处理。用 2 倍柱体积（约 50mL）2mol/L 的盐酸溶液处理阴离子交换剂，使酸液以下行的方式流经反应柱，流量约为 3mL/min。然后，再以相同的流量用去离子水冲洗至 pH 6.0。此时，获得合格载体，可用于固定化酶使用。

3. 酶的固定化

① 酶的固定化。用量筒取 300mL 糖化酶液倒入贮液槽，先用秒表及 10mL 量筒，以糖

化酶液流速为 1.8mL/min 开始进行酶的固定化，调节柱下口开关和加液量。待酶液消耗 50mL 后，可收集流出柱子的反应后残留液。此步实验需取样测定反应前酶液和反应后残留酶液的活性。

② 固定化酶的后处理。完成酶的固定化操作后，先用去离子水将反应柱中的酶液顶洗出去，再以 3～4mL/min 流量冲洗固定化酶床。然后，关闭下口阀门，用乳胶管边抖动边缓慢插入酶床中部，用吸耳球在乳胶管另一端先吸取流出的水，然后迅速将吸耳球更换为 50mL 烧杯，待流出约 400mg 固定化酶后停止。再用滤纸将湿固定化酶表面的水分吸干，用分析天平称量固定化酶 200～400mg，用于固定化酶活性的测定。

③ 固定化酶的贮藏。若制备的固定化酶直接用于葡萄糖生产，则该酶可暂时放在反应柱中，不能超过两天，以备使用。但固定化酶必须浸泡在去离子水中，不允许干柱。

若固定化酶需进行运输、贮藏和销售，则需将固定化酶从柱中移出，用甩干机除去表面的水分，置于密封无毒容器中，保持相对湿度 100%，低温 4℃ 保存备用。

4. 酶活性的测定

可参见本项目任务一。

（四）结果与讨论

① 糖化酶的固定化方法及注意事项有哪些？
② 固定化糖化酶的酶活力测定方法是什么？

任务五　中性蛋白酶的固定化

一、任务目标

① 熟悉中性蛋白酶常用固定化方法的原理及工艺要点。
② 能够按照标准操作规程对中性蛋白酶进行固定化。
③ 了解中性蛋白酶的特性及其应用。

二、必备基础

1. 蛋白酶的基础知识

蛋白酶是水解蛋白质肽键的一类酶的总称。按其水解多肽的方式，可以将其分为内肽酶和外肽酶两类。内肽酶将蛋白质分子内部切断，形成分子量较小的胨和脒。外肽酶从蛋白质分子的游离氨基或羧基的末端逐个将肽键水解，而游离出氨基酸，前者为氨基肽酶，后者为羧基肽酶。工业生产上应用的蛋白酶，主要是内肽酶。按其活性中心和最适 pH，又可将蛋白酶分为丝氨酸蛋白酶、巯基蛋白酶、金属蛋白酶和酸性蛋白酶。按其反应的最适 pH，分为酸性蛋白酶、中性蛋白酶和碱性蛋白酶。

蛋白酶广泛存在于动物内脏、植物茎叶、果实和微生物中。微生物蛋白酶，主要由霉菌、细菌，其次由酵母、放线菌生产。

催化蛋白质水解的酶类种类很多，重要的有胃蛋白酶、胰蛋白酶、组织蛋白酶、木瓜蛋白酶和枯草杆菌蛋白酶等。蛋白酶对所作用的反应底物有严格的选择性，一种蛋白酶仅能作用于蛋白质分子中一定的肽键，如胰蛋白酶催化水解碱性氨基酸所形成的肽键。蛋白酶分布广，主要存在于人和动物消化道中，在植物和微生物中含量丰富。由于动植物资源有限，工业上生产蛋白酶制剂主要利用枯草杆菌、栖土曲霉等微生物发酵制备。

蛋白酶已广泛应用在皮革、毛皮、丝绸、医药、食品、酿造等方面。皮革工业的脱毛和软化已大量利用蛋白酶，既节省时间又改善劳动卫生条件。蛋白酶还可用于蚕丝脱胶、肉类嫩化、酒类澄清。临床上可作药用，如用胃蛋白酶治疗消化不良，用酸性蛋白酶治疗支气管炎，用弹性蛋白酶治疗脉管炎以及用胰蛋白酶、胰凝乳蛋白酶对外科化脓性创口的净化及胸腔间浆膜粘连的治疗。加酶洗衣粉是洗涤剂中的新产品，含碱性蛋白酶，能去除衣物上的血渍和蛋白污物，但使用时注意不要接触皮肤，以免损伤皮肤表面的蛋白质，引起皮疹、湿疹等过敏现象。

2. 中性蛋白酶的基础知识

中性蛋白酶是由枯草芽孢杆菌经发酵提取而得的，属于一种内切酶，可用于各种蛋白质水解处理。在一定温度 pH 下，本品能将大分子蛋白质水解为氨基酸等产物。可广泛应用于动、植物蛋白的水解，制取生产高级调味品和食品营养强化剂的 HAP 和 HVP，此外还可用于皮革脱毛、软化、羊毛丝绸脱胶等加工。

中性蛋白酶的使用条件是水解温度 35～55℃，pH 6.0～7.5。

动植物蛋白水解粉（HAP、HVP）生产的应用如下。

① 焙烤行业的应用。中性蛋白酶可将面团的蛋白质水解成胨、肽类甚至氨基酸，从而减弱面团筋力，使它具有良好的可塑性和延伸性，保持清晰美观的印花图案，改善成品的光泽，使饼干断面层次分明，结构均匀一致，口感松爽酥脆。

② 大豆分离蛋白的应用。能水解大豆分离蛋白成小分子肽，大大提高了大豆分离蛋白的生物效价，使其易为人体消化吸收，同时还加大了溶解，降低了黏度，改善了大豆分离蛋白的功能特性。

③ 酵母抽提物、酵母浸膏的生产应用。提高最终产品的蛋白质利用率及风味。

④ 啤酒工业。可添加中性蛋白酶分解蛋白质为多肽和游离氨基氮。特别对大麦、大豆等植物性蛋白作用效果明显，用于啤酒生产，可排除蛋白质产生的"冷混浊"现象。

⑤ 医药工业的应用。含中性蛋白酶的药物，可起到消炎、利胆、止痛、助消化的功效。

⑥ 纺织工业的应用。用中性蛋白酶处理过的羊毛，其抗张度比常规方法高，毛线手感柔软，收缩性为 0。还可用于蚕的脱胶和蚕丝的精炼。

⑦ 皮革工业的应用。利用中性蛋白酶可制成脱毛剂，经鞣制的皮革，脱毛干净，粒而清晰，无明显损伤，毛孔细致光亮。

⑧ 饲料工业的应用。加入饲料配方中或直接与混合饲料混合饲喂，可提高蛋白质的利用率和降低饲养成本。

3. 蛋白酶固定化常用的材料——海藻酸钠

蛋白酶的固定化方法主要有吸附、包埋、共价键结合、肽键结合和交联法等。其中包埋法不需要化学修饰酶蛋白的氨基酸残基，反应条件温和，很少改变酶结构，应用最为广泛。包埋法对大多数酶、粗酶制剂甚至完整的微生物细胞都适用，包埋材料主要有琼脂、琼脂糖、卡拉胶、明胶、海藻酸钠、聚丙烯酰胺、纤维素等。其中海藻酸钠具有无毒、安全、价格低廉、材料易得等特点，是食品酶工程中常用的包埋材料之一。

海藻酸钠是一种天然多糖，具有药物制剂辅料所需的稳定性、溶解性、黏性和安全性。1881 年，英国化学家 E.C.Stanford 首先对褐色海藻中的海藻酸盐提取物进行科学研究。他发现该褐藻酸的提取物具有几种很有趣的特性，即具有浓缩溶液、形成凝胶和成膜的能力。基于此，他提出了几项工业化生产的申请。但是，海藻酸盐直到 50 年之后才进行大规模工业化生产。商业化生产始于 1927 年，现在全世界每年约生产 30000t，其中 30％用于食品工业，剩下的用于其他工业、制药业和牙科。

(1) 海藻酸盐的来源　海藻类植物主要分为四组：绿藻或绿藻纲、蓝绿藻或蓝藻纲、褐藻或褐藻纲、红藻或红藻纲。大部分褐藻是海藻酸盐的潜在来源。海藻酸盐是最丰富的海洋生物高聚物，也是世上仅次于纤维素的最丰富生物高聚物。主要的商业来源为泡叶藻、公牛藻、昆布属植物、巨藻、马尾藻类海草和喇叭藻。这些物种中，最主要的为昆布属植物、巨藻和泡叶藻。细菌海藻酸盐也是从固氮菌和几种假单胞菌种类中提取出来的。

(2) 海藻酸钠的化学性质　海藻酸钠$(C_6H_7O_8Na)_n$主要由海藻酸的钠盐组成，是由α-L-甘露糖醛酸（M单元）与β-D-古罗糖醛酸（G单元）依靠1,4-糖苷键连接，并由不同GGGMMM片段组成的共聚物。

① 性状。海藻酸钠的组成和顺序结构可由高分辨率的^1H和^{13}C核磁共振波谱仪（NMR）测出，这用于确定单细胞频率及二重对称和三重对称的频率。海藻酸钠是古罗糖醛酸（G）和甘露糖醛酸（M）残基通过1,4-糖苷键形成的共聚物。G和M酸的浓度（G：M比率）决定了不同的结构和生物相容性等特性。

衍生于海藻的多糖——海藻酸钠、琼脂、角叉胶和寻叉藻胶能在特定的条件下形成凝胶。海藻酸钠的溶液可以与很多二价和三价阳离子反应形成凝胶；凝胶可以在室温或任何高于100℃的条件下形成，加热也不融化。海藻酸微球可通过挤压含所需蛋白质的海藻酸钠溶液制备，以小滴的形式进入二价阳离子（如Ca^{2+}、Sr^{2+}或Ba^{2+}等）交联的溶液而制备。单价阳离子和Mg^{2+}不能形成凝胶，而Ba^{2+}和Sr^{2+}所形成的凝胶比Ca^{2+}形成的凝胶性能更强。其他二价阳离子如Pb^{2+}、Cu^{2+}、Cd^{2+}、Co^{2+}、Ni^{2+}、Zn^{2+}和Mn^{2+}等也可以形成海藻酸钠交联凝胶，但因具有毒性，使其应用受限。

共聚物的凝胶化和交联主要通过古罗糖醛酸的钠离子与二价阳离子交换而得。二价钙离子在羧基部位进行离子取代，另一侧链海藻酸也可与钙离子相连，从而形成交联，在此，钙离子与两条海藻酸钠键相连。钙离子有助于把分子聚集在一起，而分子聚合的本性和它们的聚合更加固了约束的钙离子，这被称为"协同结合"。依此类推，协同结合的强度和选择性由其舒适性决定，包括包装在"盒子"里的"鸡蛋"的特定大小及围绕在"鸡蛋"周围"盒子"包装的层数。

② 黏性。海藻酸钠溶液的黏性具有假塑性，溶液越容易流动，则越容易搅动和抽取。除在很高的剪切速度外，该作用具有可逆性。海藻酸钠各种级别均可得，在20℃下1%的水溶液中，黏性变化范围为20~40cP（0.02~0.4Pa·s）。聚合电解质溶液的流变学取决于水溶液的离子强度，例如提高海藻酸钠中强电解质（如NaCl）的浓度到100mmol/L，溶液的黏性会因改变了聚合物的构造而降低。

③ 分子量。海藻酸钠商品的分子量通常像多糖一样，比较分散。因此，一种海藻酸钠的分子量通常代表该组所有分子的平均值。最常见的表达分子量的方式是平均数量和平均重量。

在多分散性分子群中，通常平均重量大于平均数量，"平均重量/平均数量"的系数为分散性指数。海藻酸钠商品的指数经典范围为1.5~2.5。最常用的决定分子量方法是建立在内在黏性和光散射测定基础上计算而出的。

④ 溶解性。海藻酸微溶于水，不溶于大部分有机溶剂。它溶于碱性溶液，使溶液具有黏性。海藻酸钠粉末遇水变湿，微粒的水合作用使其表面具有黏性。然后微粒迅速黏合在一起形成团块，团块很缓慢地完全水化并溶解。如果水中含有其他与海藻酸盐竞争水合的化合物，则海藻酸钠更难溶解于水中。水中的糖、淀粉或蛋白质会降低海藻酸钠的水合速率，混合时间有必要延长。单价阳离子的盐（如NaCl）在浓度高于0.5%时也会有类似的作用。

海藻酸钠在1%的蒸馏水溶液中的pH约为7.2。

⑤ 稳定性。海藻酸钠具有吸湿性，平衡时所含水分的多少取决于相对湿度。干燥的海藻酸钠在密封良好的容器内，于25℃及以下温度储存相当稳定。海藻酸钠溶液在pH 5～9时稳定。聚合度（DP）和分子量与海藻酸钠溶液的黏性直接相关，储藏时黏性的降低可用来估量海藻酸钠去聚合的程度。高聚合度的海藻酸钠稳定性不及低聚合度的海藻酸钠。据报道海藻酸钠可经质子催化水解，该水解取决于时间、pH和温度。藻酸丙二醇酯溶液在室温下，pH 3～4时稳定；pH小于2或大于6时，即使在室温下黏性也会很快降低。

⑥ 免疫原性和生物相容性。海藻酸钠是一种天然、生物能降解的生物高聚物。海藻酸钠中发现的化学成分和促有丝分裂的杂质是海藻酸盐钠具有免疫原性的主要原因。很多报道显示植入海藻酸钠会产生纤维化反应。据知海藻酸钠可能含有热原、多酚、蛋白质和复杂的糖类。多酚的存在很可能对固定化细胞有害，而热原、蛋白质和复杂的糖类会诱使宿主产生免疫反应。

⑦ 安全性和毒性。早在20世纪70年代，美国食品药品监督管理局（FDA）已授予海藻酸钠"公认安全物质"的称号。一般认为其无毒、无刺激。海藻酸钙凝胶对细胞无毒，因此适用于药物传输。

King等（1983年）在1982年1月已列出39个国家允许使用海藻酸钠；这些国家中有3个国家尚未批准使用丙二醇酯。联合国/世界卫生组织食品和农业组织中食品添加剂联合专家委员会也发行了有关海藻酸钠的规定，推荐每天摄取一定量。海藻酸钠每天按体重摄取50mg/kg，藻酸丙二醇酯每日25mg/kg。无数的研究表明海藻酸钠用于食物是高度安全的。

(3) 海藻酸钠在药物制剂上的应用　海藻酸钠早在1938年就已收入美国药典；海藻酸在1963年收入英国药典。海藻酸不溶于水，但放入水中会膨胀。因此，传统上海藻酸钠用作片剂的黏合剂，而海藻酸用作速释片的崩解剂。然而，海藻酸钠对片剂性质的影响取决于处方中放入的量，并且在有些情况下，海藻酸钠可促进片剂的崩解。海藻酸钠可以在制粒的过程中加入，而不是在制粒后以粉末的形式加入，这样制作过程更简单。与使用淀粉相比，所制的成片机械强度更大。

海藻酸钠也用于悬浮液、凝胶和以脂肪和油类为基质的浓缩乳剂的生产中。海藻酸钠用于一些液体药物中，可增强黏性，改善固体的悬浮。藻酸丙二醇酯可改善乳剂的稳定性。控释药物传输系统在卫生保健中占很重要的地位。水溶性药物微粒从胶状介质中分离前的时间要最小化，以确保载药量最大。然而，这对水不溶性药物并不重要。药物的释放与所用药物的溶解性有关。

一位研究者报道，海藻酸凝胶微粒的溶胀具有pH敏感性，例如微粒在蒸馏水或酸性介质中（pH 1.5、KCl-HCl）无变化，而在pH 7.0的磷酸盐缓冲液中迅速溶胀，尺寸变大。海藻酸钠对酸敏感的这个特性对药物很有用，可使药物免受胃酸的攻击，且在小肠中干凝胶溶胀可使药物以期望的速率释放。

另一位研究者通过将海藻酸钠在酸性条件下与戊二醛交联后，倒入乙醇溶液中制备含双氯芬酸钠（微溶于水）的控释海藻酸钠小球。包埋率为30%～71%，其值取决于制备条件。小球制备时温度升高或与交联物质暴露时间延长，会使包埋率降低，药物释放时间延长。

三、任务实施

(一) 实施原理

酶的固定化是利用化学或物理手段将游离酶固定位于限定的空间区域，并使其保持活性和可反复使用的一种技术。固定化方法主要有吸附、包埋、共价结合、肽键结合和交联法等,其中包埋法不需要化学修饰酶蛋白的氨基酸残基,反应条件温和,很少改变酶的结构,应用最为广泛。中性蛋白酶是一种来源于枯草杆菌的胞外蛋白水解酶,它能迅速水解蛋白质生成肽类和部分游离氨基酸。本实验对影响海藻酸钠固定化中性蛋白酶的主要因素进行了研究,并对固定化酶的稳定性进行了研究。

(二) 实施条件

1. 实验器材

分光光度计、电热恒温水浴槽、循环式多用真空水泵、恒温磁力搅拌器、台式水浴恒温振荡器、10mL 注射器、8 号针头、精密酸度计、高压灭菌锅、电热鼓风干燥箱、电子恒温电热套。

2. 试剂与材料

中性蛋白酶、海藻酸钠、干酪素、L-酪氨酸。

pH 7.0 的磷酸缓冲液、氯化钙、无水碳酸钠、三氯乙酸、氢氧化钠。

(三) 方法与步骤

中性蛋白酶的固定化工艺流程如下。

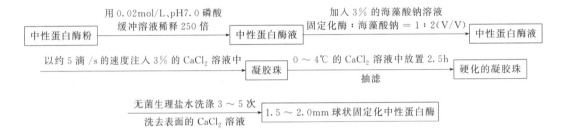

1. 中性蛋白酶的固定化

称取一定量的中性蛋白酶粉,用 0.02mol/L、pH7.0 磷酸缓冲溶液稀释 250 倍,制成中性蛋白酶液。取适量酶液加入浓度为 3% 的海藻酸钠溶液中。固定化酶与海藻酸钠的溶液的体积比为 1:2,充分搅拌均匀。用灭菌后的注射器吸入上述混合液,以约 5 滴/s 的速度注入浓度为 3% 的 $CaCl_2$ 溶液中制成凝胶珠,将形成的凝胶珠在 0~4℃ 的 $CaCl_2$ 溶液中放置 2.5h,使其进一步硬化。然后抽滤得到硬化的凝胶珠,用无菌生理盐水洗涤 3~5 次,以洗去表面的 $CaCl_2$ 溶液,即得到直径为 1.5~2.0mm 的球状固定化中性蛋白酶。

2. 酶活性的测定

① 相关溶液的配制

磷酸缓冲液(pH7.5):准确称取磷酸氢二钠($Na_2HPO_4 \cdot 12H_2O$)6.0g 和磷酸二氢钠($NaH_2PO_4 \cdot 2H_2O$)0.5g,加水定容至 1000mL。

0.4mol/L 碳酸钠溶液:准确称取无水碳酸钠 42.4g,以蒸馏水溶解定容至 1000mL。

0.4mol/L 的三氯乙酸:准确称取 65.4g 三氯乙酸,以蒸馏水溶解定容至 1000mL。

0.5mol/L 的氢氧化钠溶液:准确称取 2g 氢氧化钠溶解并定容至 100mL。

10.00mg/mL 酪素溶液:称取酪素 1.000g,准确至 0.001g,用少量的 0.5mol/L 的氢氧化钠溶液(若为酸性蛋白酶则用浓乳酸 2~3 滴)润湿,加入适量的各适宜的缓冲液约 80mL,在沸水浴中边加热边搅拌,直至完全溶解。冷却后,转入 100mL 容量瓶中,用适宜的缓冲液稀释至刻度,此溶液在冰箱内储存,有效期为 3 天。

100μg/mL 酪氨酸标准溶液:准确称取预先于 105℃ 干燥至恒重的 L-酪氨酸 0.1000g,用 1mol/L 的盐酸 60mL 溶解后定容至 100mL,即为 1.00mg/mL 的酪氨酸溶液。吸取

1.00mg/mL 酪氨酸标准溶液 10.00mL，用 0.1mol/L 盐酸定容至 100mL，即得 100.0μg/mL L-酪氨酸标准溶液。

② 酶样的制备。固定化前、后中性蛋白酶分别用磷酸缓冲溶液溶解，准确移取 1mL 液体酶样，然后将上清液倒入 100mL 容量瓶，沉渣中再添入少量缓冲液捣研多次，最后全部移入容量瓶，稀释到刻度，用四层纱布过滤。滤液可作为测试酶用，该酶已经稀释 100 倍。

③ L-酪氨酸标准曲线的测定。L-酪氨酸标准溶液按下表配制。

试管号	0	1	2	3	4	5
取 100μg/mL 酪氨溶液体积/mL	0	1	2	3	4	5
蒸馏水/mL	10	9	8	7	6	5
酪氨酸实际浓度/(μg/mL)	0	10	20	30	40	50

分别取上述溶液各 1.00mL（需做平行试验），各加 0.4mol/L 碳酸钠溶液 5.00mL。福林试剂使用溶液 1.00mL，置于（40±0.2）℃水浴中显色 20min，取出用分光光度计于波长 680nm 比色。以不含酪氨酸的 0 管为空白管调零点，分别测定其吸光度值，以吸光度值为纵坐标、酪氨酸的浓度为横坐标，绘制标准曲线或计算回归方程。计算出当 OD 为 1 时的酪氨酸的量（μg），即为吸光常数 K 值，其 K 值应在 95～100 范围内。

④ 样品溶液的测定。先将酪素溶液放入（40±0.2）℃恒温水浴中，预热 5min。取 4 支试管，各加入 1mL 酶液。取 1 支作为空白管，加 2mL 三氯乙酸，其他 3 管作为测试管各加入 1mL 酪素，摇匀，40℃保温 10min。取出试管，3 支测试管中各加入 2mL 三氯乙酸，空白管中加 1mL 酪素，静置 10min，过滤沉淀。各取 1mL 滤液，分别加 0.4mol/L 的 Na_2CO_3 5mL、福林试剂 1mL。在 40℃显色 20min，680nm 处测 OD 值。以空白管调零点。

3. 固定化率的计算

分别测定固定化过程中加入游离酶的总活性以及固定化后上清液酶的总活性，计算固定化率。

固定化率＝(加入游离酶的总活性－上清液酶的总活性)/加入游离酶的总活性×100％

（四）结果与讨论

① 计算用此方法制备固定化酶的固化率。
② 固定化酶的活性是多少？

任务六　胰蛋白酶亲和色谱

一、任务目标

① 熟悉常用的酶提取分离方法的原理及工艺要点。
② 能够按照标准操作规程对胰蛋白酶进行分离纯化。
③ 了解其他酶提取分离技术及其相关应用。

二、必备基础

1. 亲和色谱技术

将具有特殊结构的亲和分子制成固相吸附剂放置在色谱柱中，当要被分离的蛋白混合液通过色谱柱时，与吸附剂具有亲和能力的蛋白质就会被吸附而滞留在色谱柱中。那些没有亲和力的蛋白质由于不被吸附,直接流出,从而与被分离的蛋白质分开。然后选用适当的洗脱液,改变结合条件,将被结合的蛋白质洗脱下来。这种分离纯化蛋白质的方法称为"亲和色谱"。

在生物分子中有些分子的特定结构部位能够同其他分子相互识别并结合,如酶与底物的识别结合、受体与配体的识别结合、抗体与抗原的识别结合,这种结合既是特异的又是可逆的,改变条件可以使这种结合解除。生物分子间的这种结合能力称为"亲和力"。亲和色谱就是根据这样的原理设计的蛋白质分离纯化方法,是利用共价连接有特异配体的色谱介质,分离蛋白质混合物中能特异结合配体的目的蛋白或其他分子的色谱技术。

亲和色谱法

(1) 原理 亲和色谱是一种吸附色谱,抗原(或抗体)和相应的抗体(或抗原)发生特异性结合,而这种结合在一定的条件下又是可逆的。所以将抗原(或抗体)固相化后,就可以使存在液相中的相应抗体(或抗原)选择性地结合在固相载体上,借以与液相中的其他蛋白质分开,达到分离提纯的目的。此法具有高效、快速、简便等优点。

(2) 固相载体的选择 对于一个成功的亲和分离色谱来说,一个重要的因素就是选择合适的固体载体。一个理想的载体,首先必须尽可能少地同被分离的物质进行相互作用,以避免非特异的吸附作用。因此,优先选用的是中性聚合物,例如琼脂糖或聚丙烯酰胺凝胶。其次,载体必须具有良好的通透性,即使在亲和剂键合在它的表面之后,也必须保持这种特性。连接亲和剂的先决条件是有足够量的某些化学基团存在,这些基团在不影响载体的结构,也不影响被连接的亲和剂的条件下被活化或衍生。载体在结合亲和剂后,必须在机械性能和化学性质上具有稳定性,而且在改变 pH、离子强度、温度以及变性剂的条件下也应该稳定。载体必须有大的孔网结构,允许大分子物质自由出入。再者,载体的组成大小也应均匀。高孔度对于大分子物质的分离是个重要的条件,它的主要作用是提供欲分离的物质与配体间的接触机会。配体大多结合在载体的孔内部,孔太小,生物大分子进不去,即使配体偶联率很高,结合生物大分子的量也不会太大,这不是我们所希望的。一般常用的载体有纤维素、葡聚糖凝胶、琼脂糖凝胶、聚丙烯酰胺凝胶和多孔玻璃等。

(3) 配体的选择 正确地选择合适的配体以及合适的结合方式,对获得具有优良分离效果和较大容量的载体同样具有重要作用。能与分离物质牢固、特异和可逆结合的物质都可以作为配体。选择配体有两个条件:第一是生物大分子与配体间具有合适的亲和力。亲和力太强,洗脱条件剧烈,易造成生物大分子失活;亲和力太小,解离容易,结合率不高。第二是配体要具有双重功能,既有可牢固与载体结合的基团,结合后又不影响生物大分子与配体间的亲和力。

亲和色谱要取得成功,配体结合在载体上并不是唯一的因素。具有同等重要的是,要完全地从载体上除去非共价结合的配体。因此,应当十分认真地清洗并检查清洗的情况。

与载体共价偶联的功能团包括:

氨基:赖氨酸的 ε-氨基和多肽键 N 末端的 α-NH_2。

羧基:天冬氨酸的 β-羧基,谷氨酸的 α-羧基和末端的 α-羧基。

酚基:酪氨酸的酚环。

羟基:丝氨酸、苏氨酸和酪氨酸的羟基。

巯基:半胱氨酸的巯基。

咪唑基:组氨酸的咪唑基。

吲哚基:色氨酸的吲哚基。

(4) 配体与载体之间的偶联 实践证明,琼脂糖凝胶和聚丙烯酰胺凝胶是亲和色谱的优良载体。琼脂糖凝胶结构开放，通过性好，酸碱处理时相当稳定，物理性能也好。琼脂糖凝胶上的羟基在碱性条件下极易被溴化氰活化成亚氨基碳酸盐，并能在温和的条件下与氨基等基团作用而引入配体，亲和色谱中最为常用的琼脂糖凝胶的型号是 Sepharose 4B。在琼脂糖与溴化氰活化后，再与生物大分子结合形成亲和色谱填料是亲和色谱中最为常用的一种。

(5) 使用方法　亲和色谱的分离方法随分离的物质不同而不同，一般的程序如下。

① 吸附。亲和色谱吸附剂制备好后，装入色谱柱中。色谱柱无特殊要求，常用短而粗的柱子。根据纯化物质的量、吸附能力来选择。吸附能力高的常用短柱，吸附能力弱的常用长一些的柱子。

样品为固体时，常用起始缓冲溶液溶解，若为液体，要通过透析等方法将溶液转换为起始缓冲溶液。上样量可根据柱子的吸附容量来推算，通常为吸附容量的1/3或更低。对于吸附力弱的物质，上样量按照1/10为佳。在样品上柱后，使用10倍柱体积的缓冲溶液将不结合的杂质清洗掉。获得最尖锐的洗脱峰和最小洗脱体积的流速为最佳流速。

② 洗脱。从柱中洗脱目标产物是亲和色谱是否成功的关键。通常采用降低目标产物与配体之间的亲和力的方式进行洗脱。可用一步法或连续改变洗脱剂浓度的方式将目标产品洗脱下来。当蛋白质与配体间的作用力过强时，可用一步法，甚至可先让洗脱剂在柱子中停留半小时的方法。

改变pH同样也能改变配体与蛋白质间的作用力，因此通过改变pH也是亲和色谱分离目标产物的一种方法。另一种方法是通过改变离子强度来洗脱目标产品。有时也用变性剂来洗脱目标产品。因此，亲和色谱分离目标产品的方法并不是一成不变的，可根据样品的性质和实际条件进行选择。

对于吸附得十分牢固的生物大分子，必须使用较强的酸或碱作为洗脱剂，或在洗脱液中加入破坏蛋白质的试剂，如脲、盐酸胍。这种洗脱方式往往造成不可逆的变化，使纯化的对象失去生物学活性。因此，对于洗脱得到的蛋白质溶液应立即进行中和、稀释或透析。

2. 其他分离技术

(1) 细胞的破碎

① 高速组织捣碎。将材料配成稀糊状液，放置于筒内约1/3体积，盖紧筒盖，将调速器先拨至最慢处，开动开关后，逐步加速至所需速度。此法适用于动物内脏组织、植物肉质种子等。

② 玻璃匀浆器匀浆。先将剪碎的组织置于管中，再套入研杆来回研磨，上下移动，即可将细胞研碎。此法细胞破碎程度比高速组织捣碎为高，适用于量少和动物脏器组织。

③ 超声波处理法。用一定功率的超声波处理细胞悬液，使细胞急剧振荡破裂，此法多适用于微生物材料。用大肠埃希菌制备各种酶，常选用 50~100mg/mL 浓度，在 20~25kHz 频率、250W 功率下处理 10~15min。此法的缺点是在处理过程中会产生大量的热，应采取相应降温措施。对超声波敏感和核酸应慎用。

④ 反复冻融法。将细胞在 $-20℃$ 以下冰冻，室温融解，反复几次。由于细胞内冰粒形成和剩余细胞液的盐浓度增高引起溶胀，使细胞结构破碎。

⑤ 化学处理法。有些动物细胞，例如肿瘤细胞可采用十二烷基磺酸钠（SDS）、去氧胆酸钠等细胞膜破坏；细菌细胞壁较厚，可采用溶菌酶处理，效果更好。

无论用哪一种方法破碎组织细胞，都会使细胞内的蛋白质或核酸水解酶释放到溶液中，使大分子生物降解，导致天然物质量的减少，加入二异丙基氟磷酸（DFP）可以抑制或减慢自溶作用；加入碘乙酸可以抑制那些活性中心有巯基的蛋白水解酶的活性；加入苯甲磺酰氟化物（PMSF）也能清除蛋白水解酶活力，但不是全部；还可通过选择pH、温度或离子强度等，使这些条件都要适合于目的物质的提取。

(2) 酶的提取　大部分蛋白质都可溶于水、稀盐、稀酸或碱溶液，少数与脂类结合的蛋白质则溶于乙醇、丙酮、丁醇等有机溶剂中，因此，可采用不同溶剂提取分离和纯化蛋白质及酶。

① 水溶液提取法。稀盐和缓冲系统的水溶液对蛋白质稳定性好、溶解度大、是提取蛋白质最常用的溶剂。通常用量是原材料体积的 1～5 倍，提取时需要均匀地搅拌，以利于蛋白质的溶解。提取的温度要视有效成分性质而定。一方面，多数蛋白质的溶解度随着温度的升高而增大，故温度高利于溶解，缩短提取时间。但另一方面，温度升高会使蛋白质变性失活，因此基于这一点考虑，提取蛋白质和酶时一般采用低温（5℃以下）操作。为了避免蛋白质提取过程中的降解，可加入蛋白水解酶抑制剂（如二异丙基氟磷酸、碘乙酸等）。下面着重讨论提取液的 pH 和盐浓度的选择。

A. pH。蛋白质、酶是具有等电点的两性电解质，提取液的 pH 应选择在偏离等电点两侧的 pH 范围内。用稀酸或稀碱提取时，应防止过酸或过碱而引起蛋白质可解离基团发生变化。从而导致蛋白质构象的不可逆变化。一般来说，碱性蛋白质用偏酸性的提取液提取，而酸性蛋白质用偏碱性的提取液。

B. 盐浓度。稀浓度盐可促进蛋白质的溶解，称为"盐溶作用"。同时稀盐溶液因盐离子与蛋白质部分结合，具有保护蛋白质不易变性的优点，因此在提取液中加入少量 NaCl 等中性盐，一般以 0.15mol/L 的浓度为宜。缓冲液常采用 0.02～0.05mol/L 磷酸盐和碳酸盐等渗盐溶液。

② 有机溶剂提取法。一些和脂质结合比较牢固或分子中，非极性侧链较多的蛋白质和酶不溶于水、稀盐溶液、稀酸或稀碱中，可用乙醇、丙酮和丁醇等有机溶剂。它们具有一定的亲水性，还有较强的亲脂性，是理想的脂蛋白提取液，但必须在低温下操作。丁醇提取法对提取一些与脂质结合紧密的蛋白质和酶特别优越。一是因为丁醇亲脂性强，特别是溶解磷脂的能力强；二是丁醇兼具亲水性，在溶解度范围内不会引起酶的变性失活。另外，丁醇提取法的 pH 及温度选择范围较广，也适用于动、植物及微生物材料。

(3) 蛋白质的分离纯化

① 根据蛋白质溶解度不同的分离方法

A. 蛋白质的盐析。中性盐对蛋白质的溶解度有显著影响，一般在低盐浓度下随着盐浓度升高，蛋白质的溶解度增加，此称"盐溶"；当盐浓度继续升高时，蛋白质的溶解度不同程度地下降并先后析出，这种现象称"盐析"。将大量盐加到蛋白质溶液中，高浓度的盐离子（如硫酸铵的 SO_4^{2-} 和 NH_4^+）有很强的水化力，可夺取蛋白质分子的水化层，使之"失水"，于是蛋白质胶粒凝结并沉淀析出。盐析时若溶液 pH 在蛋白质等电点则效果更好。由于各种蛋白质分子颗粒大小、亲水程度不同，故盐析所需的盐浓度也不一样，因此调节混合蛋白质溶液中的中性盐浓度可使各种蛋白质分段沉淀。影响盐析的因素有以下几种。

a. 温度。除对温度敏感的蛋白质在低温（4℃）操作外，一般可在室温中进行。一般温度低则蛋白质溶解度降低，但有的蛋白质（如血红蛋白、肌红蛋白、清蛋白）在较高的温度（25℃）比 0℃ 时溶解度低，更容易盐析。

b. pH 值。大多数蛋白质等电点时，在浓盐溶液中的溶解度最低。

c. 蛋白质浓度。蛋白质浓度高时，欲分离的蛋白质常常夹杂着其他蛋白质一起沉淀出来（共沉现象），因此在盐析前血清要加等量生理盐水稀释，使蛋白质含量在 2.5%～3.0%。

蛋白质盐析常用的中性盐主要有硫酸铵、硫酸镁、硫酸钠、氯化钠、磷酸钠等。其中应用最多的是硫酸铵，它的优点是温度系数小而溶解度大（25℃时饱和溶液为 4.1mol/L，即

767g/L；0℃时饱和溶解度为3.9mol/L，即676g/L），在这一溶解度范围内，许多蛋白质和酶都可以盐析出来。另外，硫酸铵分段盐析效果也比其他盐好，不易引起蛋白质变性。硫酸铵溶液的pH常在4.5～5.5，当用其他pH进行盐析时，需用硫酸或氨水调节。

蛋白质在用盐析沉淀分离后，需要将蛋白质中的盐除去。常用的办法是透析，即把蛋白质溶液装入透析袋内（常用的是玻璃纸），用缓冲液进行透析，并不断地更换缓冲液。因透析所需时间较长，所以最好在低温中进行。此外也可用葡萄糖凝胶G25或G50过柱的办法除盐，所用的时间就比较短。

B. 等电点沉淀法。蛋白质在静电状态时，颗粒之间的静电斥力最小，因而溶解度也最小。各种蛋白质的等电点有差别，可利用调节溶液的pH达到某一蛋白质的等电点使之沉淀，但此法很少单独使用，可与盐析法结合用。

C. 低温有机溶剂沉淀法。用与水可混溶的有机溶剂，如甲醇，乙醇或丙酮，可使多数蛋白质溶解度降低并析出。此法分辨力比盐析高，但蛋白质较易变性，应在低温下进行。

② 根据蛋白质分子大小差别的分离方法

A. 透析与超滤。透析法是利用半透膜将分子大小不同的蛋白质分开。

超滤法是利用高压力或离心力，强使水和其他小溶质分子通过半透膜，而蛋白质留在膜上。可选择不同孔径的滤膜截留不同分子量的蛋白质。

B. 凝胶过滤法。也称分子排阻色谱或分子筛色谱。这是根据分子大小分离蛋白质混合物最有效的方法之一。柱中最常用的填充材料是葡萄糖凝胶（sephadex ged）和琼脂糖凝胶（agarose gel）。

③ 根据蛋白质的带电性质进行分离

电泳操作

A. 电泳法。各种蛋白质在同一pH条件下，因分子量和电荷数量不同而在电场中的迁移率不同，从而得以分开。值得重视的是，等电聚焦电泳是利用一种两性电解质作为载体，电泳时两性电解质形成一个由正极到负极逐渐增加的pH梯度，当带一定电荷的蛋白质在其中泳动时，到达各自等电点的pH位置就停止，此法可用于分析和制备各种蛋白质。

电泳原理

B. 离子交换色谱法。离子交换剂有阳离子交换剂（如羧甲基纤维素、CM-纤维素）和阴离子交换剂（如二乙氨基乙基纤维素、DEAE-纤维素）。当被分离的蛋白质溶液流经离子交换色谱柱时，带有与离子交换剂相反电荷的蛋白质被吸附在离子交换剂上，随后用改变pH或离子强度的办法将吸附的蛋白质洗脱下来。

(4) 浓缩、干燥及保存

① 样品的浓缩。生物大分子在制备过程中，由于过柱纯化而样品变得很稀，为了保存和鉴定的目的，往往需要进行浓缩。常用的浓缩方法有以下几种。

凝胶过滤色谱法

A. 减压加温蒸发浓缩。通过降低液面压力使液体沸点降低。减压的真空度愈高，液体沸点降得愈低，蒸发愈快。此法适用于一些不耐热的生物大分子的浓缩。

B. 空气流动蒸发浓缩。空气的流动可使液体加速蒸发，铺成薄层的溶液，表面不断通过空气流；或将生物大分子溶液装入透析袋内置于冷室，用电扇对准吹风，使透过膜外的溶剂蒸发，而达到浓缩目的。此法浓缩速度慢，不适于大量溶液的浓缩。

减压蒸馏

C. 冰冻法。将生物大分子溶液在低温结成冰，盐类及生物大分子不进入冰内而留在液相中。操作时先将待浓缩的溶液冷却使之变成固体，然后缓慢地融解，利用溶剂与溶质熔点的差别而达到除去大部分溶剂的目的。如蛋白质和酶的盐溶液用此法浓缩时，不含蛋白质和酶的纯冰结晶浮于液面，蛋白质和酶则集中于下层溶液中，移去上层冰块，可得蛋白质和酶的浓缩液。

冷冻干燥

D. 吸收法。通过吸收剂直接吸收除去溶液中溶液分子使之浓缩。所用的吸收剂必须与溶液不起化学反应，对生物大分子不吸附，易与溶液分开。常用的吸收剂有聚乙二醇、聚乙烯吡咯酮、蔗糖和凝胶等。使用聚乙二醇吸收剂时，先将生物大分子溶液装入半透膜的袋里，外加聚乙二醇覆盖，置于4℃下，袋内溶剂渗出即被聚乙二醇迅速吸去，聚乙二醇被水饱和后要更换新的，直至达到所需要的体积。

E. 超滤法。超滤法是使用一种特别的薄膜，对溶液中各种溶质分子进行选择性过滤的方法，液体在一定压力下（氮气压或真空泵压）通过膜时，溶剂和小分子透过，大分子受阻保留。这是近年来发展起来的新方法，最适于生物大分子尤其是蛋白质和酶的浓缩或脱盐，并具有成本低、操作方便、条件温和、能较好地保持生物大分子的活性、回收率高等优点。应用超滤法关键在于膜的选择，不同类型和规格的膜，水的流速、分子量截止值（即大体上能被膜保留分子的最小分子量值）等参数均不同，必须根据工作需要来选用。另外，超滤装置形式、溶质成分及性质、溶液浓度等都对超滤效果有一定影响。

超滤（2）

② 干燥。生物大分子制备得到产品，为防止变质、易于保存，常需要干燥处理，最常用的方法是冷冻干燥和真空干燥。真空干燥适用于不耐高温、易于氧化物质的干燥和保存。整个装置包括干燥器、冷凝器及真空干燥器外，同时增加了温度因素。在相同压力下，水蒸气气压随温度下降而下降，故在低温、低压下，冰很易升华为气体。操作时一般先将待干燥的液体冷冻到冰点以下使之变成固体，然后在低温、低压下将溶剂变成气体而除去。此法干燥后的产品具有疏松、溶解度好、保持天然结构等优点，适用于各类生物大分子的干燥保存。

③ 储存。生物大分子的稳定性与保存方法有很大关系。干燥的制品一般比较稳定，在低温情况下其活性可在数日甚至数年无明显变化，贮藏要求简单，只要将干燥的样品置于干燥器内（内装有干燥剂）密封，保存在0~4℃冰箱即可。

液态贮藏时应注意以下几点。

A. 样品不能太稀。必须浓缩到一定浓度才能封装贮藏，样品太稀易使生物大分子变性。

B. 一般需加入防腐剂和稳定剂。常用的防腐剂有甲苯、苯甲酸、三氯甲烷、百里酚等。蛋白质和酶常用的稳定剂有硫酸铵糊、蔗糖、甘油等，如酶也可加入底物和辅酶以提高其稳定性。此外，钙、锌、硼酸等溶液对某些酶也有一定保护作用。核酸大分子一般保存在氯化钠或柠檬酸钠的标准缓冲液中。

C. 贮藏温度要求低。大多数在0℃左右冰箱保存，有的则要求更低，应视不同物质而定。

三、任务实施

（一）实施原理

亲和色谱主要是根据生物分子与其特定固定化的配基或配体之间具有一定的亲和力，而使生物分子得以分离。本实验为了纯化胰蛋白酶，采用胰蛋白酶的天然抑制剂——鸡卵黏蛋白作为配基制成亲和吸附剂，从胰脏粗提取液中纯化胰蛋白酶。鸡卵黏蛋白是专一性较高的胰蛋白酶抑制剂，对牛和猪的胰蛋白酶具有相当强的抵制作用，但不抑制糜蛋白酶。在pH 7~8的缓冲液中,鸡卵黏蛋白与胰蛋白酶牢固地结合,而在 pH 2~3 时,又能被解离下来。因此,采用鸡卵黏蛋白做成的亲和吸附剂可以从胰脏粗提液中通过一次亲和色谱直接获得活力大于 10000U/mg 的胰蛋白酶制品,比用经典分离纯化方法简便得多。纯化效率可达到 10~20 倍以上。

(二) 实施条件

1. 实验器材

电磁搅拌器、色谱柱(2cm×12cm)、紫外分光光度计、分步收集器、过滤漏斗。

2. 试剂和材料

溴化氰活化的琼脂糖凝胶 4B、卵类黏蛋白、1mmol/L 盐酸、碳酸氢钠缓冲液(含 0.05mol/L NaCl 及 0.1mol/L pH 8.3 NaHCO$_3$ 缓冲液,此为偶联缓冲液)、乙酸缓冲液(含 0.05mol/L NaCl,0.1mol/L pH 4 的乙酸缓冲液)、0.1mol/L pH 7.5 Tris-HCl 缓冲液(含 0.5mol/L 氯化钾和 0.05mol/L 氯化钙,此为平衡缓冲液)、粗胰蛋白酶、硫酸铵、0.01mol/L 盐酸溶液、0.8mol/L pH 9.0 硼酸盐缓冲液、pH 2.5 0.10mol/L 甲酸、0.50mol/L KCl 洗脱液。

(三) 方法与步骤

1. 偶联凝胶的处理

称取偶联凝胶 10g,用 200mL 1mol/L 的盐酸浸泡 15min,然后在过滤漏斗中,用 1mol/L 盐酸洗涤几次。每克偶联凝胶的体积溶 3.5mL 左右。然后用 50mL 碳酸氢钠缓冲液洗涤,立即转到配基溶液中进行偶联。

2. 配基的偶联

取 3g 卵类黏蛋白(含蛋白 1.7g 左右)用 30mL 偶联缓冲液溶解,加入处理好的凝胶,预冷至 4℃搅拌 16h,以使剩余的活化基团完全消除。然后用过滤漏斗抽滤,用偶联缓冲液洗涤一次,再用 0.1mol/L pH 4 的乙酸缓冲液洗涤,以除去剩余的配基(卵类黏蛋白)。所得的亲和吸附剂,每毫升偶联凝胶含蛋白质 10mg 左右,存放在 4℃冰箱中备用。

3. 装柱

取一色谱柱,先装入 1/4 体积的平衡缓冲液。然后轻轻搅匀,将偶联好的卵类黏蛋白——Sephadex 亲和吸附剂缓缓加入柱内,待其自然沉降,调好流速 3mL/min 左右,用亲和柱平衡液平衡,检测流出液 A_{280} 小于 0.02。

4. 上样

将 1g 左右的粗结晶猪胰蛋白酶(蛋白含量 50%~60%)溶于少量平衡缓冲液中(若有不溶物应离心除去),然后上柱,流速控制在 1.0~1.5mL/min。上柱完毕后,用相同的平衡缓冲液洗涤亲和色谱柱,直至流出液的 OD_{260} 小于 0.02。取一定体积上述澄清液上柱吸附。上柱体积可大致计算如下。

$$胰蛋白酶上样体积(mL) = \frac{V \times 0.84 \times 1.3 \times 10^4}{C \times A} \times 1.5$$

式中 V——卵黏蛋白偶联的总体积,mL;

0.84——1mg 卵黏蛋白能抑制约 0.84mg 胰蛋白酶;

1.3×10^4——纯化后胰蛋白酶比活的近似值;

C——胰蛋白酶粗提液的浓度,mg/mL;

A——胰蛋白酶粗提液的比活力,U/mg;

1.5——上样量过量 50%。

5. 洗脱

吸附毕,先用平衡液洗涤至流出液 A_{280} 小于 0.02,换洗脱液洗脱。洗脱液为 pH 2.5

0.10mol/L 甲酸、0.50mol/L KCl 溶液，洗脱速度 2～4mL/10min。然后收集蛋白峰并测定收集液的蛋白含量、酶的比活力和总活力。

6. 再生

亲和色谱柱用平衡缓冲液平衡后可再次做亲和色谱。若柱内加入防腐剂 0.01% 叠氮钠在冰箱中保存，至少一年内活性不丧失。

7. 成品的保存

可用两种方法将胰蛋白酶制成固体保存。

① 在比活力最高部分加入固体硫酸铵，使其饱和度达到 80%，放置 4h 以上，抽滤收集硫酸铵沉淀（要抽干）。滤饼用少量蒸馏水溶解，再加入 1/4 体积 0.8mol/L pH 9.0 的硼酸溶液，调整 pH 至 8.0，冰箱中放置。数日后即可获得棒状结晶（只有胰蛋白酶的量较多时，才能得到结晶品）。

② 将亲和色谱获得的胰蛋白酶溶液放入透析袋内，在 4℃ 用蒸馏水透析，然后冷冻干燥成干粉。

（四）结果与讨论

① 绘制亲和柱色谱洗脱曲线。
② 计算鸡卵黏蛋白的比活力。
③ 绘制酶促反应动力曲线（求初速度）。
④ 计算亲和色谱纯化胰蛋白酶的比活力及纯化效率。
⑤ 将亲和色谱过程中的各项数据详细列入下表中。

参　数	实验数据
亲和柱床体积/mL	
洗脱的胰蛋白酶溶液体积/mL	
洗脱的胰蛋白酶溶液吸光值(A_{280})	
洗脱的胰蛋白酶溶液蛋白浓度/(mg/mL)	
亲和柱吸附率/(mg/mL 凝胶)	
亲和柱洗脱酶液活力/(U/mg)	
亲和柱洗脱酶液比活力/(U/mg)	
上柱前样品比活力/(U/mg)	
亲和柱纯化效率（倍数）	

参 考 文 献

[1] 孙丽娜. 酶工程制药实用技术. 医学信息，2007, 24 (7)：4636-4637.
[2] 郭勇. 酶工程研究进展与发展前景. 华南理工大学学报，2002, 30 (11)：130-133.
[3] 王玢, 袁方曜. 凝胶过滤层析分离纯化纤维素酶的研究. 山东教育学院学报，2003, 6：88-89.
[4] 曾家豫, 冯克宽, 王渭霞, 张振霞. 葡聚糖凝胶层析分离纯化纤维素酶的研究. 西北师范大学学报，1998, 4：34.
[5] 王兰芬. 纤维素酶的作用机理及开发应用. 酿酒科技，1996, 6 (84)：16-17.
[6] 窦烨, 王清路, 李俏俏. 纤维素酶的应用现状. 中国酿造，2008, 12：15-16.
[7] 于滨, 迟玉杰. 高活力蛋清溶菌酶制备技术的研究. 农产品加工学刊，2006, 4：5-10.
[8] 迟玉杰, 高兴华, 孔保华. 鸡蛋清中溶菌酶的提取工艺研究. 工艺技术，2002, 3：44-46.
[9] 迟晓艳, 葛宜和, 韩立亚, 侯月利. 鸡蛋清中溶菌酶提取技术的研究. 湖北农业科学，2010, 9：2212-2214.
[10] 卜春苗, 朱金霞, 龚波林. 强阳离子交换树脂在蛋白质分离纯化中的应用. 宁夏工程技术，2006, 5：60-64.
[11] 戴清源, 陈祥贵, 李晓霞, 张庆. 溶菌酶的研究进展. 山东食品发酵，2005, 3：23-25.
[12] 韩冷, 韩妙君, 冯婷. 不同来源溶菌酶的性质比较. 氨基酸和生物资源，2004, 26 (3)：73-75.
[13] 张富新, 张媛媛, 党亚丽, 于月英. 海藻酸钠固定化中性蛋白酶的研究. 西北农林科技大学学报，2005, 33 (11)：89-93.

项目五　基因工程制药

【项目介绍】

1. 项目背景

基因工程药物是指用重组 DNA 技术生产的多肽、蛋白质、酶、激素、疫苗、单克隆抗体和细胞因子等。蛋白质是生命活动的重要物质，已知很多蛋白质与人类的疾病密切相关。众所周知的侏儒症与患者缺少生长激素有关；一些糖尿病患者则是由胰岛素合成不足发病；出血不止的血友病则是由于缺少凝血因子Ⅷ或凝血因子Ⅸ引起的。在 DNA 重组技术出现以前，大多数的人用蛋白质药物主要是从血液、尿液或动物的组织和器官中提取的，成本高但产率和产量很低，供应十分有限，并且从人体来源的材料中提取很难保证这种蛋白质药物不被某些病原体，如肝炎病毒污染，所以存在不安全因素。

基因工程是与医药产业结合非常密切的高新技术，它的发展为医药工业开辟了广阔的前景。基因工程（genetic engineering）是将一种生物细胞的基因分离出来，在体外进行酶切和连接并插入载体分子构成遗传物质的新组合，引入另一种宿主细胞后使目的基因得以复制和表达的技术，也称"基因操作"或"重组 DNA 技术"。

本项目以企业的生产实例为线索，设计了 6 个教学任务，学生主要学习原核或真核细胞中的 DNA、RNA 提取，目标基因的 PCR 扩增技术，质粒的构建方法，目标基因在原核或真核系统中的表达等关键的基因操作技术和相关知识。

2. 项目目标

① 熟悉基因工程药物的种类。
② 熟悉常用的基因工程药物的工序。
③ 掌握常用细胞因子类药物生产方法。
④ 掌握原核细胞的基因提取方法。
⑤ 掌握真核细胞的基因提取方法。
⑥ 掌握目标基因的扩增方法。
⑦ 掌握常用质粒的构建方法。
⑧ 掌握原核细胞基因原核系统中表达的方法。
⑨ 掌握真核细胞基因原核系统中表达的方法。
⑩ 掌握真核细胞基因真核系统中表达的方法。

3. 思政与职业素养目标

① 了解基因工程药物发展史，学习科学辩证思维及创新思维。
② 掌握基因工程药物的制备工艺，学习追求真理、勇于创新的科学精神。
③ 了解国内基因工程药物的进展，提升民族自豪感和专业自豪感。

4. 项目主要内容

本项目主要完成从原核、真核细胞中提取 DNA 或 RNA，并利用 PCR 或 RT-PCR 的方法扩增出目标基因，构建质粒，最后把质粒放入原核或真核细胞内进行表达。项目的主要学习内容见图 5-1。

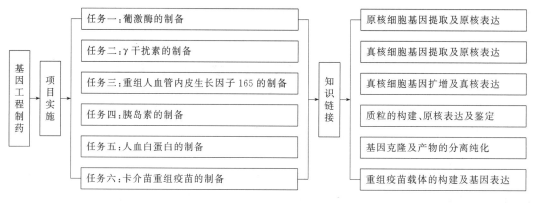

图 5-1　项目五主要学习内容

【相关知识】

一、基因工程技术的优势

基因工程技术的最大好处在于它能从极端复杂的机体细胞内取出所需要的基因,将其在体外进行剪切、拼接、重新组合,然后转入适当的细胞进行表达,从而生产出比原来多数百、数千倍的相应的蛋白质。例如,用传统技术提取 5mg 的生长激素释放抑制因子需要 50 万头绵羊的脑,而用基因工程技术生产只需 9L 细菌发酵液;2L 人血只能生产 $1\mu g$ 人白细胞干扰素,而 1L 的模式发酵液则可生产 $600\mu g$;传统技术生产 10g 胰岛素要用 450kg 猪胰脏,而用基因工程技术只用 200L 细菌培养液。传统生物药物由于来源及制备上的困难与价格等因素的影响,以及在制备过程中可能受到的病毒、衣原体、支原体等的感染等问题,促使人们寻求安全、实用、疗效可靠的新方法来制备生物药物。应用基因工程技术可十分方便且有效地解决上述提到的问题,从量、质上都可以得到改进,且可以创造全新物质。基因工程技术是生物技术的核心,该技术最成功的成就是用于生物治疗的新型生物药物的研制。

应用基因工程技术完全打破生物界种的界限。在体外对大分子 DNA 进行剪切、加工、重新组合后引入细胞中,表达出具有新的遗传特性的生物,定向改造生物。它不仅在动植物和农作物的高产、优质、抗逆新品种的选育上,而且在生产新型药物、疫苗和基因治疗的研究上作出贡献,为人类创造出可观的经济财富,并给社会带来巨大的效益。基因工程正在逐渐显示其在生物技术药物制备上的优势。基因工程技术的应用使人们在解决癌症、病毒性疾病、心血管疾病和内分泌疾病等方面的问题中取得明显效果,为上述疾病的预防、治疗和诊断提供了新型疫苗、新型药物和新型诊断试剂。

二、基因工程制药的发展史

基因工程又称"重组 DNA 技术",是基因分子水平上的遗传工程,于 20 世纪 70 年代发展起来。基因工程的突出优越性,在于它有能力从极其错综复杂的各种生物细胞内获得所需的目的基因,并将此基因在大试管中进行剪切、拼接、重组,并转入到受体细胞中,从而得到所需蛋白质(主要是各种多肽和蛋白质类生物药物)。基因工程能突破生物种的界限,人工创造出新的物种,并合成人们所需要的新产物。在短短的 20 多年的时间里,人胰岛素、人生长激素等用传统分离提取方法难以获得的药物相继上市。

1972 年斯坦福大学的 S.Cohen 报道,经氯化钙处理的大肠埃希菌细胞也能摄取质粒

DNA,并在1973年首次将质粒作为基因工程的载体使用。现在,可作为基因克隆载体的有病毒、噬菌体和质粒等不同的小分子量复制子。

1973年,Cohen和Boyer等在体外构建成含有四环素和链霉素的两个抗性基因的重组质粒分子,将其导入大肠埃希菌后,该重组质粒得以稳定复制并赋予受体细胞相应的抗生素活性,由此宣告了基因工程的诞生。Cohen和Boyer创建了基因工程的基本模型,被誉为"基因工程之父"。

基因工程的诞生使得外源基因在细菌、酵母和动植物细胞中能进行表达,从而打破各物种的界限,在实验室内可以用工程原理和技术对生物直接进行改造,以达到为生产实践直接所用的目的。1977年,Hiros和Itakura用基因工程方法表达了人脑激素——生长抑素,这是人类第一次用基因工程方法生产出具有药用价值的产品,标志着基因工程药物开始走向适用阶段。

20世纪80年代开始,基因工程制药得到了快速发展,仅美国、日本开发的生物新技术、新药物便达200多种,大都是重组蛋白质药物和重组DNA药物。美国已批准上市的基因工程药物有胰岛素、人生长激素、干扰素、白细胞介素-2、红细胞生成素、甲型肝炎疫苗等。1982年重组人胰岛素开始产业化,由此吸引和激励了大批科学家利用基因工程技术研制新药品,使得重组人生长激素、重组人凝血因子Ⅷ、重组疫苗等相继上市。但基因工程的研究还处在一个或几个基因改造、利用简单的遗传操作阶段,而生命活动复杂体系需要基因群体共同参与,有条不紊地完成生命有机体复杂的生化反应和生理活动,基因工程还远远不能满足这种需求。

1990年人类基因组计划启动,并于2003年完成。人类单倍体基因组序列含约$3×10^9$个碱基对,约含3.4万~3.5万个基因。人类基因组研究极大地促进了生物信息学、药物基因组学、蛋白质组学和其他许多相关学科的发展。在执行结构基因组研究的同时,进一步认识基因的功能及蛋白质间相互作用的研究是必不可少的。功能基因组学和蛋白质组学也就应运而生。

1. 基因工程药物的应用

近些年来,基因工程在新型生物药物的开发中的应用,取得了较大的进展,使生物技术药物的品种不断增多,这些品种包括基因工程疫苗、细胞因子等。下面列举近年来人类研发的基因工程药物。

① 人胰岛素。胰岛素用于促进血糖转化为糖原,促进血糖分解,从而维持血糖的恒定。

② 人生长激素。生长激素是由脑垂体分泌的一种非糖基化多肽激素,主要刺激身体生长,用于治疗侏儒症。

③ 干扰素。它是一种蛋白质。在正常生理条件下,细胞内的干扰素基因呈静止状态,只有在特定条件下才转录、转译出具有种属特异性的蛋白质。它本身不能直接杀死病毒,而是细胞在干扰素的作用后产生出的多种抗病毒蛋白,可阻断病毒的繁殖;具有广谱抗病素活性。临床上用于治疗恶性肿瘤和病毒性疾病。

④ 白细胞介素。由白细胞或其他细胞产生,在白细胞间起调节作用,是一类免疫调节剂。临床上用于治疗恶性肿瘤和病毒性疾病(如乙肝、艾滋病等)。

⑤ 造血生长因子(集落刺激因子)。参与造血调节过程。临床上用于癌症患者化疗的辅佐药物、骨髓移植促进生血、治疗白血病等。

⑥ 促红细胞生成素(EPO)。由肾脏分泌,在正常生理条件下能促进红细胞系列的增殖、分化及成熟。临床上用于治疗慢性肾衰竭引起的贫血,治疗肿瘤化疗后贫血等症。

⑦ 肿瘤坏死因子。能抗肿瘤,促进正常细胞的免疫生物学活性。

⑧ 重组乙肝疫苗。是基因工程疫苗中最成功的例子。

2. 基因工程药物的发展阶段

总的来说,基因工程药物的发展可分为以下三个阶段。

① 细菌基因工程。是把目的基因通过适当改建后导入如大肠埃希菌等微生物内组成工程菌,通过它们来表达目的基因蛋白。目前上市的基因工程药物大多属此类。但它们有两大缺点:其一,细菌为低等生物,把构建好的哺乳动物乃至人类的基因导入细菌里,往往不能表达;其二,即使表达了人类基因,产物往往没有生物活性或活性不高,必须进行糖基、羧基化等一系列修饰加工后才能成为有效的药物。这一过程很复杂,成本和工艺上也有许多问题,因而限制了细菌性基因工程的发展。

② 细胞基因工程。由于细菌基因工程的缺点,想到用哺乳动物细胞株代替工程细菌,即细胞基因工程。它解决了两个问题:首先,它能表达人或哺乳动物的蛋白;其次,哺乳动物细胞具备对蛋白进行修饰加工的条件。用该法生产的人凝血因子Ⅸ就是一种代表产品。但它也有不足之处:人和哺乳动物细胞培养要求的条件苛刻,成本太高,这就限制了细胞基因工程的发展。

③ 转基因动物及转基因植物。将所需要的目的基因直接导入哺乳动物如鼠、兔、羊、牛、猪等动物体内或导入可食用植物(如番茄、黄瓜、马铃薯等植物)体内,使目的基因在哺乳动物及可食性植物内表达,从而获得目的基因产品。

目前各国对转基因动物及转基因植物正在进行大力研究,已成为基因工程药物的发展方向。

三、基因工程制药的特点

利用基因工程技术生产生物药物的优点在于以下几点。

① 可以大量生产过去难以获得的生理活性蛋白和多肽,为临床使用提供有效的保障。

② 可以提供足够数量的生理活性物质,以便对其生理和生化结构进行深入研究,从而扩大这些物质的应用范围。

③ 选用基因工程技术可以发现、挖掘更多的内源性生理活性物质。

④ 内源生理活性物质在作为药物使用时存在的不足之处,可以通过基因工程和蛋白工程进行改造和去除。

⑤ 利用基因工程技术可获得新化合物,扩大药物筛选来源。

四、基因工程药物的种类

自从1973年基因工程诞生之后,基因工程技术为人类提供了传统技术难以获得的许多珍贵药品,主要是医用活性蛋白和多肽类。可分为以下几类。

1. 细胞因子类

① 干扰素类(IFN)。抗病毒的一大类活性蛋白,按抗原性分为 α-干扰素、β-干扰素、γ-干扰素。

② 白介素(IL)。IL是淋巴细胞、巨噬细胞等细胞间相互作用的介质,已发现有几十种之多,如 IL-2、IL-3、IL-4 等。

③ 集落刺激因子类(CSF)。是促进造血细胞增殖和分化的一类因子,如 GM-CSF、G-CSF、M-CSF 等。

④ 生长因子类(GF)。是对不同细胞生长有促进作用的蛋白质,如表皮生长因子(EGF)、纤维母细胞生长因子(FGF)、肝细胞生长因子(HGF)等。

⑤ 趋化因子类（MCP）。对中性粒细胞或特定的淋巴细胞等炎性细胞有趋化性的一类小分子，如 MCP-1、MCP-3、MCP-4 等。

⑥ 肿瘤坏死因子类（TNF）。是可抑制肿瘤细胞生长、促进细胞凋亡的蛋白质，如 TNF-α、TNF-β 等。

2. 激素类

激素类药物有胰岛素、生长激素、心钠素、人促皮质激素等。

3. 治疗心血管及血液病的活性蛋白类

① 溶解血栓类。如组织型纤溶酶激活剂（t-PA）、尿激酶原（pro-UK）、链激酶（SK）、葡激酶（SAK）等。

② 血凝因子类。如血凝因子Ⅶ、血凝因子Ⅷ、血凝因子Ⅸ等。

③ 生长因子类。如红细胞生成素（EPO）、血小板生成素（TPO）、血管内皮生长因子（VEGF）等。

④ 血液制品。如血红蛋白、白蛋白。

4. 治疗和营养神经的活性蛋白类

此类活性蛋白如神经生长因子（NGF）、脑源性神经生长因子（BDNF）、睫状神经生长因子、神经营养素-3、神经营养素-4 等。

5. 可溶性细胞因子受体类

此类受体如白介素-1 受体、白介素-4 受体、TNF 受体、补体受体等。

6. 导向毒素类

① 细胞因子导向毒素。如 IL-2 导向毒素、IL-4 导向毒素、EGF 导向毒素。

② 单克隆抗体导向毒素。如抗蓖麻毒蛋白。

通过基因工程技术制得的医用活性蛋白和多肽类药物应用广泛，目前经批准的重组蛋白类药物，按照结构分类可分为三种类型：与人类自身完全相同的多肽和蛋白质；与人类密切相关但不同的多肽和蛋白质，但在氨基酸序列或翻译后修饰上有已知的差异，可能会影响生物活性或免疫原性，如已被批准的 IL-2/125S（它是天然 IL-2 的 125 位的半胱氨酸改为丝氨酸）；与人类相关较远或无关的多肽和蛋白质，如具有调节活性，但和已知人多肽和蛋白质没有同源性的多肽、蛋白质、双功能融合蛋白和经蛋白工程改造的模拟活性蛋白。

五、基因工程技术中的基本概念

限制性内切酶和连接酶是将所需目的基因插入适当的载体质粒或噬菌体中并转入大肠埃希菌或其他宿主菌（细胞）大量复制目的基因过程中的重要工具。同时为保证目的基因的正确性，对目的基因要进行限制性内切酶和核苷酸序列分析。基因表达系统就是上述的工程菌或细胞，有原核生物和真核生物两类表达系统。选择基因表达的系统主要考虑的是保证表达蛋白质的功能，其次要考虑的是表达量的多少和分离纯化的难易。

1. 各种工具酶

基因工程的操作是分子水平上的操作。为了获得需要重组和能够重组的 DNA 片段，需要一些重要的酶（如限制性核酸内切酶、连接酶、聚合酶等），以这些酶为工具来对基因进行人工切割和拼接等操作，所以把这些酶称为"工具酶"。

（1）限制性内切酶　限制性内切酶可以分为三种类型：Ⅰ型、Ⅱ型和Ⅲ型。Ⅰ型和Ⅲ型酶在同一蛋白质分子中兼有切割和修饰（甲基化）作用且依赖于 ATP 的存在。Ⅱ型酶由两种酶组成：一种为限制性内切核酸酶（限制酶），可切割某一特异的核苷酸序列；另一种为独立的甲基化酶,可修饰同一识别序列。Ⅱ型酶中的限制性内切酶在分子克隆中得到了广泛应用,是重组 DNA 的基础。

(2) DNA 连接酶　DNA 连接酶能够催化在两条 DNA 链之间形成磷酸二酯键,从而将两条 DNA 分子拼接起来。这种酶需要一条 DNA 的 3′端具有一个游离的羟基(—OH),和在另一条链的 5′端具有一个磷酸基团,同时还应该具有一种能源分子。DNA 连接酶主要有两种:T4 噬菌体 DNA 连接酶和大肠埃希菌 DNA 连接酶。$E.coli$ DNA 连接酶催化 DNA 分子连接的机制与 T4 噬菌体 DNA 连接酶基本相同,只是辅助因子不是 ATP 而是 NAD^+。实际上在克隆用途中,T4 噬菌体 DNA 连接酶都是首选的用酶,既可催化黏性末端间的连接,也可有效地将平端 DNA 片段连接起来。

(3) DNA 聚合酶　DNA 聚合酶的种类很多,它们在 DNA 的复制过程中起重要作用。基因工程常用的 DNA 聚合酶有:大肠埃希菌聚合酶Ⅰ($E.coli$ DNA 聚合酶Ⅰ,全酶)、大肠埃希菌聚合酶Ⅰ大片段(Klenow 酶)、T4 噬菌体聚合酶、T7 噬菌体聚合酶及修饰的 T7 噬菌体聚合酶测序酶、耐热 DNA 聚合酶(Taq DNA 聚合酶)、末端转移酶、逆转录酶等。

2. 载体

把一个有用的目的 DNA 片段通过重组 DNA 技术送进受体细胞中去进行繁殖和表达的工具叫载体(vector)。载体的本质是 DNA,能在宿主细胞中进行自我复制和表达。基因工程的载体有克隆载体、表达载体,又分为原核载体(如质粒、噬菌体等)和真核载体(如动物病毒载体等)。

(1) 基因克隆载体　克隆载体适用于外源基因在受体细胞中的复制扩增。细菌质粒是重组 DNA 技术中常用的载体。质粒主要发现于细菌、放线菌和真菌细胞中,具有自主复制和转录能力,能在子代细胞中保持恒定的拷贝数,并表达所携带的遗传信息。质粒的复制和转录要依赖于宿主细胞编码的某些酶和蛋白质,如离开宿主细胞则不能存活,而宿主即使没有它们也可以正常存活。质粒的存在使宿主具有一些额外的特性,如对抗生素的抗性等。F 质粒(又称 F 因子或性质粒)、R 质粒(耐药性因子)和 Col 质粒(产大肠埃希菌素因子)等都是常见的天然质粒(图 5-2)。

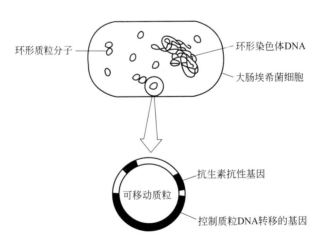

图 5-2　大肠埃希菌质粒分子的结构示意

质粒在细胞内的复制一般有两种类型:紧密控制型(stringent control)和松弛控制型(relaxed control)。前者只在细胞周期的一定阶段进行复制,当染色体不复制时,它也不能复制,通常每个细胞内只含有 1 个或几个质粒分子,如 F 因子;后者的质粒在整个细胞周期中随时可以复制,在每个细胞中有许多拷贝,一般在 20 个以上,如 Col E1 质粒。在使用蛋白质合成抑制剂-氯霉素时,细胞内蛋白质合成、染色体 DNA 复制和细胞分裂均受到抑制。紧密型质粒复制停止,而松弛型质粒继续复制,质粒拷贝数可由原来的 20 多个扩增至 1000～3000 个,此时质粒 DNA 占总 DNA 的含量可由原来的 2% 增加至 40%～50%。

质粒通常含有编码某些酶的基因,其表现包括对抗生素的抗性、产生某些抗生素、降解复杂有机物、产生大肠埃希菌素和肠毒素及某些限制性内切酶与修饰酶等。

质粒载体是在天然质粒的基础上为适应实验室操作而进行人工构建的。常用的质粒载体大小一般在 1～10kb,如 PBR322 系列、PUC 系列、PGEM 系列和 pBluescript(简称 pBS)等。与天然质粒相比,质粒载体通常带有一个或一个以上的选择性标记基因(如抗生素抗性基因)和一个人工合成的含有多个限制性内切酶识别位点的多克隆位点序列,并去掉了大部分非必需序列,使分子量尽可能减少,以便于基因工程操作。大多质粒载体带有一些多用途的辅助序列,这些用途包括通过组织化学方法肉眼鉴定重组克隆、产生用于序列测定的单链 DNA、体外转录外源 DNA 序列、鉴定片段的插入方向、外源基因的大量表达等。一个理想的克隆载体大致应有下列特性:①分子量小、多拷贝、松弛控制型;②具有多种常用的限制性内切酶的单切点,即多克隆位点(multiple cloning sites,MCS);③能插入较大的外源 DNA 片段;④具有容易操作的检测表型(两三个遗传标志),如耐药性基因 [抗氨苄青霉素基因(amp^r)、抗四环素基因(tet^r);β-半乳糖苷酶基因($lac\ Z$)]。在这些遗传标志内插入外源 DNA 则会导致标志基因失活。如在 PBR322 质粒中将外源基因插入到 Bam HI 位点,便产生 $amp^r tet^s$ 的重组子,将这种重组子转化的受体菌涂布在含氨苄青霉素培养基上,存活下来的菌落有 $amp^r tet^r$ 和 $amp^r tet^s$ 两种表型,再将它们分别涂布在含四环素的培养基上,凡是在氨苄青霉素平板上生长而在四环素平板上不能生长的菌落通常被认为有外源基因的插入。

(2) 基因表达载体　表达载体适用于在受体细胞中表达外源基因,它带有表达构件——转录和翻译所需的 DNA 序列,如大肠埃希菌表达载体含启动子、核糖体结合位点、克隆位点、转录终止信号。

启动子标志基因转录应该起始的位点是 DNA 链上一段能与 RNA 聚合酶结合的并能启动 mRNA 合成的序列。启动子有 trp-lac(tac)启动子、λ 噬菌体 PL 启动子、T7 噬菌体启动子。

核糖体结合位点(ribosome-binding site,RBS)是 mRNA 上结合核糖体的结合位点。大肠埃希菌 mRNA 核糖体的结合位点是起始密码子(AUG)和 SD 序列(位于 AUG 上游 3～10bp 处的 3～9bp 富含嘌呤核苷酸的序列)。

转录终止序列(转录终止子)是能被 RNA 聚合酶识别并停止转录的 DNA 序列。

六、基因工程药物生产的基本过程

基因工程技术就是将重组对象的目的基因插入载体,拼接后转入新的宿主细胞,构建成工程菌(或细胞),实现遗传物质的重新组合,并使目的基因在工程菌内进行复制和表达的技术。基因工程使得很多在自然界很难或不能获得的蛋白质得以大规模合成。20 世纪 80 年代以来,研究者以大肠埃希菌作为宿主表达真核 cDNA、细菌毒素和病毒抗原基因等,为人类获取大量有医用价值的多肽蛋白质开辟了一条新的途径。

基因工程药物的生产涉及 DNA 重组技术的产业化设计与应用,包括上游技术和下游技术两个部分。上游技术主要指的是目的基因分离和基因工程菌(或细胞)的构建。上游阶段的工作主要在实验室内完成;下游技术主要指的是从工程菌(或细胞)的大规模培养一直到产品的分离纯化、质量控制等。

基因工程药物的生产的基本过程：

获得目的基因→组建重组质粒→构建基因工程菌（或细胞）→培养工程菌→产物分离纯化→除菌过滤→半成品和成品检定→包装

以上程序中的每个阶段都包含若干细致的步骤，这些程序和步骤将会随研究和生产的条件不同而有所改变。

七、基因工程制药实用技术

1. 质粒 DNA 的提取、酶切及 DNA 重组

（1）质粒 DNA 的提取　质粒（plasmid）是一种染色体外的稳定遗传因子，大小从 1~200kb 不等，为双链、闭环的 DNA 分子，并以超螺旋状态存在于宿主细胞中。采用溶菌酶可以破坏菌体细胞壁，十二烷基磺酸钠（SDS）和 Triton X-100 可使细胞膜裂解。经溶菌酶和 SDS 或 Triton X-100 处理后，细菌染色体 DNA 会缠绕附着在细胞碎片上，同时由于细菌染色体 DNA 比质粒大得多，易受机械力和核酸酶等的作用而被切断成不同大小的线性片段。当用强热或酸、碱处理时，细菌的线性染色体 DNA 变性，而共价闭合环状 DNA（covalently closed circular DNA，cccDNA）的两条链不会相互分开。当外界条件恢复正常时，线状染色体 DNA 片段难以复性，而是与变性的蛋白质和细胞碎片缠绕在一起，而质粒 DNA 双链又恢复原状，重新形成天然的超螺旋分子，并以溶解状态存在于液相中。

基因操作一般过程

在提取质粒过程中，除了超螺旋 DNA 外，还会产生其他形式的质粒 DNA。如果质粒 DNA 两条链中有一条链发生一处或多处断裂，分子就能旋转而消除链的张力，形成松弛型的环状分子，称开环 DNA（open circular DNA，ocDNA）；如果质粒 DNA 的两条链在同一处断裂，则形成线状 DNA（linear DNA）。当提取的质粒 DNA 电泳时，同一质粒 DNA 其超螺旋形式的泳动速度要比开环和线状分子的泳动速度快。

（2）质粒 DNA 的酶切　限制性内切酶能特异地结合于一段被称为限制性酶识别序列的 DNA 序列之内或其附近的特异位点上，并切割双链 DNA。DNA 纯度、缓冲液、温度条件及限制性内切酶本身都会影响限制性内切酶的活性。大部分限制性内切酶不受 RNA 或单链 DNA 的影响。当微量的污染物进入限制性内切酶储存液中时，会影响其进一步使用，因此在吸取限制性内切酶时，每次都要用新的吸管头。如果采用两种限制性内切酶，必须要注意分别提供各自的最适盐浓度。若两者可用同一缓冲液，则可同时水解。若需要不同的盐浓度，则低盐浓度的限制性内切酶必须首先使用，随后调节盐浓度，再用高盐浓度的限制性内切酶水解。也可在第一个酶切反应完成后，用等体积酚/三氯甲烷抽提，加 0.1 倍体积 3mol/L NaAc 和 2 倍体积无水乙醇，混匀后置 −70℃ 低温冰箱 30min，离心、干燥并重新溶于缓冲液后进行第二个酶切反应。

琼脂糖或聚丙烯酰胺凝胶电泳是分离鉴定和纯化 DNA 片段的标准方法。该技术操作简便快速，可以分辨用其他方法（如密度梯度离心法）所无法分离的 DNA 片段。当用低浓度的荧光嵌入染料溴化乙锭（ethidium bromide，EB）染色，在紫外线下至少可以检出 1~10ng 的 DNA 条带，从而可以确定 DNA 片段在凝胶中的位置。此外，还可以从电泳后的凝胶中回收特定的 DNA 条带，用于以后的克隆操作。

（3）DNA 重组　外源 DNA 与载体分子的连接就是 DNA 重组，这样重新组合的 DNA 叫作重组体或重组子。DNA 连接酶能够催化在两条 DNA 链之间形成磷酸二酯键，从而将

两条DNA分子拼接起来。DNA连接酶主要有T4噬菌体DNA连接酶和大肠埃希菌DNA连接酶两种。

连接反应的一项重要参数是温度。理论上讲，连接反应的最佳温度是37℃，此时连接酶的活性最高。但37℃时黏性末端分子形成的配对结构极不稳定，因此人们找到了一个既可最大限度地发挥连接酶的活性，又有助于短暂配对结构稳定的最适温度，即12~16℃。

2. 感受态细胞的制备及转化

细菌处于容易吸收外源DNA的状态叫作感受态。在自然条件下，很多质粒都可通过细菌接合作用转移到新的宿主内，但在人工构建的质粒载体中，一般缺乏此种转移所必需的mob基因，因此不能自行完成从一个细胞到另一个细胞的接合转移。如要将质粒载体转移进受体细菌，需诱导受体细菌产生一种短暂的感受态以摄取外源DNA。

转化（transformation）是将外源DNA分子引入受体细胞，使之获得新的遗传性状的一种手段，是微生物遗传、分子遗传、基因工程等研究领域的基本实验技术。

转化过程所用的受体细胞一般是限制修饰系统缺陷的变异株，即不含限制性内切酶和甲基化酶的突变体（R^-、M^-）。它可以容忍外源DNA分子进入体内并稳定地遗传给后代。受体细胞经过一些特殊方法［如电击法、$CaCl_2$及$RbCl(KCl)$等化学试剂法］的处理后，细胞膜的通透性发生了暂时性的改变，成为能允许外源DNA分子进入的感受态细胞（compenent cell）。进入受体细胞的DNA分子通过复制，表达实现遗传信息的转移，使受体细胞出现新的遗传性状。将经过转化后的细胞在筛选培养基中培养，即可筛选出转化子（transformant），即带有异源DNA分子的受体细胞。

目前常用的感受态细胞制备方法有$CaCl_2$和$RbCl(KCl)$法。$RbCl(KCl)$法制备的感受态细胞转化效率较高，但$CaCl_2$法简便易行，且其转化效率完全可以满足一般实验的要求，制备出的感受态细胞暂时不用时，可加入占总体积15%的无菌甘油于-70℃保存（半年），因此$CaCl_2$法使用更广泛。

为了提高转化效率，实验中要考虑以下几个重要因素。

① 细胞生长状态和密度。不要用经过多次转接或储于4℃的培养菌，最好从-70℃或-20℃甘油保存的菌种中直接转接用于制备感受态细胞的菌液。细胞生长密度以刚进入对数生长期时为好，可通过监测培养液的OD_{600}来控制。DH5α菌株的OD_{600}为0.5时，细胞密度在$5×10^7$个/mL左右（不同的菌株情况有所不同），这时比较合适。密度过高或不足均会影响转化效率。

② 质粒的质量和浓度。用于转化的质粒DNA应主要是超螺旋态DNA(cccDNA)。转化效率与外源DNA的浓度在一定范围内呈正比，但当加入的外源DNA的量过多或体积过大时，转化效率就会降低。1ng的cccDNA即可使50μL的感受态细胞达到饱和。一般情况下，DNA溶液的体积不应超过感受态细胞体积的5%。

③ 试剂的质量。所用的试剂（如$CaCl_2$等）均需是最高纯度的（GR.或AR.），并用超纯水配制，最好分装保存于干燥的冷暗处。

④ 防止杂菌和杂DNA的污染。整个操作过程均应在无菌条件下进行。所用器皿（如离心管、tip头等）最好是新的，并经高压灭菌处理；所有的试剂都要灭菌，且注意防止被其他试剂、DNA酶或杂DNA所污染，否则均会影响转化效率或杂DNA的转入，为以后的筛选、鉴定带来不必要的麻烦。

例如，使用的载体质粒DNA为pBS，转化受体菌为 E. coli DH5α菌株，由于pBS上带有amp^r和 lacZ基因，故重组子的筛选采用Amp抗性筛选与α-互补现象筛选相结合的方法。

因 pBS 带有 amp^r 基因而外源片段上不带该基因，故转化受体菌后只有带有 pBS DNA 的转化子才能在含有 Amp 的 LB 平板上存活下来；而只带有自身环化的外源片段的转化子则不能存活。此为初步的抗性筛选。

由 α-互补产生的 Lac^+ 细菌较易识别。它在生色底物 5-溴-4-氯-3-吲哚-β-D-半乳糖苷（X-gal）的存在下被异丙基硫代-β-D-半乳糖苷（IPTG）诱导形成蓝色菌落。当外源片段插入到 pBS 质粒的多克隆位点上后，会导致读码框架改变，表达蛋白失活，产生的氨基酸片段失去 α-互补能力，因此在同样条件下含重组质粒的转化子在生色诱导培养基上只能形成白色菌落。

3. RNA 的提取及目的基因的扩增

RNA 是一类容易受 RNA 酶的攻击反应而降解的分子，而 RNA 酶极为稳定且广泛存在，人的皮肤、手指、试剂、容器等均可污染，因此全部实验过程中均须戴手套操作并经常更换（使用一次性手套）。所用的玻璃器皿需置于干燥烘箱中 200℃ 烘烤 2h 以上。凡是不能用高温烘烤的材料（如塑料容器等）可用 0.1% 的焦碳酸二乙酯（DEPC）水溶液处理，再用蒸馏水冲净。DEPC 是 RNA 酶的化学修饰剂，能和 RNA 酶的活性基团组氨酸的咪唑环反应而抑制酶活性。DEPC 与氨水溶液混合会产生致癌物，因而使用时需小心。实验所用试剂也可用 DEPC 处理，加入 DEPC 至 0.1% 浓度，然后剧烈振荡 10min，再煮沸 15min 或高压灭菌以消除残存的 DEPC，否则 DEPC 也能和腺嘌呤作用而破坏 mRNA 活性。DEPC 能与胺和巯基反应，因而含 Tris 和 DTT 的试剂不能用 DEPC 处理。Tris 溶液可用 DEPC 处理的水配制，然后高压灭菌。配制的溶液如不能高压灭菌，可用 DEPC 处理水配制，并尽可能用未曾开封的试剂。在提取过程中要严格防止 RNA 酶的污染，并设法抑制其活性，这是实验成败的关键。

Trizol 法适用于人类、动物、植物、微生物的组织或培养细菌，样品量从几十毫克至几克。用 Trizol 法提取的总 RNA 绝无蛋白和 DNA 污染。RNA 可直接用于 Northern 斑点分析、斑点杂交、Poly(A)$^+$ 分离、体外翻译、RNase 封阻分析和分子克隆。

以 mRNA 为模板，在逆转录酶的催化下，形成互补的 DNA(cDNA)，用于构建 cDNA 文库或进行 PCR，从而获得目的基因。

聚合酶链反应（polymerase chain reaction，PCR）是一种选择性体外扩增 DNA 或 RNA 的方法。它包括三个基本步骤：变性（denature）、退火（anneal）、延伸（extension）。由这三个基本步骤组成一轮循环，理论上每一轮循环将使目的 DNA 扩增一倍。这些经合成产生的 DNA 又可作为下一轮循环的模板，所以经 25～35 轮循环就可使 DNA 扩增达 10^6 倍。

① 变性。加热使模板双链 DNA 片段在 94℃ 下变性，双链间的氢键断裂而形成两条单链。

② 退火。使溶液温度降至 50～60℃。两种引物在适当温度下与模板上的目的序列按碱基互补配对原则通过氢键结合。通常退火温度和时间分别为 37～55℃、1～2min。

③ 延伸。溶液反应温度升至 72℃，Taq DNA 聚合酶以目的 DNA 为模板进行合成。

当其他参数确定之后，循环次数主要取决于 DNA 浓度。一般而言，25～30 轮循环已经足够。

4. 外源基因在大肠埃希菌中的表达

将外源基因插入含有 lac 启动子的表达载体，导入大肠埃希菌使其表达。先让宿主菌生长；lacⅠ产生的阻遏蛋白与 lac 操纵基因结合，从而不能进行外源基因的转录及表达，此时宿主菌正常生长。然后向培养基中加入 lac 操纵子的诱导物 IPTG，阻遏蛋白不能与操纵基因结合，则 DNA 外源基因大量转录并高效表达。表达蛋白可经 SDS-PAGE 检测或做 Western-blotting，用抗体识别。

【项目思考】

① 基因工程技术在生物制药领域的应用有哪些？
② 基因工程制药主要包括哪些程序？
③ 基因工程药物主要有哪些种类？在疾病治疗方面起什么作用？
④ 基因工程技术具体如何在生物制药中应用？

【项目实施】

任务一　葡激酶的制备

一、任务目标

① 熟悉原核细胞中提取总 DNA 的方法。
② 学会按照标准操作规程对金黄色葡萄球菌 FR610A 株中的目标基因进行扩增。
③ 学会按照标准操作规程在大肠埃希菌中高效表达 SAK 基因。
④ 学会利用纤维蛋白板溶圈法测定表达产物的活性。
⑤ 学会按照标准操作规程生产葡激酶。

二、必备基础

1. 葡激酶的基本知识

葡激酶（staphylokinase，SAK）是一种常用的溶栓剂，是由溶源性金黄色葡萄球菌产生的蛋白质。成熟肽由 136 个氨基酸组成，相对分子量为 15000。SAK 能与纤溶酶原特异性地结合，形成 1:1 的复合物，激活纤溶酶原使之变为纤溶酶，从而特异性降解纤维蛋白，使血块溶解。研究证明，对于以血小板为主的血栓而言，SAK 较其他溶栓药物有更好的作用效果。另外 SAK 具有一定的纤维蛋白特异性，对血小板富集性血栓作用强，使其成为一种极具开发潜力的特异性溶栓剂。天然葡激酶是由金黄色葡萄球菌分泌，但直接用金黄色葡萄球菌发酵，易被金黄色葡萄球菌自身产生的内毒素污染，不仅产量低而且纯化步骤复杂。而利用基因工程技术高效表达 SAK，不仅产量高，而且免疫原性较小，表达产物具有较好的溶栓活性。在本任务中，采用基因工程技术，参考之前报道的研究成果，提取金黄色葡萄球菌的总 DNA。利用 PCR 的方法对 SAK 基因进行扩增，并将该基因插入 pUC 中构建成表达载体，转化入大肠埃希菌 BL21(DE3) 中获得高效表达的工程菌。

2. 目的基因的获得

应用基因工程技术生产新型药物，首先要建立一个特定的基因无性繁殖体系，即基因工程菌株。对庞大基因组中的某种基因进行研究或应用，首先必须获得该基因，并通过克隆扩增，称这种基因为目的基因。因目的基因片段需插入载体，导入宿主细胞内复制，所以对宿主细胞 DNA 而言，又称它为外源性基因或外源性 DNA。

目的基因可来自原核细胞或真核细胞。原核生物基因组较简单，较易获得目的基因。从哺乳动物真核细胞中获得目的基因方法较多,主要有构建 cDNA 文库或基因组文库,以从中筛选目的基因、人工合成目的基因及 PCR 扩增目的基因等。对于目的基因的获得,需要根据目的基因的来源采取适当的方法。

对于真核细胞来源的目的基因,是不能直接进行分离的。真核细胞中单拷贝基因仅是染色体 DNA 中的很小一部分,即使多拷贝基因也是极少的,因此从染色体中分离纯化目的基因是很困难的。另外,真核表达系统是有局限性的,主要是由于真核基因的内含子及基因的后翻译过程,所以真核系统得到了相应发展。

基因组文库是将某种生物细胞的基因组 DNA 切割成一定大小的片段,然后分别与合适的载体重组后导入宿主细胞形成的。这些重组分子中插入片段的总和可代表该种生物的全部基因组序列。由于基因组 DNA 中含有较多的重复序列与内含子,结构基因只占一部分,因此从中筛选目的基因的比率小、困难大。而且长度很长的基因也难以进行完整的基因克隆,而成熟的 mRNA 是经剪切去掉内含子转录片段拼接形成的。在真核细胞,平均一个目的基因有对应的 mRNA。从真核细胞中分离纯化出所有的 mRNA,再以 mRNA 为模板,经反转录酶催化合成互补 DNA(cDNA),如此获得的 cDNA 片段与适当载体重组、导入宿主细胞,构建出 cDNA 文库,从中筛选目的基因。

如果已经知道目的基因的序列,就能很方便地用 PCR 聚合酶链式反应(polymerase chain reaction)从基因组 DNA 或 cDNA 中获得目的基因,可不必要经过复杂的 DNA 文库构建过程。PCR 获得的目的序列产物连接在适当的载体上,转化受体细胞,经筛选就能得到目的序列的克隆。随化学合成技术的发展,现在计算机控制的全自动核酸合成仪已被广泛应用,按人们设计好的序列一次合成 100~200bp 长的 DNA 片段,用这些合成的片段组合连接成完整的基因。而化学合成长的基因 DNA 序列,其价格远高于用 PCR 法获得基因,所以目前很少全部用化学方法去合成基因。

3. 重组体的构成、导入和筛选

目的基因进入宿主细胞,必须要有载体的运载才能实现。载体运载外源 DNA 至宿主细胞,是通过载体自身 DNA 的核酸序列中插入了外源 DNA,再进入宿主细胞内进行的 DNA 复制。在载体复制时,外源 DNA 分子也获得了复制和表达。目前基因载体有质粒(pBR322、pUC)、噬菌体(λ、M13)、柯斯质粒载体和病毒载体等。

获得了目的基因,并选择或构建适当的基因载体之后,利用限制性内切酶和其他一些酶类切割和修饰载体 DNA 和目的基因,靠 T4 DNA 连接酶等将其连接起来,使目的基因插入于可以自我复制的载体内,形成重组分子。载体 DNA 和目的基因 DNA 的连接,按 DNA 片段末端性质不同,可有下述不同的连接方法。

① 带有非互补突出端的片段。用两种不同的限制性内切酶进行消化可以产生带有非互补的黏性末端,这也是最容易克隆的 DNA 片段。一般情况下,常用质粒载体均带有多个不同限制酶的识别序列组成的多克隆位点,因而几乎总能找到与外源 DNA 片段末端匹配的限制酶切位点的载体,从而将外源片段定向地克隆到载体上。也可在 PCR 扩增时,在 DNA 片段两端人为地加上不同酶切位点以便与载体相连。

② 带有相同的黏性末端。用相同的酶或同尾酶处理可得到这样的末端。由于质粒载体也必须用同一种酶消化,亦得到同样的两个相同黏性末端,因此在连接反应中外源片段和质粒载体 DNA 均可能发生自身环化或几个分子串联形成寡聚物,而且正、反两种连接方向都可能有。所以,必须仔细调整连接反应中两种 DNA 的浓度,以便使正确的连接产物的数量达到最高水平。还可将载体 DNA 的 $5'$-磷酸基团用碱性磷酸酯酶去掉,最大限度地抑制质

粒 DNA 的自身环化。带 5′端磷酸的外源 DNA 片段可以有效地与去磷酸化的载体相连，产生一个带有两个缺口的开环分子，在转入 E.coli 受体菌后的扩增过程中缺口可自动修复。

③ 带有平末端。由产生平末端的限制酶或核酸外切酶消化产生，或由 DNA 聚合酶补平所致。由于平端的连接效率比黏性末端要低得多，故在其连接反应中，T4 DNA 连接酶的浓度和外源 DNA 及载体 DNA 浓度均要高得多。通常还需加入低浓度的聚乙二醇（PEG 8000）以促进 DNA 分子凝聚成聚集体的物质以提高转化效率。

特殊情况下，外源 DNA 分子的末端与所用的载体末端无法相互匹配，则可以在线状质粒载体末端或外源 DNA 片段末端接上合适的接头（linker）或衔接头（adapter）使其匹配，也可以有控制地使用 E.coli DNA 聚合酶Ⅰ的 klenow 大片段部分填平 3′凹端，使不相匹配的末端转变为互补末端或转为平末端后再进行连接。

4. DNA 重组体转入宿主菌

DNA 重组分子必须导入受体细胞中方能使外源目的基因得以大量扩增或表达。受体细胞（又称宿主细胞或寄主细胞）有原核受体细胞（主要是大肠埃希菌）、真核受体细胞（主要是酵母菌）、动物细胞和昆虫细胞等。重组体 DNA 分子导入细胞的方法主要有以下几种。

① 转化。是将重组质粒导入受体细菌细胞，使受体菌遗传性状发生改变的方法。
② 转染。是将携带外源基因的病毒感染受体细胞的方法。
③ 纤维注射转基因技术。是将外源基因直接注射到真核细胞内的方法。
④ 电穿孔 DNA 转移技术。
⑤ 基因枪技术。
⑥ 脂质体介导法等。

5. 重组子的筛选与鉴定

在重组 DNA 分子的转化、转染或转导过程中，并非所有细胞都能被导入重组 DNA 分子，一般只有少数重组 DNA 分子能进入受体细胞，同时也只有极少数的受体细胞在吸纳重组 DNA 分子之后能良好增殖，因此，必须将被转化的从大量的受体菌细胞中筛选出来。菌落筛选的方法主要有插入失活双抗生素对照筛选（Tcf 和 Amp^r）和插入失活 lacZ′基因的蓝白斑筛选，在介绍有关载体时已经介绍，在此不再赘述。当进行基因文库筛选基因时，通常用核酸杂交的方法进行菌落筛选。粗筛出的阳性重组子只能说明载体中有外源 DNA 插入，但插入的外源 DNA 是否就是目的 DNA 需要做进一步的鉴定。鉴定的方法和内容有多种，一般克隆用酶切或 PCR 作初步鉴定，必要时对插入片段进行测序作最终鉴定。如果是表达载体，还要进行连接方向鉴定以及表达产物的免疫学鉴定。

6. 重组体在宿主细胞中的表达、调控及检测

进行基因研究，主要关心的是目的基因的表达产量、表达产物的稳定性、产物的生物学活性和表达产物的分离纯化。因此在进行基因表达设计时，需综合考虑各种影响因素以建立最佳基因表达体系。

基因表达是指基因携带的遗传信息，经过极其复杂的生物化学反应，最终产生具有生物功能的蛋白质过程，即 DNA→RNA→蛋白质。DNA 重组技术用于生物技术领域，其首要目的之一就是将克隆的目的基因在一个选定的宿主系统中表达。基因表达有两类宿主细胞：一类是原核细胞，目前常用的有大肠埃希菌、枯草芽孢杆菌、链霉菌等；另一类是真核细胞，常用的有酵母、丝状真菌、哺乳动物细胞等。宿主细胞应该具有以下的特性：①容易获得较高浓度的细胞；②能利用易得的廉价原料；③不致病、不产生内毒素；④发热量低，需氧低，适当的发酵温度和细胞形态；⑤容易进行代谢调控；⑥容易进行DNA重组技术操作；⑦产物的产量、产率高，产物容易提取纯化。

将克隆化基因插入合适载体后导入大肠埃希菌用于表达大量蛋白质的方法，一般称为原核表达。这种方法在蛋白纯化、定位及功能分析等方面都有应用。大肠埃希菌用于表达重组蛋白有以下特点：易于生长和控制；用于细菌培养的材料不及哺乳动物细胞系统的材料昂贵；有各种各样的大肠埃希菌菌株及与之匹配的具各种特性的质粒可供选择。但是，在大肠埃希菌中表达的蛋白由于缺少修饰和糖基化、磷酸化等翻译后加工，常形成包含体而影响表达蛋白的生物学活性及构象。需要表达具有生物学功能的膜蛋白或分泌性蛋白，例如位于细胞膜表面的受体或细胞外的激素和酶，则更需要使用真核转染技术。

基因的表达、合成功能蛋白都依赖于基因的有效转录和mRNA的正确翻译和翻译后的加工，如果这些过程中任何一个环节不能正确地进行，均可导致基因表达的失败。因此，基因表达的调节包括以下几个水平：①转录水平的控制；②转录产物的加工调节；③mRNA从细胞核向细胞质运输过程中的调节；④mRNA降解的调节；⑤翻译水平的调节。

携带外源性目的基因的重组真核细胞表达载体在哺乳动物细胞中的表达情况，需要用适当的检测方法，才能作出正确的判断。对于基因表达产物蛋白质来说，可以直接用抗体进行免疫组织化学的检测，也可用荧光标记的抗体进行免疫荧光检测。若将放射性同位素标记的氨基酸掺入到蛋白质中，也可采用免疫沉淀法进行检测。尽管这些方法中有些方便易行，但仅适用于定性实验；应用放射性同位素虽然敏感性高，但需进行标记，且存在同位素污染的问题。

三、任务实施

（一）实施原理

本实验包括原核细胞DNA操作的所有过程，从基因组DNA提取到目标基因片段的胞内表达。原核细胞的胞内表达用全基因组DNA作为模板，基因组DNA的提取通常利用基因组DNA较长的特性，可以将其与细胞器或质粒等小分子DNA分离。加入一定量的异丙醇或乙醇，基因组的大分子DNA即沉淀形成纤维状絮团飘浮其中，可用玻璃棒将其取出，而小分子DNA则只形成颗粒状沉淀附于壁上及底部，从而达到提取的目的。在提取过程中，染色体会发生机械断裂，产生大小不同的片段，因此分离基因组DNA时，应尽量在温和的条件下操作，如尽量减少酚或三氯甲烷抽提、混匀过程要轻缓，以保证得到较长的DNA。

实验以基因组DNA作为模板，利用PCR扩增SAK基因片段，然后用大肠埃希菌作为宿主，把SAK基因片段表达在大肠埃希菌细胞内，来完成葡激酶的生产。

（二）实施条件

1. 实验器材

微量移液器（20μL，200μL，1000μL）、1.5mL的离心管、台式高速离心机、恒温振荡摇床、高压蒸汽消毒器（灭菌锅）、涡旋振荡器、琼脂糖平板电泳装置、恒温水浴锅、微型低速离心机、PCR扩增仪、水平电泳仪、电泳仪电源、制冰机电热恒温培养箱、无菌工作台、低温冰箱、恒温水浴锅、分光光度计、摇床、培养箱、Q-Poros或S-Sepharose离子交换柱子、超声破碎仪、打孔器、无菌牙签、塑料离心管（又称Eppendorf管）、离心管架、pH试纸或酸度计、培养皿、PCR产物回收试剂盒、0.22μm过滤器、无菌玻璃棒。

2. 材料和试剂

金黄色葡萄球菌FR610A（革兰阳性菌）、RNA酶A、含pUC的 *E.coli* DH5α或JM系列菌株、模板DNA（第一步提取的金黄色葡萄球菌的总DNA）、PCR引物（正向引物5′-GGG GCA TAT GTC AAG TTC ATT CGA C-3′、反向引物5′-GGG GCT CGA GCT TAT TTC TTT TCT ATA AC-3′）限制性内切酶NdeⅠ和XhoⅠ、pET-22b载体、*E.coli* DH5α或 *E.coli* BL21（DE）菌株、pBS质粒DNA、Taq聚合酶、dNTP。

PBS缓冲液（pH 7.0）、Tris-HCl（40mmol/L，pH8.0）、1% SDS（十二烷基硫酸钠）、无水乙醇、超纯水、蛋白胨（tryptone）、酵母提取物（yeast extract）、NaCl、NaOH、琼脂粉、乙酸、葡萄糖、乙二胺四乙酸（EDTA）、十二烷基硫酸钠（SDS）、乙酸钾、异戊醇、Triton X-100、琼脂糖、甘油、二甲基甲酰胺、X-gal。

LB液体培养基（Luria-Bertani）：称取蛋白胨10g、酵母提取物5g、NaCl 10g，溶于800mL去离子水中，用NaOH调pH至7.5，加去离子水至总体积1L，高压下蒸汽灭菌20min。

LB固体培养基：液体培养基中每升加12g琼脂粉，高压灭菌。

氨苄青霉素（ampicillin，Amp）母液：配成50mg/mL水溶液，－20℃保存备用。

溶菌酶溶液：用10mmol/L Tris-HCl（pH8.0）溶液配制成10mg/mL，并分装成小份（如1.5mL）保存于－20℃，每一小份一经使用后必须丢弃。

3mol/L NaAc（pH5.2）：50mL水中溶解40.81g NaAc·3H_2O，用冰醋酸调pH至5.2，加水定容至100mL，分装后高压灭菌，储存于4℃冰箱。

溶液Ⅰ：50mmol/L葡萄糖，25mmol/L Tris-Cl（pH8.0），10mmol/L EDTA（pH8.0）。溶液Ⅰ可成批配制1L，分装成每瓶100mL，高压灭菌15min，储存于4℃冰箱。

溶液Ⅱ：0.2mol/L NaOH（临用前用10mol/L NaOH母液稀释），1%SDS；配制1L，室温保存。

溶液Ⅲ：5mol/L KAc 60mL、冰醋酸11.5mL、H_2O 28.5mL，定容至100mL，并高压灭菌。溶液终浓度为K^+ 3mol/L，Ac^- 5mol/L。

RNA酶A母液：将RNA酶A溶于10mmol/L Tris-HCl（pH7.5）、15mmol/L NaCl中，配成10mg/mL的溶液，配制10mL，于100℃加热15min，使混有的DNA酶失活。冷却后用1.5mL Eppendorf管分装成小份，保存于－20℃。

酚：大多数市售液化酚是清亮、无色的，无需重蒸馏便可用于分子克隆实验。最好能够避免使用结晶酚，因其必须在160℃用冷凝管进行重蒸馏以去除诸如醌等氧化物，这些产物可引起磷酸二酯键的断裂及导致RNA和DNA的交联。

三氯甲烷：按三氯甲烷：异戊醇为24：1体积比加入异戊醇。三氯甲烷可使蛋白变性，并有助于液相与有机相的分开，异戊醇则可起消除抽提过程中出现的泡沫。按体积比1：1混合上述饱和酚与三氯甲烷即得酚/三氯甲烷（1：1）。酚和三氯甲烷均有很强的腐蚀性，操作时应戴手套。

TE缓冲液：10mmol/L Tris-HCl（pH8.0），1mmol/L EDTA（pH8.0），配制1L。高压灭菌后储存于4℃冰箱中。

STET：0.1mol/L NaCl，10mmol/L Tris-HCl（pH8.0），10mmol/L EDTA（pH8.0），5% Triton X-100，配制1L。

STE：0.1mol/L NaCl，10mmol/L Tris·Cl（pH8.0），1mmol/L EDTA（pH8.0），配制1L。

Amp 母液:用无菌水或生理盐水配制成 100mg/mL 即 100μg/μL 溶液,置 −20℃ 保存。Amp 500mg/支,一支用 5mL 稀释即得,然后分 5 支分装(浓度 100mg/mL 即 100μg/μL)。

含 Amp 的 LB 固体培养基:将配好的 LB 固体培养基高压灭菌后冷却至 60℃ 左右,加入 Amp 储存液,使终浓度为 50μg/mL,摇匀后铺板。

0.05mol/L $CaCl_2$ 溶液:称取 0.28g $CaCl_2$(无水,分析纯),溶于 50mL 重蒸水中,定容至 100mL,高压灭菌。

含 15% 甘油的 0.05mol/L $CaCl_2$:称取 0.28g $CaCl_2$(无水,分析纯),溶于 50mL 重蒸水中,加入 15mL 甘油,定容至 100mL,高压灭菌。

X-gal 储液(20mg/mL):用二甲基甲酰胺溶解 X-gal 配制成 20mg/mL 的储液,包以铝箔或黑纸以防止受光照被破坏,储存于 −20℃。

IPTG 储液(200mg/mL):在 800μL 蒸馏水中溶解 200mg IPTG 后,用蒸馏水定容至 1mL,用 0.22μm 滤膜过滤除菌,分装于 Eppendorf 管并储于 −20℃。

含 X-gal 和 IPTG 的筛选培养基:在事先制备好的含 50μg/mL Amp 的 LB 平板表面加 40mL X-gal 储液和 4μL IPTG 储液,用无菌玻璃棒将溶液涂匀,置于 37℃ 下放置 3~4h,使培养基表面的液体完全被吸收。

50×TAE(1000mL):242g Tris、57.1mL 冰醋酸、18.6g EDTA,加去离子水至 1000mL。

EB 溶液:100mL 水中加入 1g 溴化乙锭,磁力搅拌数小时以确保其完全溶解,分装,室温避光保存。

DNA 加样缓冲液:0.25% 溴酚蓝、0.25% 二甲苯青、50% 甘油,配制 10mL,在 1.5mL Eppendorf 管分装成小份保存于 4℃ 冰箱中。

(三)方法与步骤

葡激酶的主要制备工艺流程如下。

1. 金黄色葡萄球菌 FR610A 总 DNA 的分离与纯化

① 菌体培养。接种供试菌于 LB 液体培养基,于 37℃ 振荡培养 16~18h,获得足够的菌体。

② 菌体收集。取 1.5mL 培养液于 1.5mL 离心管中,12000r/min 离心 30s,弃上清,收集菌体(注意吸干多余的水分)。

③ 辅助裂解。如果是 G^+ 菌,应先加溶菌酶 100μg/mL 50μL,37℃ 处理 1h。

④ 裂解。向每管加入 200μL 裂解缓冲液[缓冲液含(终浓度)40mmoL/L Tris-HCl,pH8.0 20mmol/L 乙酸钠、1mmol/L EDTA、1%SDS],用吸管头迅速强烈抽吸以悬浮和裂解细菌细胞。

⑤ 接着向每管加入 66μL 5mol/L NaCl,充分混匀后,12000r/min 离心 10min,除去蛋白质复合物及细胞壁等残渣。

⑥ 将上清转移到新离心管中,加入等体积的用 Tris 饱和的苯酚,充分混匀后,12000r/min 离心 3min,进一步沉淀蛋白质。

⑦ 取离心后的水层，加等体积的三氯甲烷，充分混匀后，12000r/min 离心 3min，去除苯酚。

⑧ 小心取出上清，用预冷两倍体积的无水乙醇沉淀，15000r/min 高速离心 15min，离心弃上清液。

⑨ 用 400μL 70％的乙醇洗涤两次。

⑩ 室温干燥 1～2min 后，用 50μL TE 或超纯水溶解 DNA，−20℃冰箱放置备用。

注意事项

① 如果要大量抽提总 DNA，可以用此法成倍扩大。

② 裂解缓冲液单独配制成母液，然后现配现用。

③ 在 4℃条件下操作最好。

2. 大肠埃希菌质粒 DNA 的分离与纯化

① 细菌的培养和收集。将含有质粒 pUC、pET22b 或 pBS 的 DH5α 菌种接种在 LB 固体培养基（含 50μg/mL Amp）中，37℃培养 12～24h。用无菌牙签挑取单菌落接种到 5mL LB 液体培养基（含 50μg/mL Amp）中，37℃振荡培养约 12h 至对数生长后期。

② 煮沸法

a. 将 1.5mL 培养液倒入 Eppendorf 管中，4℃下 12000r/min 离心 30s。

b. 弃上清，将管倒置于卫生纸上几分钟，使液体流尽。

c. 将菌体沉淀悬浮于 120mL STET 溶液中，涡旋混匀。

d. 加入 10mL 新配制的溶菌酶溶液（10mg/mL），涡旋振荡 3s。

e. 将 Eppendorf 管放入沸水浴中，50s 后立即取出。

f. 用微量离心机 4℃下 12000r/min 离心 10min。

g. 用无菌牙签从 Eppendorf 管中去除细菌碎片。

h. 取 20mL 进行电泳检查。

注意事项

① 对大肠埃希菌可从固体培养基上挑取单个菌落直接进行煮沸法提取质粒 DNA。

② 煮沸法中添加溶菌酶有一定限度，浓度高时细菌裂解效果反而不好。

③ 有时不同溶菌酶也能溶菌。

④ 提取的质粒 DNA 中会含有 RNA，但 RNA 并不干扰进一步实验，如限制性内切酶消化亚克隆及连接反应等。

3. PCR 扩增 SAK 基因

① 准备灭好菌的 PCR 反应管，按照下面的量，依次加到 PCR 反应管里。

25mmol/L MgCl$_2$	3μL
10×PCR 缓冲液	5μL
10mmol/L dNTP	1μL
上下游引物 10pmol/μL	2.5μL×2
模板 DNA	5μL
dd H$_2$O(灭菌水)	30μL
Taq 酶	1μL

※ 总反应体积为 50μL。

② PCR 仪器反应时间的设定（图 5-3）

PCR 反应时间的设定为 95℃预变性 3min；92℃变性 90s；55℃退火 30s；72℃延伸

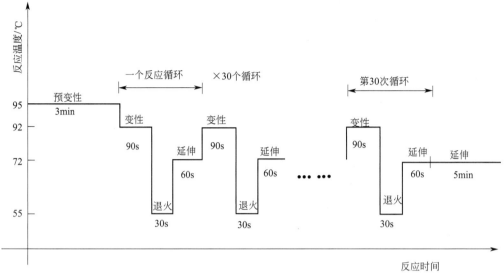

图 5-3　PCR 反应时间的设定

60s；做 30 个循环，72℃延伸 5min。

4. 琼脂糖凝胶电泳确认 PCR 产物

（1）实验步骤

A. 制备琼脂糖凝胶。因为 PCR 产物的片段很小（460bp），按照表 5-1 的提示配置 2% 琼脂糖凝胶。称取琼脂糖，加入 1×电泳缓冲液（TAE buffer），待水合数分钟后，置微波炉中将琼脂糖融化均匀。加热时应盖上封口膜，以减少水分蒸发。

表 5-1　拟分离 DNA 分子大小对应的琼脂糖凝胶浓度

琼脂糖凝胶的浓度/%	分离现状 DNA 分子的有效范围/kb
0.3	5～60
0.6	1～20
0.7	0.8～10
0.9	0.5～7
1.2	0.4～6
1.5	0.2～4
2.0	0.1～3

B. 胶板的制备。将胶槽置于制胶板上，插上样品梳子，待胶溶液冷却至 50℃左右时，加入最终浓度为 0.5μg/mL 的 EB（也可不把 EB 加入凝胶中，而是电泳后再用 0.5μg/mL 的 EB 溶液浸泡染色 15min），摇匀，轻轻倒入电泳制胶板上，除掉气泡；待凝胶冷却凝固后，垂直轻拔梳子；将凝胶放入电泳槽内，加入 1×电泳缓冲液，使电泳缓冲液液面刚高出琼脂糖凝胶。

C. 加样。点样板或薄膜上混合 DNA 样品和上样缓冲液，上样缓冲液的最终稀释倍数应不小于 1×。用 10μL 微量移液器分别将样品加入胶板的样品小槽内，每加完一个样品应更换一个加样头，以防污染。加样时勿碰坏样品孔周围的凝胶面。（注意：加样前要先记下加样的顺序和点样量。）

D. 电泳。加样后的凝胶板立即通电进行电泳，DNA 的迁移速度与电压呈正比，最高电压不超过5V/cm。当琼脂糖浓度低于0.5%时,电泳温度不能太高。样品由负极(黑色)向正极(红色)方向移动。电压升高,琼脂糖凝胶的有效分离范围降低。当溴酚蓝移动到距离胶板下沿约1cm处时,停止电泳。

E. 观察和拍照。电泳完毕,取出凝胶。在波长为254nm的紫外灯下观察染色后的或已加有EB的电泳胶板。DNA存在处显示出肉眼可辨的橘红色荧光条带。于凝胶成像系统中拍照并保存之。

F. 注意事项。DNA染色使用的EB为致癌物质,因此做实验时一定在规定区域内使用,使用后要及时整理被污染的实验垃圾。

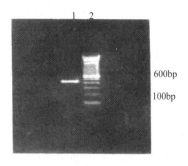

图5-4 葡激酶PCR扩增产物琼脂糖电泳图谱

(2) 实验结果 以金黄色葡萄球菌纯化的DNA作为模板,利用合成的引物进行PCR扩增,经2%琼脂糖凝胶电泳确认,在约460bp处可见单一条带(图5-4)。

5. 带有SAK基因的质粒构建

(1) PCR扩增基因的纯化

A. 实验"PCR扩增SAK基因"中获取的扩增产物用1%低熔点琼脂糖进行电泳分离。

B. 分离的单一条带用PCR产物回收试剂盒来回收PCR扩增产物。

(2) 含SAK基因的质粒构建

A. 目的片段酶切(37℃酶切过夜或者4h)

50μL的体系 { 上述胶回收产物 35μL; 10×酶切缓冲液(1.5×) 7μL; 灭菌去离子水 6μL; 酶1 1μL; 酶2 1μL }

B. 载体酶切(37℃酶切过夜或者4h)

20μL的体系 { 载体(1μg/μL) 2μL; 10×反应液(1.5×) 3μL; 灭菌去离子水 13μL; 酶1 1μL; 酶2 1μL }

为方便以后使用,载体可以一次性多切点。

C. 酶切时,首先要核对一下酶的溶液,有时双酶切时两个酶不能共用一种反应溶液,那么就要先切一端,酶切回收后再用另一酶切另一端,然后再酶切产物回收。

D. 连接

12μL的体系
(目的是更多地插入目的基因片断) { 2×链接酶反应液 6μL; 载体 0.8μL; 目的基因 4.5μL; T4 DNA连接酶 1μL }

E. 构建好的质粒,保管在4℃冰箱,待用。

F. 注意事项。一般情况下,质粒构建之前要得做一次序列的测序来避免基因扩增时产生的错误链接等问题,这里没有提及此步骤。

6. 大肠埃希菌感受态细胞的制备转化和重组质粒的筛选

(1) 实验方法

A. 受体菌的培养。从 LB 平板上挑取新活化的 *E.coli* BL21(DE) 或 *E.coli* DH5α 单菌落,接种于 3~5mL LB 液体培养基中,37℃下振荡培养 12h 左右,直至对数生长后期。将该菌悬液以 (1∶100)~(1∶50) 的比例接种于 100mL LB 液体培养基中,37℃振荡培养 2~3h 至 OD_{600} 值在 0.5 左右。

B. 感受态细胞的制备（$CaCl_2$ 法）

a. 将培养液转入离心管中,冰上放置 10min,然后于 4℃下 3000r/min 离心 10min。

b. 弃去上清,用预冷的 0.05mol/L 的 $CaCl_2$ 溶液 10mL 轻轻悬浮细胞,冰上放置 15~30min 后,4℃下 3000r/min 离心 10min。

c. 弃去上清,加入 4mL 预冷含 15% 甘油的 0.05mol/L 的 $CaCl_2$ 溶液,轻轻悬浮细胞,冰上放置几分钟,即成感受态细胞悬液。

d. 感受态细胞分装成 200μL 的小份,储存于 -70℃,可保存半年。

C. 转化和筛选

a. 从 -70℃ 冰箱中取 200μL 感受态细胞悬液,室温下使其解冻,解冻后立即置冰上。

b. 加入质粒 DNA(pBS 或 pET-20b) 溶液（含量不超过 50ng,体积不超过 10μL）,轻轻摇匀,冰上放置 30min。

c. 42℃水浴中热击 90s 或 37℃水浴 5min,热击后迅速置于冰上冷却 3~5min。

d. 向管中加入 1mL LB 液体培养基（不含 Amp）,混匀后 37℃振荡培养 1h,使细菌恢复正常生长状态,并表达质粒编码的抗生素抗性基因（Amp^r）。

e. 将上述菌液摇匀后取 100μL 涂布于含 Amp 的筛选平板上,正面向上放置半小时,待菌液完全被培养基吸收后倒置培养皿,37℃培养 16~24h。待出现明显而又未相互重叠的单菌落时拿出平板。

f. 放于 4℃数小时,使显色完全。

※ 同时做以下两个对照。

对照组 1：以同体积的无菌双蒸水代替 DNA 溶液,其他操作与上面相同。此组正常情况下在含抗生素的 LB 平板上应没有菌落出现。

对照组 2：以同体积的无菌双蒸水代替 DNA 溶液,但涂板时只取 5μL 菌液涂布于不含抗生素的 LB 平板上,此组正常情况下应产生大量菌落。

g. 注意事项。本实验方法也适用于其他 *E.coli* 受体菌株不同质粒 DNA 的转化,但它们的转化效率并不一定一样。有的转化效率高,需将转化液进行多梯度稀释涂板才能得到单菌落平板；而有的转化效率低,涂板时必须将菌液浓缩（如离心）才能较准确地计算转化率。

(2) 实验结果　经 16~24h 培养后,培养皿上生长着很多白色和蓝色菌落。白色菌落为 DNA 重组子。

7. 重组葡激酶的生产、分离纯化及活性测定

① 葡激酶在大肠埃希菌中的表达

A. 上述实验中挑选白色单菌落,在 LB 培养基中 37℃培养过夜。

B. 用新鲜的灭好菌的 LB 培养基按 1∶100 稀释后,继续培养至 OD_{600} 在 0.6~0.7 时,加入 IPTG 至终浓度为 1mmol/L,进行诱导表达。

C. 继续震荡 4h 后,离心收集菌体,可用 SDS-PAGE 检查细菌表达情况。

② 表达产物的分离纯化

A. 收获的菌体用预冷的 PBS 溶液洗涤 1 次。

B. 再悬浮于 PBS 中,超声破碎。超声破碎需要在冰水浴中进行,一般情况下以 1s 超声、3s 停止的循环来做 100 个循环。

C. 于 4℃12000r/min,低温离心 30min。

D. 含有 SAK 的上清用 Q-Poros 或者 S-Sepharose 离子交换柱来进行纯化。

③ 表达产物的活性测定

A. 制作含有纤维蛋白原、人纤溶酶和凝血酶的琼脂糖凝胶板。这三种酶在琼脂糖凝胶温度降到 50℃以后加入。

B. 琼脂板凝了之后,用打孔器在琼脂板上打孔。孔和孔之间距离最好在 1cm 以上。

C. 孔中加入纯化好的 SAK 溶液。Q-Poros 纯化样品一般稀释 2000 倍;S-Sepharose 纯化样品稀释 5000 倍。每个孔加入 10μL 稀释好的样品。

D. 同时采用葡激酶标准品作标准曲线。

E. 37℃培养箱中反应 12h 后观察清晰的透亮区,测量透明区的直径(X)。

F. 算出 Y(SAK 的活性,单位是 10^3 AU/L)。

$$Y=161.11X-923.96$$

G. 注意事项。SAK 酶的分离纯化过程中,上离子交换柱之前,样品要充分离心,否则很容易堵塞柱子,不便进行下一步操作。若离心后还觉得酶液不澄清,也可以先用脱盐柱子进行一次脱盐。

(四)结果与讨论

1. 梳理葡激酶的生产工艺。
2. 讨论在原核细胞目的基因的扩增中,影响 PCR 结果的因素有哪些?

任务二　γ 干扰素的制备

一、任务目标

① 能熟练地提取动物组织细胞(真核细胞)的 RNA。
② 掌握 RT-PCR 的原理。
③ 能按照标准操作规程,利用 RT-PCR 扩增目标基因。
④ 能按照标准操作规程生产 γ 干扰素。

二、必备基础

1. 干扰素的基本知识

干扰素(IFN)是由培养的细胞或动物体受到诱导时产生的一种微量的、具有高度生物学活性的糖蛋白,是由单核细胞和淋巴细胞产生的细胞因子。而且干扰素是一种广谱抗病毒剂,并不直接杀伤或抑制病毒,而主要是通过细胞表面受体作用使细胞产生抗病毒蛋白,从而抑制乙肝病毒的复制;同时还可增强自然杀伤细胞(NK 细胞)、巨噬细胞和 T 淋巴细胞的活力,从而起到免疫调节作用,并增强抗病毒能力。它们在同种细胞上具有广谱的抗病毒、影响细胞生长,以及分化、调节免疫功能等多种生物活性。

γ 干扰素(IFN-γ)是由激活的 T 细胞和 NK 细胞产生的一种具有抗毒性和免疫调节功能的细胞因子。由于天然 IFN-γ 来源有限,产量甚微,因此有关 IFN-γ 的基因工程技术研究十分活跃。

因人源IFN-γ的基因克隆难度大，很难在学生实验中实现，本任务以克隆日本大耳朵白兔的IFN-γ基因，并在大肠埃希菌中进行表达，来完成兔源IFN-γ的原核表达。

2. 真核细胞中目标基因的提取

真核细胞与原核细胞不同，大多数真核细胞的基因是由编码序列和非编码序列两部分组成，由于基因的编码序列不是连续排列的，被非编码序列隔开，因此又称为断裂基因。它的基因组是由非编码序列［内含子（intron）］和编码序列［外显子（extron）］间隔排列组成。一般来说，每一个能够编码蛋白质的结构基因都含有若干个外显子和内含子。不同结构基因的结构复杂程度不同，它们所含的外显子和内含子的数目也就不同。例如，人的血红蛋白中，有一种蛋白质叫作β-珠蛋白，它的基因有3个外显子和2个内含子。人类最庞大的一个基因是抗肌萎缩蛋白基因，由50多个外显子和50多个内含子相间排列而成。

基因操作原理之新冠肺炎病毒检测原理

在基因工程中，一般用PCR技术来扩增目标基因，但是真核基因中的内含子不是编码基因，做PCR扩增来取得目标基因的时候内含子是一个"捣乱者"，因此从真核细胞中获取基因的时候不能用总DNA模板，而要用去掉内含子的cDNA模板来进行实验。为了取得cDNA模板，首先要获取真核细胞的RNA，然后用RT-PCR的技术来获得cDNA或者直接获得目标基因。

3. RT-PCR技术

（1）PCR技术（polymerase chain reaction）及聚合酶链反应　在模板、引物和四种脱氧核苷酸存在的条件下，依赖于DNA聚合酶的酶促反应，其特异性由两个人工合成的引物序列决定。

该反应分以下三步。

① 变性。通过加热使DNA双螺旋的氢键断裂，形成单链DNA。

② 退火。将反应混合液冷却至某一温度，使引物与模板结合。

③ 延伸。在DNA聚合酶和dNTPs及Mg^{2+}存在下，退火引物沿$5'\rightarrow 3'$方向延伸。

以上三步为一个循环，如此反复。

（2）RT-PCR和逆转录酶

① RT-PCR。首先经反转录酶的作用以RNA合成cDNA，再以cDNA为模板，扩增合成目的片段。作为模板的RNA可以是总RNA、mRNA或体外转录的RNA产物。无论使用何种RNA，关键是确保RNA中无RNA酶和基因组DNA的污染。

② 逆转录酶（reverse transcriptase）。是存在于RNA病毒体内的依赖RNA的DNA聚合酶。至少具有以下三种活性。

A. 依赖RNA的DNA聚合酶活性。以RNA为模板合成cDNA的第一条链。

B. Rnase水解活性。水解RNA/DNA杂合体中的RNA。

C. 依赖DNA的DNA聚合酶活性。以第一条DNA链为模板合成互补的双链cDNA。

（3）RT-PCR的准备

① 引物的设计及其原则。引物的特异性决定PCR反应的特异性。因此引物设计是否合理对于整个实验有着至关重要的影响。在引物设计时，要充分考虑到可能存在的同源序列、同种蛋白的不同亚型、不同的mRNA剪切方式以及可能存在的hnRNA对引物的特异性影响。尽量选择覆盖相连两个内含子的引物，或者在目的蛋白表达过程中特异存在而在其他亚型中不存在的内含子。

② 引物设计原则的把握。引物设计原则包括以下内容。

A. 引物长度。一般为 15～30bp。引物太短会影响 PCR 的特异性；引物太长 PCR 的最适延伸温度会超过 Taq 酶的最适温度，也影响反应的特异性。

B. 碱基分布。四种碱基应随机分布，避免嘌呤或嘧啶的聚集存在，特别是连续出现 3 个以上的单一碱基。GC 含量（Tm 值）为 40%～60%，PCR 扩增的复性温度一般是较低 Tm 值减去 5～10℃。

C. 3′端要求。3′端必须与模板严格互补，不能进行任何修饰，也不能有形成任何二级结构的可能。末位碱基是 A 时，错配的引发效率最低，G、C 居中间，因此引物的 3′端最好选用 A、G、C，而尽可能避免连续出现两个以上的 T。

D. 引物自身二级结构。引物自身不应存在互补序列，否则会自身折叠成发夹状结构或引物自身复性。

E. 引物之间的二级结构。两引物之间不应有多于 4 个连续碱基互补，3′端不应超过 2 个。

F. 同源序列。引物与非特异扩增序列的同源性应小于连续 8 个的互补碱基存在。

G. 5′端无严格限制。5′末端碱基可以游离，但最好是 G 或 C，使 PCR 产物的末端结合稳定。还可以进行特异修饰（标记、酶切位点等）等。

根据实验目的选择适当的引物。常用引物设计软件如 Primer5.0、Oligo6.0 等，对于这些条件都可以自行设置。

4. T 质粒载体

重组的 DNA 分子是在 DNA 连接酶的作用下，有 Mg^{2+}、ATP 存在的连接缓冲系统中，将分别经酶切的载体分子与外源 DNA 分子进行连接。

DNA 连接酶有两种：T4 噬菌体 DNA 连接酶和大肠埃希菌 DNA 连接酶。两种 DNA 连接酶都有将两个带有相同黏性末端的 DNA 分子连在一起的功能。而且 T4 噬菌体 DNA 连接酶还有一种大肠埃希菌 DNA 连接酶没有的特性，即能使两个平末端的双链 DNA 分子连接起来。但这种连接的效率比黏性末端的连接率低，一般可通过提高 T4 噬菌体 DNA 连接酶浓度或增加 DNA 浓度来提高平末端的连接效率。

T4 噬菌体 DNA 连接酶催化 DNA 连接反应分为 3 步：首先，T4DNA 连接酶与辅因子 ATP 形成酶-ATP 复合物；然后，酶-ATP 复合物再结合到具有 5′-磷酸基和 3′-羟基切口的 DNA 上，使 DNA 腺苷化；最后，产生一个新的磷酸二酯键，把切口封起来。连接反应通常将两个不同大小的片段相连。

很多 DNA 聚合酶在进行 PCR 扩增时会在 PCR 产物双链 DNA 每条链的 3′端加上一个突出的碱基 A。pUCm-T 载体是一种已经线性化的载体，其每条链的 3′端带有一个突出的 T。这样，pUCm-T 载体的两端就可以和 PCR 产物的两端进行正确的 A-T 配对，在连接酶的催化下，就可以把 PCR 产物连接到 pUCm-T 载体中，形成含有目的片段的重组载体。

连接反应的温度在 37℃时有利于连接酶的活性。但是在这个温度下，黏末端的氢键结合是不稳定的。因此采取折中的温度，即 12～16℃，连接 12～16h（过夜），这样既可最大限度地发挥连接酶的活性，又兼顾到短暂配对结构的稳定。

三、任务实施

（一）实施原理

干扰素的基因来源于真核细胞。真核细胞基因组和原核细胞基因组的区别在于真核细胞的基因组包含不用于表达的内含子，而且这些内含子是无秩序地分布在目标基因片段中，因此得到不包含内含子的基因序列是重点。为了得到不包含内含子的序列，就得用 RNA 作为模板来进行 DNA 片段的复制，因为 RNA 是只包含表达基因序列的，反过来说就是不包含内含子序列的。本实验中利用 RNA 为模板进行 PCR 的方法叫作 RT-PCR。

（二）实施条件

1. 实验器材

离心机、混合器、恒温水浴、RT-PCR 仪/恒温培养箱、移液器、垂直电泳仪、振荡培养箱、超净台、电泳仪电源、凝胶成像仪、脱色摇床。

2. 材料与试剂

（1）材料

注射器（1mL）、吸头、匀浆管、吸头台、EP 管、试剂瓶（2 个 60mL 的棕色试剂瓶、1 个 125mL 的白色试剂瓶）、量筒、容量瓶、试管架、盐水瓶、锡箔纸、三角烧瓶。

（2）试剂

Hank's 液、淋巴细胞分离液、小牛血清、RP-MI1640 液、ConA、三氯甲烷、异丙醇、75%乙醇、无 RNase 的水或 0.5%SDS（溶液均需用 DEPC 处理过的水配制）、Taq 酶、dNTP、Oligo（dT）、M-MLV、RNasin、DEPC、Trizol、Marker、引物、琼脂糖回收试剂盒、pGEM-T Easy 载体、大肠埃希菌感受态细胞 DH5α、氨苄、X-gal、IPTG、LB 固体培养基、5 个 100mL 锥形瓶、1 个 50mL 锥形瓶、6 个培养皿、3 个小试剂瓶、接种环、涂布棒。

100mL 超纯水、含有目的基因的 T 载体、pET-30a 载体、引物（上游 P1：5′-CCG GAA TTC TGT TAC TGC CAG GAC ACA G-3′；下游 P2：5′-CCG AAG CTT TCA GTA CTT GGA TGC TCG G-3′）。（其他试剂可参考本项目任务一）

SDS-PAGE 电泳所需要的溶液如下。

① 30%聚丙烯酰胺溶液（100mL）

丙烯酰胺（Arc）	29g
N,N'-亚甲基双丙烯酰胺（Bis）	1g

用双蒸水定容至 100mL，过滤备用，4℃存放。

② 5×Tris-甘氨酸缓冲液（1L）

Tris 碱	15.1g
甘氨酸（电泳级）	94g
10%SDS	50mL

使用时稀释 5 倍。

③ 2×SDS 凝胶加样缓冲液（10mL）

0.5mol/L Tris-Cl（pH6.8）	2mL
10%SDS	4mL
甘油	2mL
β-巯基乙醇	1.0mL
DTT（二硫苏糖醇）	0.31g
溴酚蓝	0.02g
双蒸水	0.5mL

室温存放备用。

④ 考马斯亮蓝染色液

考马斯亮蓝 R-250（G-250）	1.0g
甲醇	450mL
冰醋酸	100mL
ddH$_2$O	450mL

0.2g 考马斯亮蓝 R-250、84mL 95%乙醇、20mL 冰醋酸，定容至 200mL，过滤备用。

⑤ 考马斯亮蓝脱色液（甲醇脱色液效果好，但有毒性）

甲醇	100mL
冰醋酸	100mL
ddH$_2$O	800mL

医用酒精：冰醋酸：水＝4.5：0.5：5（体积比）

（三）方法与步骤

干扰素的主要制备工艺流程如下。

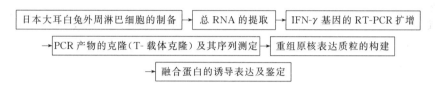

1. 日本大耳白兔外周淋巴细胞的制备及总 RNA 提取

实验方法如下。

① 淋巴细胞提取

A. 对健康的日本大耳兔进行耳静脉采血，与等量 Hank's 液充分混匀。

B. 混合液加于同体积的淋巴细胞分离液上，2000g 离心 20min。

C. 吸取白细胞放入一新离心管，用 Hank's 液洗涤三次后加入含 10%小牛血清、15μg/mL ConA 及 100μg/mL 双抗的 RP-MI1640 液，置于 CO$_2$ 培养箱，37℃培养 24h。

② RNA 提取

A. 匀浆处理。

a. 将组织在液氮中磨碎，每 50～100mg 组织加入 1mL Trizol，用匀浆仪进行匀浆处理。样品体积不应超过 Trizol 体积的 10%。

b. 单层培养细胞。直接在培养板中加入 Trizol 裂解细胞，每 10cm^2 面积（即 3.5cm 直径的培养板）加 1mL，用移液器吸打几次。Trizol 的用量应根据培养板面积而定，不取决于细胞数。Trizol 加量不足可能导致提取的 RNA 有 DNA 污染。

c. 细胞悬液离心收集细胞，每 $5×10^6$～$10×10^6$ 动物、植物、酵母细胞或 $1×10^7$ 细菌细胞加入 1mL Trizol，反复吸打。加 Trizol 之前不要洗涤细胞，以免 mRNA 降解。一些酵母和细菌细胞需用匀浆仪处理。

B. 将匀浆样品在室温（15～30℃）放置 5min，使核酸蛋白复合物完全分离。

C. 可选步骤。如样品中含有较多蛋白质、脂肪、多糖或胞外物质（如肌肉、植物结节部分等）可于 2～8℃ 10000g 离心 10min，取上清。离心得到的沉淀中包括细胞外膜、多糖、高分子量 DNA，上清中含有 RNA。处理脂肪组织时，上层有大量油脂应去除。取澄清的匀浆液进行下一步操作。

D. 每使用 1mL Trizol 加入 0.2mL 三氯甲烷，剧烈振荡 15s，室温放置 3min。

E. 2~8℃10000g 离心 15min。样品分为三层：底层为黄色有机相，上层为无色水相和一个中间层。RNA 主要在水相中，水相体积约为所用 Trizol 试剂的 60%。

F. 把水相转移到新管中，如要分离 DNA 和蛋白质可保留有机相，进一步操作见后文。用异丙醇沉淀水相中的 RNA。每使用 1mL Trizol 加入 0.5mL 异丙醇，室温放置 10min。

G. 2~8℃10000g 离心 10min，离心前看不出 RNA 沉淀，离心后在管侧和管底出现胶状沉淀。移去上清。

H. 用 75%乙醇洗涤 RNA 沉淀。每使用 1mL Trizol 至少加 1mL 75%乙醇。于 2~8℃不超过 7500g 离心 5min，弃上清。

I. 室温放置干燥或真空抽干 RNA 沉淀，大约晾 5~10min 即可。不要真空离心干燥，过于干燥会导致 RNA 的溶解性大大降低。加入 25~200μL 无 RNase 的水或 0.5%SDS，用枪头吸打几次，于 55~60℃放置 10min 使 RNA 溶解。如 RNA 用于酶切反应，勿使用 SDS 溶液。RNA 也可用 100%的去离子甲酰胺溶解，-70℃保存。

注意事项

① 从少量样品（1~10mg 组织或 10^2~10^4 细胞）中提取 RNA 时，可加入少许糖原以促进 RNA 沉淀。例如，加 800mL Trizol 匀浆样品，沉淀 RNA 前加 5~10μg 无 RNase 糖原，糖原会与 RNA 一同沉淀出来。糖原浓度不高于 4mg/mL 时不影响第一链的合成，也不影响 PCR 反应。

② 匀浆后、加三氯甲烷之前，样品可以在-60~-70℃保存至少 1 个月。RNA 沉淀可以保存于 75%乙醇中 2~8℃一周以上或-5~-20℃一年以上。

③ 分层和 RNA 沉淀时也可使用台式离心机，2600g 离心 30~60min。

④ 预期产量。1mg 组织或 $1×10^6$ 细胞提取 RNA 分别为：肝和脾 6~10μg，肾 3~4μg，骨骼肌和脑组织 1~1.5μg，胎盘 1~4μg，上皮细胞 8~15μg，成纤维细胞 5~7μg。

2. 两步法 RT-PCR 扩增 IFN-γ 基因

实验方法如下。

① 第一步：逆转录反应。

A. 在 PCR 管中依次加 RNA 提取物 5μL、d（T）16 引物 2μL、RNasin0.5μL。

B. 放入 65℃水浴，反应 15min。

C. 加入 RNasin0.5μL、10mmol/L dNTP 1μL、5×RT 缓冲液 4μL、AMV 逆转录酶 3μL 在 37℃反应 1.5h，然后 94℃ 5~10min。

D. 反应物保存于-20℃或进行 PCR 反应。

② 第二步：PCR 反应（详细可参考本项目任务一）

A. PCR 引物序列。上游引物：5'-AT GAG TTA TAC AAG TTA CAT CTT GGG-3'。下游引物：5'-TCA GTC ATT GGA TGC TCG CCG A-3'。

B. PCR 扩增体系（50μL）。10×PCR 缓冲液 5μL，转入产物 5μL，10mmol/L dNT-PCR 1μL，上游引物和下游引物各 1μL，25mmol/L MgCl$_2$ 4μL，Taq DNA 聚合酶 1μL，超纯水 32μL。

C. PCR 循环条件。95℃预变性 5min，94℃变性 1min，50℃退火 1min，72℃延伸 2min，共 35 个循环；最后 72℃延伸 10min，4℃反应 10min。

D. 反应结束后取 5μL 产物进行 1%琼脂糖凝胶电泳分析。

3. PCR 产物的克隆（T-载体克隆）及其序列测定

实验方法如下。

① PCR 产物的回收。PCR 产物是从上述琼脂糖凝胶中收回的（可参考本项目任务一）。

② PCR 产物与 T 载体直接连接

A. 事先将干式恒温仪（或冰盒里的水）温度设定在 14～16℃。

B. 取 4 个灭菌的 200μL 微量离心管，按表 5-2 加入反应体系。

表 5-2　T-Vector 链接反应体系

加入试剂	容量
目的基因	4μL
T 载体	1μL
T4DNA 连接酶	0.5μL
连接酶缓冲液 10×buffer	1μL
ddH$_2$O	3.5μL
总量	10μL

C. 混合液轻轻振荡后再短暂离心，然后置于 14℃ 干式恒温仪中（或 14℃ 水中）保温过夜（12～16h）。

D. 连接后的产物可以立即用来转化感受态细胞或置 4℃ 冰箱备用。

③ 大肠埃希菌感受态细胞的制备细菌转化。

④ 序列测序

A. 从转化平板上挑选白色菌落，涂布于含 Amp、X-gal、IPTG 的 LB 平板上，放入 37℃ 培养箱培养，然后对转化菌进行筛选。

B. 挑取阳性重组质粒测序。

注意事项：为了避免 PCR 过程及测序过程出现的差异而导致序列的变异，需把测序数据输入 NCBI 或 GeneBank 等网站中的兔子干扰素基因序列进行比对，以确认无误。

4. 重组原核表达质粒的构建

实验方法如下。

① 提取含有目的基因的 T 载体。

② 以 T 质粒载体为模板进行 PCR。

③ PCR 产物和 pET-30a 质粒分别经 *EcoR*Ⅰ和 *Hind*Ⅲ进行双酶切。

④ 利用 1% 琼脂糖凝胶电泳进行分离后，用琼脂糖核酸回收试剂盒回收。

⑤ 利用 T4 连接酶链接，常规转化大肠埃希菌 BL21（DE）感受态细胞。

⑥ 通过 KAN 抗性与 *EcoR*Ⅰ和 *Hind*Ⅲ的双酶切筛选阳性质粒。

5. 融合蛋白的诱导表达及鉴定

实验方法如下。

① 将阳性重组菌接种于含有卡那霉素（100μg/mL）的 2×YT 液体培养基，37℃ 振荡培养 3h。

② 加入浓度为 0.5mmol/L IPTG 诱导，培养 4h，同时设不含插入片段的 pET-30a 转化菌诱导对照。

③ 根据表 5-3 和表 5-4，配制 12%SDS-PAGE 凝胶，上样分析。

表 5-3　配制 Tris-甘氨酸 SDS 聚丙烯酰胺凝胶电泳分离胶所用溶液

成分	配制不同体积和浓度凝胶所需各成分的体积/mL							
	5mL	10mL	15mL	20mL	25mL	30mL	40mL	50mL
10%凝胶								
水	1.9	4.0	5.9	7.9	9.9	11.9	15.9	19.8
30%丙烯酰胺混合液	1.7	3.3	5.0	6.7	8.3	10.0	13.3	16.7
1.5mol/L Tris(pH8.8)	1.3	2.5	3.8	5.0	6.3	7.5	10.0	12.5
10%SDS	0.05	0.1	0.15	0.2	0.25	0.3	0.4	0.5
10%过硫酸铵	0.05	0.1	0.15	0.2	0.25	0.3	0.4	0.5
TEMED	0.002	0.004	0.006	0.008	0.01	0.012	0.016	0.02
12%凝胶								
水	1.6	3.3	4.9	6.6	8.2	9.9	13.2	16.5
30%丙烯酰胺混合液	2.0	4.0	6.0	8.0	10.0	12.0	16.0	20.0
1.5mol/L Tris(pH8.8)	1.3	2.5	3.8	5.0	6.3	7.5	10.0	12.5
10%SDS	0.05	0.1	0.15	0.2	0.25	0.3	0.4	0.5
10%过硫酸铵	0.05	0.1	0.15	0.2	0.25	0.3	0.4	0.5
TEMED	0.002	0.004	0.006	0.008	0.01	0.012	0.016	0.02

表 5-4　配制 Tris-甘氨酸 SDS 聚丙烯酰胺凝胶电泳浓缩胶所用溶液

成分	配制不同体积和浓度凝胶所需各成分的体积/mL							
	1mL	2mL	3mL	4mL	5mL	6mL	8mL	10mL
水	0.68	1.4	2.1	2.7	3.4	4.1	5.5	6.8
30%丙烯酰胺混合液	0.17	0.33	0.5	0.67	0.83	1.0	1.3	1.7
1.5mol/L Tris(pH6.8)	0.13	0.25	0.38	0.50	0.63	0.75	1.0	1.25
10%SDS	0.01	0.02	0.03	0.04	0.05	0.06	0.08	0.1
10%过硫酸铵	0.01	0.02	0.03	0.04	0.05	0.06	0.08	0.1
TEMED	0.001	0.002	0.003	0.004	0.005	0.006	0.008	0.01

④ 电泳结束后，利用自动凝胶图像分析仪拍照并计算表达量。

注意事项：利用 SDS-PAGE 进行定性分析可行，但是要进行定量分析的话则需要进行 Western blotting。

（四）结果与讨论

1. 干扰素的制备中为什么不能把全基因组 DNA 作为模板进行 PCR？
2. 普通 PCR 和 RT-PCR 的区别是什么？

任务三　重组人血管内皮生长因子 165 的制备

一、任务目标

① 学习目标基因的真核表达。
② 熟悉 RT-PCR 扩增的试验方法。
③ 能按照标准操作规程构建重组表达质粒。
④ 能按照标准操作规程进行酵母表达，并发酵生产生长因子 165。

⑤ 能按照标准操作规程纯化重组蛋白。

二、必备基础

1. 生长因子的基本知识

生长因子（growth factor，GF）乃一类可调节不同类型细胞生长和分化的细胞因子。根据其功能和作用的靶细胞不同，分别命名为转化生长因子-β（transforming growth factor-β，TGF-β）、神经生长因子（nerve growth factor，NGF）、表皮生长因子（epithelial growth factor，EGF）、成纤维细胞生长因子（fibroblast growth factor，FGF）、血小板源性生长因子（platelet derived growth factor，PDGF）、血管内皮生长因子（vascular endothelial growth factor，VEGF）等。根据目前的研究报告，EGF、FGF、NGF、VEGF 等都实现了原核或真核表达。

血管内皮生长因子是一类特异性作用于血管内皮细胞的细胞因子，具有促进血管生成的作用。主要在婴儿时分泌以促进血管形成和生长，正常成年人只在受伤等病理情况下分泌，而各种癌细胞均分泌 VEGF 和各种可促进 VEGF 表达的其他蛋白因子。目前 VEGF 已被用于冠心病防治的研究，发现其可促进缺血心肌小血管增生、恢复缺血的心肌血流供应，减少梗死面积。

在本任务中，主要完成重组人血管内皮生长因子 165 在毕赤酵母中的表达和纯化，因为大多数动物的肿瘤细胞都表达 VEGF。本任务采用荷瘤裸鼠的肿瘤组织中提取 RNA，进行 RT-PCR 扩增出 VEGF 基因并构建载体，转入毕赤酵母表达系统中进行 VEGF 蛋白表达。

2. 毕赤酵母表达系统

蛋白表达系统已有原核表达系统、真核表达系统、哺乳动物表达系统和昆虫细胞表达系统等。不同的表达系统有不同的特点。如原核表达系统主要是大肠埃希菌，其表达体系相对简单，目的蛋白无法经过修饰加工，对于有复杂二级结构的蛋白就不宜用此表达系统。哺乳动物表达系统，技术研究不够成熟，外源基因在动物体内容易受到排斥，导致表达不稳定，表达代价相对其他表达系统高很多；昆虫细胞表达系统，缺陷主要是表达量不足，而且容易产生错误的糖基化修饰。为克服这些缺点，人们于1979 年开发了酵母表达系统。

真核表达系统主要是酵母体系，其中对毕赤酵母（pichia pastoris）的研究最为热门，该体系既有糖基化程度不高、对目的蛋白污染小、对生长环境要求不高、其培养基配置、便于高密度发酵表达等特点，又具有强效的启动子，还可对复杂的外源蛋白的高级结构进行翻译后加工折叠和修饰，比如糖基化、蛋白折叠及生成二硫键等，是一种优秀的真核生物表达系统。

毕赤酵母是一种甲醇营养型酵母，以甲醇为唯一的碳源和能源，而且甲醇又是酵母表达的诱导物。毕赤酵母具有强有力的醇氧化酶基因 AOX 启动子，是目前最强、调控机制最严格的启动子之一。它能够严格调控外源基因的表达，使外源基因只在含有甲醇的培养基中有效表达。

三、任务实施

（一）实施原理

从肿瘤细胞组织中提取 RNA 作为模板进行 RT-PCR，得到目标 DNA 片段，将该目标片段载入质粒中，插入到酵母体内进行表达。本实验中，酵母是宿主。为了把质粒插入酵母宿主里，用电打孔仪破坏酵母细胞表面。细胞表面被穿孔的酵母细胞能使构建好的质粒进到细胞里面，经过细胞修复过程，细胞表面会修复好，插入进去的构建载体也会在细胞里面进行复制表达并生产生长因子 165。

(二) 实施条件

1. 实验器材

冰箱、恒温水浴锅、灭菌锅、水平电泳仪、电泳仪电源、振荡混合器、离心机、微量核酸检测仪、振荡培养箱、恒温培养箱、分光光度计、制冰机。

2. 材料与试剂

① Trizol 试剂、三氯甲烷、75％乙醇（0.1％DEPC 配制）。
② 塑料器皿需用 0.1％DEPC 水浸泡。
③ 0.1％DEPC 水：100mL ddH$_2$O 中加入 DEPC 0.1mL，充分振荡，37℃孵育 12h 以上，121℃高压灭菌 20min，于 4℃保存。

准备 YPD 平板和 YPD 培养液、预冷双蒸水和 1mol/L 预冷山梨醇溶液。

（三）方法与步骤

重组人血管内皮生长因子 165 的主要制备工艺流程如下。

肿瘤组织总 RNA 的提取 → VEGF 基因的 RT-PCR 扩增及鉴定 → 重组真核表达质粒（pPIC9K）的构建 → 酵母感受态的制备 → 转化克隆的表达

1. 肿瘤组织总 RNA 的提取

实验方法如下。

① 样品处理

A. 组织。50～100mg 组织中加入 1mL Trizol 试剂。

B. 单层细胞。加入 Trizol 试剂 1mL/cm^2 平板。

C. 悬浮细胞。处理前洗涤细胞以防止 RNA 降解。每 5×10^5～10×10^5 动物、植物或酵母细胞，或 1×10^7 细菌加入 1mL Trizol 试剂。

a. 将上述样品于 15～30℃静置 5min，使核蛋白充分解离。

b. 每个加 1mL Trizol 试剂的样品加 0.2mL 三氯甲烷，盖紧盖子，充分剧烈振荡 15s 并于 15～30℃静置 2～3min。

c. 于 2～8℃ 12000g 离心 15min。离心后样品分层，上层水相中含 RNA，下层有机相中含蛋白质和 DNA。

d. 取上清，加入 0.5mL 异丙醇，轻轻混匀，于 15～30℃静置 10min 后，在管底会出现胶状沉淀，即为 RNA。

e. 于 2～8℃ 12000g 离心 10min 后弃去上清。

f. 向沉淀中加入 1mL75％乙醇，轻轻混匀。

g. 于 2～8℃ 7500g 离心 5min 后弃上清。

h. 将 RNA 样品晾干（不要彻底干燥），加入适量 DEPC 水溶解（可于 55～60℃促溶 10min）。

② RNA 定量

$$RNA(mg/mL) = 40 \times OD_{260} \times 稀释倍数(n)/1000$$
$$RNA 纯品 \ OD_{260}/OD_{280} = 2.0$$

③ RNA 电泳

A. 用 1×TAE 电泳缓冲液制作琼脂糖凝胶，加 1×TAE 电泳缓冲液至液面覆盖凝胶。

B. 在超净工作台上，用移液器吸取总 RNA 样品 4μL 于封口膜上。在实验台上再加入

5μL 1×TAE 电泳缓冲液及 1μL 的 10×载样缓冲液，混匀后，小心加入点样孔。

C. 打开电源开关，调节电压至 100V，使 RNA 由负极向正极电泳，约 30min 后将凝胶放入 EB 染液中染色 5min，用清水稍微漂洗。在紫外透射检测仪上观察 RNA 电泳结果。

注意事项

① 在加入三氯甲烷之前，样品能于 $-60 \sim -70℃$ 保存至少一个月。

② RNA 沉淀在 75% 乙醇中于 $2 \sim 8℃$ 能保存至少一周，于 $-5 \sim -20℃$ 能保存至少一年。

2. RT-PCR 扩增 VEGF 基因

实验方法如下。

① 第一步：逆转录反应。

② 第二步：PCR 反应。

A. PCR 引物序列。上游引物：5′-TAG AAT TCG CAC CCA TGG CAG AAG GAG G-3′。下游引物：5′-TAG CGG CCG CTT ACC GCC TCG GCT TGT C-3′。

B. 分别引入 EcoR I 和 Not I 酶切位点。

C. PCR 循环条件。94℃预变性 5min，94℃变性 1min，68℃退火 45s，72℃延伸 1min，共 35 个循环。最后 72℃延伸 10min。

D. 反应结束后取 5μL 产物进行 1% 琼脂糖凝胶电泳分析。

3. PCR 产物的鉴定及重组真核表达质粒的构建

实验方法如下。

① 目的基因片段和 pPIC9K 质粒分别用 EcoR I 和 Not I 酶切。

② 经割胶回收后，链接、转化、挑取菌落。

4. 酵母感受态的制备及转化克隆表达

实验方法如下。

① 挑取独立的酵母菌落，接种于 YPD 培养液 3mL 中，30℃振荡培养过夜。

② 次日，将酵母培养液接种于 100mL 新鲜的 YPD 培养液中，30℃振荡培养过夜至 OD_{600nm} 在 $1.3 \sim 1.5$。

③ 第三天，取 10mL 酵母培养液，于 4℃下 1500g 离心 5min，弃上清，用同体积的预冷双蒸水重新悬浮酵母细胞。

④ 重新离心一次，用 50mL 预冷双蒸水重新悬浮酵母细胞。

⑤ 重新离心一次，用 8mL 的 1mol/L 预冷山梨醇悬浮沉淀的酵母细胞。

⑥ 重新离心一次，最后将酵母细胞选育山梨醇 500μL 中，置于冰上待用。

⑦ 把电打孔仪调好各项参数（电压 1500V，电阻 200Ω，电容 25μF）后，将线性化重组质粒 10μg 加入制备好的 100μL 酵母细胞中，混匀。

⑧ 转入 0.2cm 的电打孔杯内，置于冰上 10min。

⑨ 放入电打孔仪，电击后取出，迅速放回冰上并加入 1mL 预冷山梨醇溶液。

⑩ 混匀，吸取 200μL 涂布于 MD 平板上，30℃培养 2 天，挑选阳性克隆。

后续鉴定需要用 SDS-PAGE 电泳鉴定。

（四）结果与讨论

1. 在酵母感受态细胞的制备中，影响结果的因素有哪些？

2. 酵母宿主和大肠埃希菌宿主进行比较，酵母宿主的优势是什么？

任务四 胰岛素的制备

一、任务目标

① 学习重组人胰岛素的制备工艺。
② 学习人胰岛素基因的克隆表达。

二、必备基础

胰岛素的基本知识

胰岛素（insulin）是机体内唯一能降低血糖的激素，也是唯一可同时促进糖原、脂肪、蛋白质合成的激素，是胰腺朗格汉斯小岛所分泌的蛋白质激素。由 A、B 链组成，共含 51 个氨基酸残基。能增强细胞对葡萄糖的摄取利用，对蛋白质及脂质代谢有促进合成的作用。

目前，国际上生产胰岛素的方法主要有以下三种。

① 用基因工程大肠埃希菌（$E.coli$）分别发酵生产人胰岛素（human insulin, hI）的 A、B 链，然后经化学再氧化法，使两条链在一定条件下重新形成二硫键，得到 hI。这一方法缺点较多，目前已较少使用。

② 用基因工程 $E.coli$ 发酵生产人胰岛素原（human pminsulin, hPI），后经加工形成 hI。$E.coli$ 系统表达量高，但缺点是不利于表达 hI 这样的小蛋白，产物易降解，故常采用融和蛋白形式将 hPI 连接在一个较大的蛋白质后。表达产物需经过一系列复杂的后加工才能形成有活性的 hI，虽然后续处理比较复杂，但是产量很高。

酸醇提取法制备猪胰岛素

③ 通过基因工程酵母菌发酵生产 hPI，经后加工形成 hI。酵母系统下游后加工方法比细菌表达系统简单，但缺点是生产慢、生产周期长，且重组蛋白分泌量少（1~50mg/L），产量低。

美国的 Eli Lilly 和丹麦的 Novo 是目前向市场供应基因工程胰岛素的主要厂家，它们分别研究和利用大肠埃希菌和酵母生产胰岛素。这两个系统各有利弊，一般情况下，大肠埃希菌系统表达效率高，但后处理较难；酵母系统表达量虽然比较低，但对表达产物的处理较简便。

三、任务实施

（一）实施原理

本实验中基因来源于人类，因此也涉及 DNA 序列中包含内含子和外显子的问题，因此也要用 RNA 作为模板进行 RT-PCR 来扩增目标 DNA 片段。

（二）实施条件

参考本项目任务二。

（三）方法与步骤

大肠埃希菌生产重组人胰岛素实验方法如下。

① 为了了解实验的整个过程，参考下面的图 5-5 和图 5-6。

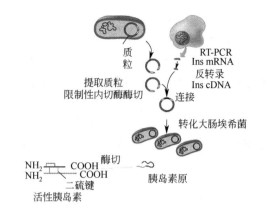

图 5-5　大肠埃希菌生产重组胰岛素的上游实验过程

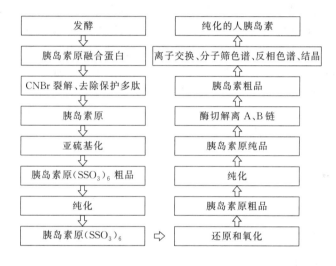

图 5-6　大肠埃希菌生产重组胰岛素的下游工艺流程

② 基因克隆纯化的实验步骤大都一致，因此重组人胰岛素的克隆表达实验步骤本任务中不详做介绍，可以参照本项目任务二的方法与步骤。

③ RT-PCR 的扩增引物可以参考参考文献。

（四）结果与讨论

1. 大肠埃希菌作为宿主生产胰岛素有什么优势？
2. 胰岛素的生产工艺流程中，哪一步是最为重要的？

任务五　人血白蛋白的制备

一、任务目标

① 学习人血白蛋白的制备方法。
② 学习人血白蛋白的制备工艺。

二、必备基础

人血白蛋白（human serum albumin，HSA）是人体血浆中含量最丰富的蛋白质，约占到血浆蛋白总量的60%。HSA能维持血流动力学平衡和血管内渗透压，吸收组织中的多余液体到血液循环中，使动脉压升高。广泛应用于失血、创伤、烧伤引起的休克，脑水肿及损伤引起的颅压升高，肝硬化及肾病引起的水肿或腹腔积液，低蛋白血症的防治和新生儿高胆红素血症等。

目前临床使用的HSA制品绝大部分是从人源血浆中提取纯化而得（plasma-derived human serum albumin，pdHSA），来源有限，价格昂贵，还不能排除病毒（特别是艾滋病病毒和乙肝病毒）或其他潜在致病因子的影响，这都极大限制着HSA的广泛应用。而重组人血白蛋白（recombinant human serum albumin，rHSA）则可以避免病毒感染。

目前临床应用的HSA主要分离自人血液，但由于血资源缺乏和污染的问题，寻找来源丰富和安全的人血白蛋白成了人们的目标。1981年，Lawn等首次报道了重组人血白蛋白cDNA序列和首次采用色氨酸（Trp）启动子。色氨酸引导肽及来自质粒pBR322的Tcr和Amp基因构建了第一个重组人血白蛋白的表达载体pHSAI，并在大肠埃希菌（$E.coli$）中获得了成功表达。此后人们对人血白蛋白的结构和表达进行了深入的研究。

30多年来，国际上许多实验室和公司都尝试通过遗传工程而努力。许多研究者尝试通过各种表达体系开发重组人血白蛋白，到目前为止，已在大肠埃希菌、枯草杆菌、酵母、植物和转基因动物等系统中进行了rHSA的表达研究，通过基因改造或化学修饰还能进一步扩大rHSA的临床应用范围，是目前研究的热点。

三、任务实施

（一）实施原理

实验中的人血白蛋白的基因片段是用人源的基因组作为模板来进行扩增，并载入到酵母宿主里完成生产。为了后续的分离纯化，设计载体的时候需给人血白蛋白加亲和标签表达融合蛋白。表达出来的蛋白不仅有酶活还有标签，因此可以用亲和色谱柱一次性分离纯化。

（二）实施条件

参考本项目任务三。

（三）方法与步骤

毕赤酵母表达重组人血白蛋白的实验方法如下。

① 毕赤酵母表达重组人血白蛋白。基因克隆纯化的实验步骤大都一致，因此重组人血白蛋白的克隆表达实验步骤本任务中不详写，实验步骤可参考本项目任务三以及参考文献。

② 摇瓶发酵法。从平板上挑单菌落，接到摇瓶生长培养基（250mL三角瓶中装20mL培养基）中，30℃，培养20～24h。离心弃去上清液，将菌体接入摇瓶诱导培养基（250mL三角瓶中装20mL培养基）中，30℃，培养96～120h。每24h补加甲醇至一定终浓度。放瓶离心后，取上清液进行分析。

③ 补料高密度发酵法。按照补料发酵的程序，利用全自动发酵罐进行发酵。

（四）结果与讨论

1. 画出人血白蛋白的制备工艺图。
2. 目前融合蛋白体系中，常用的标签有哪些？

任务六 卡介苗重组疫苗的制备

一、任务目标

① 学习卡介苗重组疫苗的制备工艺。
② 学习病毒载体的应用。

二、必备基础

1. 病毒载体的基本知识

病毒载体是一种常使用于分子生物学的工具。它可将遗传物质带入细胞,原理是利用病毒具有传送其基因组进入其他细胞进行感染的分子机制。可发生于完整活体或是细胞培养中。可应用于基础研究、基因疗法或疫苗。

细菌病毒叫作噬菌体,具有典型的两种,即λ噬菌体和M13噬菌体(图5-7)。这两种病毒的感染途径也略微不同,λ噬菌体是感染细菌体后,在细菌体内进行繁殖,最终破坏细菌细胞壁流露出来(图5-8)。但是M13噬菌体不会杀死细菌细胞,只是感染细菌细胞来完成繁殖,因此作为宿主的细菌细胞只表现出生长速度变慢的现象(图5-9)。

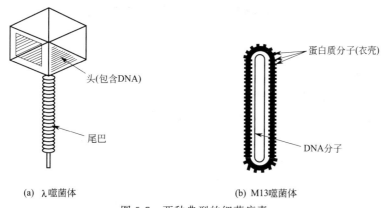

图 5-7 两种典型的细菌病毒

2. 疫苗的基本知识

疫苗(vaccine)是指用于预防、控制传染病的发生、流行的预防性生物制品。生物制品是指用微生物或其毒素、酶,以及人或动物的血清、细胞等制备的供预防、诊断和治疗用的制剂。预防接种用的生物制品包括疫苗、菌苗和类毒素。其中,由细菌制成的为菌苗;由病毒、立克次体、螺旋体制成的为疫苗,有时也统称为疫苗。

3. 重组卡介苗的基本知识

卡介苗(bacilli Calmette-guerin,BCG)是分枝杆菌中牛结核杆菌的一种突变株,是用于预防结核病的活菌疫苗。它是世界上应用最广泛的疫苗,自1948年以来全球已有30亿人接种,其安全性已被证实。它的特点有:①可在出生后任何时候接种,不受母体抗体的影响;②一次接种即可产生持久免疫力,效力长达5~50年;③BCG本身是一种强免疫佐剂;④BCG是最耐热的活疫苗;⑤BCG价格低廉、易于保存,其产品不需纯化,可直接用于免疫,便于生产。而且BCG是WHO推荐的两种婴儿出生时接种的活疫苗之一,其接种点广泛分布于世界各地。

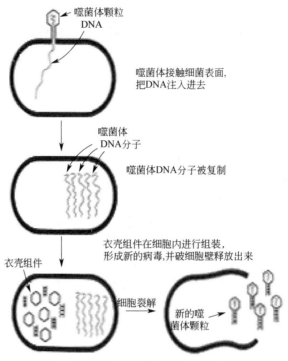

图 5-8 λ 噬菌体的细菌感染机制

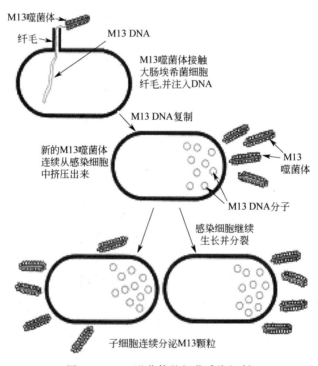

图 5-9 M13 噬菌体的细菌感染机制

Jacobs 等首次构建一个在 $E.coli$ 和数种分枝杆菌中都能复制和扩增的噬菌体。他们使用从鸟分体杆菌（$M.avium$）中分离到的 53kb 大小的温和噬菌体 TM4，先把它们连接成串联体，接着用 Sau3A 消化使其成为 30～50kb 大小的片段；然后把这些片段连接到 $E.coli$

黏尾质粒上,经体外包装和转导 E. coli,筛选出所有克隆有 TM4 噬菌体 DNA 的重组质粒。

此外,BCG 已被批准用于膀胱癌的治疗并有可能开发成口服剂型。BCG 的诸多优点使它可能发展成为表达多种病原体抗原的重组多价疫苗,特别是针对那些主要引起机体细胞免疫的病原体。随着分子生物学技术的发展,对 BCG 和其他分枝杆菌的遗传系统的研究已越来越深入。运用分子生物学手段可对不同的靶抗原进行剪接并将其引入 BCG 和其他分枝杆菌,构建成重组 BCG 疫苗。

三、任务实施

(一) 实施原理

本实验中生产的卡介苗重组疫苗是一种基因工程疫苗。原先的卡介苗是突变菌体疫苗,是有多个抗原决定簇的多价疫苗。而基因工程疫苗是把菌体疫苗中的一个抗原决定簇表达出来的一种蛋白质疫苗。实验中所使用的载体不是质粒而是病毒。本实验把病毒作为载体,病毒基因中载入目的基因,并将重组病毒插入大肠埃希菌体内进行培养和生产。

(二) 实施条件

1. 实验器材

PCR 扩增仪、电泳仪、灭菌锅、离心机、超净台等。

2. 材料与试剂

菌种:结核分枝杆菌、卡介苗、含有 pUC19 质粒的大肠埃希菌。

基因克隆实验准备试剂可参考本项目任务二。

(三) 方法与步骤

Ag85a 卡介苗重组疫苗的构建

① 结合分枝杆菌 DNA 的提取剂扩增回收(参考本项目任务一)。

Ag85a 基因扩增引物设计如下。上游:5′-GGA TCC ATT TTC CCG GCC GGG CTT-3′。下游:5′-GGT ACC CTA GGC GCC CTG GGG CGC-3′。

② 大肠埃希菌质粒 DNA 的提取。

③ 大肠埃希菌 DH5α 感受态细胞的制备。

④ pUC19 的重组质粒的构建及鉴定。

⑤ 重组蛋白 Ag85a 的表达及鉴定。

(四) 结果与讨论

1. 质粒载体和病毒载体的区别是什么?
2. 梳理细菌疫苗和基因工程疫苗的制备工艺。

参 考 文 献

[1] 邹民吉,王嘉玺,赵春文等. 葡激酶基因的分离及其在大肠杆菌中的高效表达. 军事医学科学院院刊,1998,22(4):257-259.

[2] 李倩,荫俊,宋伟等. 重组葡激酶基因在大肠杆菌内的高水平表达及生物学活性研究. 生物技术通讯,1999,10(4):266-269.

[3] A Ebrahimi, A Ghasemian, Y Ghasemi. PCR clone of novel Staphylokinase gene from Staphylococcus aureus. Journal of Biotechnology, 2010, 150, Supplement (150): 450.

[4] N Mandi, S Soorapaneni, S Rewanwar, et al. High yielding recombinant Staphylokinase in bacterial expression system—cloning, expression, purification and activity studies. Protein Expression and Purification, 2009, 64 (1):

69-75.

[5] D Collen, MD Mal, E Demarsin, et al. Isolation and conditioning of recombinant staphylokinase for use in man. Fibrinolysis, 1993, 7 (4): 242-247.
[6] 杨可, 杨震, 汪德强等. 重组葡激酶的表达纯化及纤溶活性鉴定. 重庆医科大学学报, 2012, 37 (3): 232-235.
[7] 智强, 周青, 任斌等. 重组葡激酶及其在大肠杆菌中高效表达与纯化. 安徽医科大学学报, 2001, 36 (1): 18-21.
[8] 任春芝, 季燚, 刘丹丹等. 日本大耳白兔干扰素-γ 基因的克隆及其在大肠杆菌中的表达. 中国畜牧兽医, 2011, 38 (5): 85-89.
[9] 王海波, 申烨华, 秦芳玲等. 大肠杆菌生产重组人干扰素-γ 培养基的研究. 西北大学学报 (自然科学版), 2003, 33 (2): 174-178.
[10] 韩柱, 侯小康. 猪干扰素-γ cDNA 的克隆和原核表达. 齐鲁药事, 2008, 27 (4): 240-242.
[11] 李明峰, 孙宏鑫, 李凤华. 牛干扰素-γ 基因的 RT-PCR 扩增、序列分析及其在大肠杆菌中的表达. 黑龙江畜牧兽医, 2006, (8): 20-23.
[12] 吴文学, 夏春, 汪明等. 猪干扰素 γ cDNA 的分子克隆与在大肠杆菌中的表达. 农业生物技术学报, 2002, 10 (3): 255-258.
[13] 薛红利, 蔺诗佳, 何东等. 小鼠干扰素-γ 基因克隆及其腺病毒载体的构建. 四川大学学报 (医学版), 2010, 41 (3): 394-397.
[14] 钱国英, 陈永福, 汪财生. 免疫学. 杭州: 浙江大学出版社. 2010.
[15] 戴惠云, 朱瑞宇, 雷楗勇等. 重组人血管内皮生长因子 165b 在毕赤酵母中的表达及纯化. 中国生物制品学杂志, 2013, 26 (7): 966-968.
[16] 姜颖, 孙陆果, 于永利. 重组人 aFGF 的克隆、表达及活性测定. 中国免疫学杂志, 2001, 17 (10): 517-520.
[17] 赖心田, 周鹏, 洪葵. 人胰岛素样生长因子I在毕赤酵母中的表达研究. 药物生物技术, 2002, 9 (3): 133-136.
[18] 刘煜, 吴国祥, 赵建阳等. 重组人血管内皮生长因子 165 在 Pichia 酵母中的表达. 中国药科大学学报, 2003, 34 (6): 577-581.
[19] 叶民. 人胰岛素生长因子-1 基因在毕赤酵母中的表达. 海峡药学, 2007, 19 (6): 92-94.
[20] 张欢, 蔡小波, 施晓琴等. EGF-IL-18 在毕赤酵母中的表达. 温州医学院学报, 2010, 40 (4): 322-325.
[21] 占今舜, 宋虎威, 陈宇光等. 毕赤酵母在基因克隆与表达中的应用. 猪业科学, 2012, 29 (11): 74-75.
[22] 马银鹏, 王玉文, 党阿丽等. 毕赤酵母表达系统研究进展. 黑龙江科学, 2013, 4 (9): 27-31.
[23] 李晓红, 朱慧玲, 余蓉等. 重组人胰岛素制备工艺. 四川大学学报 (工程科学版), 2007, 39 (4): 79-83.
[24] 孔毅, 乔德水. 重组人胰岛素生产工艺监控方法研究进展. 药物生物技术, 2003, 10 (2): 121-124.
[25] 寿思明, 王文霞. 医用重组人胰岛素及类似物的生产和研究. 生命的化学, 1998, 18 (4): 43-44.
[26] 余蓉, 李晓红, 杨继虞等. 重组人胰岛素的制备—下游纯化工艺的研究. 生物医学工程学杂志, 2004, 21 (5): 805-808.
[27] 朱尚权, 崔大敷. 人胰岛素的制备及其性质. 科学通报, 1984, 29 (20): 1263-1265.
[28] RM Lawn, J Adelman, SC Bock, et al. The sequence of human serum albumin cDNA and its expression in E. coli. Nucleic Acids Res, 1981, 9 (22): 6103-114.
[29] 郭美锦, 吴康华, 杭海峰等. 基因工程菌 Pichia pastoris 高密度培养条件研究. 微生物学通报, 2001, 28 (3): 6-11.
[30] 郭美锦, 庄英萍, 储炬等. 重组巴氏毕赤酵母高密度发酵表达 rHSA. 微生物学报, 2002, 42 (1): 62-68.
[31] 郭美锦, 庄英萍, 吴康华等. 基因工程菌 Pichia pastoris 高密度发酵表达重组人血清白蛋白. 华东理工大学学报, 2002, 28 (1): 101-103.
[32] 李向茸, 冯若飞, 谢晶莹等. 人血白蛋白的原核表达及应用. 生物技术通报, 2013, 32 (11): 130-135.
[33] T. A. Brown. Gene Cloning and DNA Analysis: An Introduction 4th edition. UK: Blackwell Science, 2001.
[34] 陈向东, 吴梧桐. 重组卡介苗的研究与应用. 药学进展, 2003, 27 (5): 259-263.
[35] 张灵霞, 吴雪琼, 董恩军. Ag85b-卡介苗重组疫苗的构建及鉴定. 临床肺科杂志, 2007, 12 (8): 784-787.